Spiegel der Wirklichkeit

Sara Doll
Navena Widulin
Hrsg.

Spiegel der Wirklichkeit

Anatomische und Dermatologische Modelle in der Heidelberger Anatomie

Mit einem einleitenden Kapitel von Thomas Schnalke, Berliner Medizinhistorisches Museum der Charité

Hrsg.
Dr. Sara Doll
Institut für Anatomie und Zellbiologie
Ruprecht-Karls-Universität Heidelberg
Heidelberg, Deutschland

Navena Widulin
Berliner Medizinhistorisches Museum
der Charité
Berlin, Deutschland

ISBN 978-3-662-58692-1 ISBN 978-3-662-58693-8 (eBook)
https://doi.org/10.1007/978-3-662-58693-8

Die Deutsche Nationalbibliothek verzeichnet diese Publikation in der Deutschen Nationalbibliografie; detaillierte bibliografische Daten sind im Internet über http://dnb.d-nb.de abrufbar.

Springer

Foto und Idee Umschlag: © Friedrich Bergmann, Heidelberg
Umschlaggestaltung: deblik Berlin

Springer ist ein Imprint der eingetragenen Gesellschaft Springer-Verlag GmbH, DE und ist ein Teil von Springer Nature.
Die Anschrift der Gesellschaft ist: Heidelberger Platz 3, 14197 Berlin, Germany

Vorwort

Im Institut für Anatomie und Zellbiologie der Ruprecht-Karls-Universität in Heidelberg sind bis heute zahlreiche, von verschiedenen Herstellern angefertigte medizinische Modelle zu finden. Diese anatomischen aber auch dermatologischen Modelle repräsentieren beispielhaft einen bestimmten Objekttypus, der in vielen anderen Sammlungen auf der ganzen Welt gefunden werden kann. Sicherten die Objekte vormals oft die Durchführung der Lehre, erleben sie heute durch den Aufschwung der Objektkultur eine neue und verdiente Beachtung – nicht nur in Heidelberg.

Diese Modelle geben neben ihrer medizinischen Aussage auch Auskunft über ihre historische Verwendung, über den mutmaßlichen Herstellungsprozess, ihre Materialität und über die Firmen oder Personen, die ihre Modelle nur in enger Zusammenarbeit u. a. mit Heidelberger Wissenschaftlern anfertigen konnten. Hoch spezialisierte Firmen, wie die bekannten Lehrmittelhersteller Hammer aus München oder Osterloh aus Leipzig, betrieben eine Manufaktur für medizinische und biologische Modelle. Solche firmenhergestellte Modelle sind, ebenso wie 33 aus der Heidelberger Hautklinik übernommene Moulagen, immer noch im Fundus der Heidelberger Anatomie zu finden. Die Hersteller arbeiteten in der Regel zusammen mit einem Forscher, der inhaltlich für die korrekte wissenschaftliche Umsetzung verantwortlich war. Querverbindungen sollen in diesem Buch beschrieben und wissenschaftsgeschichtliche Relationen oder Grundlagen zur Erstellung dieser kunstvoll gearbeiteten Werke aufgedeckt werden.

Auch innerhalb einiger universitärer Institutionen wurden Modelle erstellt und zum Teil sogar vertrieben. In Heidelberg wurden zum Beispiel zusammen mit Dr. Adolf Ziegler Wachsplattenrekonstruktionsmodelle des menschlichen Gehirns entwickelt und Modellunikate zur Entwicklung der Schilddrüse erstellt. Diese oft isoliert voneinander stattgefundenen Entwicklungen von Modellen stellen eine wichtige Quelle der Objektforschung für andere Institute dar. Sie skizzieren darüber hinaus auch einen Forschungsschwerpunkt in der Geschichte des eigenen Hauses, der ähnlich auch in anderen Einrichtungen verfolgt wird.

Das vorliegende Buch soll helfen, den Heidelberger Bestand mobiler Kulturgüter auf medizinischem Gebiet in Beziehung zu ähnlichen Hinterlassenschaften an anderen Instituten in Deutschland zu setzen und die enorme Vielfalt und Bedeutsamkeit dieser Objekte wertzuschätzen. Ästhetisch und reich bebildert werden in diesem Buch wissenschaftliche Geschichten über ausgewählte Objekte der Heidelberger Anatomiesammlung erzählt. Sie richten sich v. a. an Sammlungsmitarbeiter, Museumskuratoren, Präparatoren und Restauratoren, an diejenigen, die Seminare an und mit Objekten vorbereiten und durchführen, darüber hinaus aber auch an alle, deren Herz für die materiellen Kulturen in der Medizin schlägt. Exemplarisch ermöglichen vergleichende Fotografien etwa von speziellen Eigenheiten oder Merkmalen an Sockeln oder die Aufarbeitung der Entwicklungsgeschichte bestimmter Marken eine genauere Identifizierung und zeitliche Einordnung. Damit wird für ausgewählte Hersteller der ideelle Wert ihrer Objekte einschätzbar. Modelle der „exakten Wissenschaft" werden in Relation zu geisteswissenschaftlichen Inhalten gesetzt. Als mobile Kulturgüter eigener Prägung verorten sie auf neue Weise die Medizin in der Zeit.

Wir freuen uns sehr, dass die Stadt Heidelberg dieses Vorhaben großzügig als förderungswürdig erachtet und durch Gelder aus der „Stadt-Heidelberg-Stiftung" unterstützt hat. Dies gilt ebenso für Hans Sommer von der Lehrmittelfirma „Markus Sommer. SOMSO Modelle GmbH" aus Coburg. Ohne seine pekuniäre Unterstützung wäre dieses Buch nicht zustande gekommen.

Sylvie Dorison von der Bibliothek der Pariser Hautklinik am Hôpital Saint-Louis sind wir sehr dankbar für ihre wesentlichen Informationen zu Stephan Littre, die es erst ermöglichten, die Geschichte der Heidelberger Moulagen zu differenzieren.

Unser Dank gilt auch dem Deutschen Hygiene-Museum Dresden, insbesondere Marion Schneider und Julia Radtke, Christian Sammer aus dem Heidelberger Institut für Geschichte und Ethik der Medizin und Adolf Friedrich Holstein, der vormals an der Hamburger Anatomie tätig war, Evelyn Heuckendorf aus dem Berliner Centrum für Anatomie und Beate Kunst aus dem Medizinhistorischen Museum der Charité Berlin, den beteiligten Archiven, Philip Benjamin für seine großartigen Objektfotografien sowie Friedrich und Danièle Bergmann für ihre Hilfe bei den Übersetzungen.

Außerdem möchten wir Friedrich Bergmann für die Erstellung und Komposition des Cover Fotos ganz herzlich danken.

Allen Autorinnen und Autoren danken wir sehr herzlich für ihren Einsatz und ihr Engagement. Ohne ihre wertvollen Beiträge wäre dieses Werk nicht entstanden.

Ein herzliches Dankeschön geht auch an Yvonne Bell und Barbara Knüchel vom Springer-Verlag in Heidelberg und an unsere Lektorin, Irène Leubner-Metzger, für ihre geduldige Unterstützung bei der Umsetzung und Fertigstellung unseres Projekts.

Sara Doll
Heidelberg, Deutschland

Navena Widulin
Berlin, Deutschland, Oktober 2018

Einleitung: Modelle, was für Modelle? Zum Status von Körpernachbildungen in der Medizin

Es blitzt und schimmert und scheint. Rot und Blau. Weißliche Erhebungen, Buchten und Schluchten. Darüber leichte Erhebungen in pinkem Ton, massiv, glatt beschnitten. Darüber gedoppelte Flussläufe, geschlungen gewunden, über Kanäle und Seitenarme vernetzt, kreuz und quer. Und mittendrin ein drahtig-weißliches Geflecht, ausgreifend von einer unsichtbaren Mitte her, aus der Tiefe kommend unter dem weggenommenen Ohr.

Wachs und Zwirn machen hier offenkundig ein Modell, bilden wichtige Strukturen eines menschlichen Kopfes nach: Arterien, Venen, Nerven, Muskeln (◘ Abb. 1 a, b). Sie gilt es zu erkennen und zu deuten, will man mehr verstehen über den Aufbau dieses Körperteils. Das Gesicht hat sich für den Betrachter zur Seite gewandt ins scharf geschnittene Profil. Seine markanten Züge lassen sich allenfalls aus dem elegant geschwungenen Jochbeinbogen noch erahnen. Dennoch scheint hier mehr vom Leben auf, als der erste flüchtige Blick erahnen lässt: Das Auge weit aufgerissen, die Nase spitz, die obere Zahnreihe in einem leichten Überbiss.

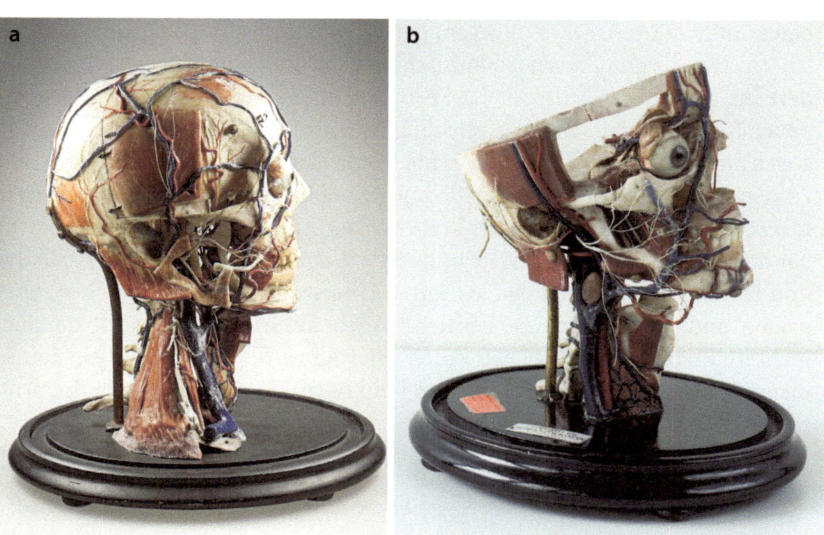

◘ **Abb. 1** Anatomische Strukturen des menschlichen Schädels. **a** Wachs-Trockenpräparat von Otto Seifert, um 1900. Centrum für Anatomie, Charité Berlin, ausgestellt im Berliner Medizinhistorischen Museum der Charité. (Foto: Navena Widulin; mit freundlicher Genehmigung des Berliner Medizinhistorischen Museums der Charité). **b** Eine ähnliche Studie, allerdings ohne Kalotte, aus der Hand Otto Seiferts findet sich in der Anatomischen Sammlung der Universität Heidelberg. (Foto: Sara Doll; mit freundlicher Genehmigung des Universitätsklinikums Heidelberg, Institut für Anatomie und Zellbiologie)

Neben Text, Bild und Präparat gehört das Modell als dreidimensionale Nachbildung zu den Grundtypen medialer Dokumentationstechniken des menschlichen Körpers in der Medizin. Der innere Körperbau wie auch die äußere Körperhülle wurden spätestens seit der Wiederbelebung einer sinnlichen, auf das eigene Sezieren, Tasten, Prüfen und Erspüren zurückgeführten Anatomie Mitte des 16. Jahrhunderts in allen jeweils gängigen Materialien nachgeformt: Gips und Wachs, Holz, Papiermaché und Porzellan, Cellon und Silikon. Mittlerweile bevölkern virtuelle Modelle des menschlichen Körpers in allen Schnitten, Posen und Proportionen in einschlägigen Lernprogrammen, Clouds und Sites die digitalen Weltenräume.[1]

So schillernd vielgestaltig derartige haptisch greifbare (oder über den Mausklick dreh- und wendbare) Körpermodelle heute aufzufinden sind, so facettenreich erweist sich, bei genauerer Betrachtung, ihr Status als Objekte materieller Medizinkulturen. Einigen Wesenszügen nachzuspüren, soll das Anliegen dieses einführenden Beitrags sein.

Als Nachbildung stehen Modelle grundsätzlich in einem Spannungsverhältnis zu ihren Vorlagen. Anatomische Modelle eröffnen primär den Blick unter die Haut. Dort zeigen sie die verstiegenen inneren Strukturen des Körpers in ihrer als regelhaft erkannten Typik. Dabei ist ein Herz eben ein Herz, ein Gehirn ein Gehirn, von oben und unten, rechts und links, im Überblick oder Detail: immer wiedererkennbar in seinen charakteristischen Formen und Farben und stets und vor allen Dingen anonym. Keine konkrete Person, kein identifizierbares Individuum ist hier zugegen, genauer, ist hier mehr zugegen, denn, so lehren etwa die grandiosen anatomischen Wachsmodelle aus dem 18. Jahrhundert im Florentiner Museum La Specola: Für die Fertigung anspruchsvoller neuer Modelle mochten zwar reichlich medizinische Bildquellen zu Rate gezogen worden sein und auch bekannte Werke der bildenden Kunst motivische Anregungen gegeben haben, letztlich waren aber immer auch echte Präparate menschlicher Leichname als konkrete Vorlagen unerlässlich, um die Autorität der menschlichen Natur als erste und letzte Wissensinstanz verfügbar zu haben und um hier am Original den avisierten Übersetzungsprozess einleiten, überprüfen und rechtfertigen zu können.[2] Auch wenn für ein Modell durchaus mehrere Präparate in ähnlichen Posen gefertigt wurden und damit ein zusammengesetztes, synthetisches Bild vom konkreten Körperaspekt zum Ausdruck

1 Zur Geschichte und Theorie wissenschaftlicher Modelle vgl. grundlegend Chadarevian S., Hopwood N. (Hrsg.) (2004) Models: the third dimension of science. Stanford. Für den deutschen Sprachraum zuletzt Ludwig D. et al. (Hrsg.) (2014) Das materielle Modell. Objektgeschichten aus der wissenschaftlichen Praxis, Paderborn. Mit Blick auf anatomische Sammlungen vgl. Knoeff R., Zwijnenberg R. (Hrsg.) (2015) The Fate of Anatomical Collections, Farnham.

2 Zur Fertigung anatomischer Modelle am Florentiner Museo La Specola vgl. Poggesi M. (1999) The Wax Figure Collection in „La Specola" in Florence/Die Wachsfigurensammlung des Museums La Specola in Florenz/La collection de figures de cire du musée La Specola à Florence. In: von Düring M. et al. (Hrsg.) Encyclopaedia Anatomica. Museo La Specola. Florenz/Köln, S. 28–63.

kam, blieb der reale Körper eines oder mehrerer Menschen stets unauslöschlich in jedwede ambitionierte, nach der Natur gearbeitete Körpernachbildung eingeschrieben. Hier stellt sich die Frage, wie nüchtern das Modell als Sachobjekt tatsächlich gewertet und „behandelt" werden kann. Oder anders gewendet, wo in ihm das Sensible eines auf ein konkretes Menschenschicksal Verweisendes beginnt und wie damit würdig umzugehen ist.[3]

Manche Modelle in einschlägigen Sammlungen machen ihre Bezüglichkeit zum Präparat als Vorlage derart explizit, dass sie das Präparat gleich gänzlich und ganz ausdrücklich in sich aufnehmen. So auch das eingangs vorgestellte Schauobjekt, das in der Dauerausstellung des Berliner Medizinhistorischen Museums der Charité gezeigt wird. Die künstlich nachgebildeten Strukturen, die an diesem Kopf erläutert werden, ziehen sich über einen echten, gezielt vorpräparierten Schädel. Streng genommen handelt es sich hier also gar nicht um ein Modell, auch nicht um ein reines Präparat. Bei diesem merkwürdigen Zwischending scheitert die Terminologie. „Moparat", so könnte man vielleicht mit einem Kunstwort sagen. Schrecklich! Die Objektlegende in der Schauvitrine behilft sich mit einem gleichermaßen unbefriedigenden, beschreibenden Begriff: „Wachs-Trockenpräparat".[4]

Aus dem Ungenügen in der Bezeichnung leitet sich eine irritierte Unentschlossenheit im Umgang mit diesem Schaustück ab. Im Sinne eines „Präparats" wird es als **menschlicher Überrest** markiert. Merklich entrückt steht es als solcher gesichert hinter Glas, den tastend-lernenden Händen der Betrachter entzogen. Wäre es als „Modell" ausgewiesen, könnte es vielleicht aus dem Regal genommen und den Wissbegierigen im Unterricht oder den Besuchern bei einer Museumsführung frei ausgehändigt werden. Die Möglichkeit, ja geradezu eine Einladung zur physischen Interaktion ist übrigens in diesem Schaustück ganz ausdrücklich eingearbeitet: Der Schläfenknochen ist gefenstert! Noch sitzt die Knochenschale, gehalten durch Haken und Scharniere, geschlossen in der Fensterlaibung und zeigt nur seine Außenfläche. Was aber ließe sich wohl dahinter, darunter, in der Schädeltiefe noch entdecken?

Im zweiten Blick kommt mit diesem hybriden Objekt über den realen Knochen das Schicksal eines konkreten Menschen mit ins Spiel. Von seinen Umständen erfährt der Betrachter jedoch nichts. Diese bleiben gewissermaßen unter den bräunlich-beigen Flächen der Knochenplatten weggeschlossen. Damit aber regen sich Vermutungen. Wer war dieser Mensch? Was war dies für ein Mensch? Alt oder jung? Gesund oder krank? Woran gestorben? Wusste er, was mit seinem Körper, seinem Kopf, seinem Schädel passieren sollte? Wurde er gefragt? Hat er zugestimmt? Spätestens an dieser Übergangszone von Modell zu Präparat

---

3 Zu Begriff und Bedeutung von „sensiblen" Sammlungen und Objekten vgl. Lange B. (2011) Sensible Sammlungen. In: Berner M. et al.: Sensible Sammlungen. Aus dem anthropologischen Depot. Hamburg, S. 15–40.

4 Objektlegende Nr. 1, Mittelvitrine im „Anatomischen Theater" der Dauerausstellung des Berliner Medizinhistorischen Museums der Charité, Berlin 2007.

öffnet sich ein ethisches Betrachtungsfeld, das jedem Nachdenken über den Umgang mit menschlichen Überresten den Rahmen spannt.[5]

Im vorgestellten Fall wird der Schädel zunächst und vor allen Dingen als Stützgerüst gebraucht. Warum, so stellte sich wohl die Frage, sollte man ihn auch noch in Wachs nachbilden? Er gibt doch aus sich selbst heraus in idealer Weise Grund und Halt, liefert die natürliche Struktur, auf der die geschickte Hand des Modelleurs die darzustellenden anatomischen Formationen in künstlichen Werkstoffmassen zu einem in sich schlüssigen, wissensgesättigten und überaus lehrreichen Gesamtbild konzipieren und ausarbeiten kann.[6] Werden reine Präparate, flüssig konservierte Lebern und Lungen etwa, letztlich als „Bilder ihrer selbst"[7] in und mit sich gestaltet, bedarf es zur Fertigung von modellierten Körpernachbildungen trotz aller Vorlagen eines freieren, subjektiveren und damit auch stärker assoziativ interpretierenden Gestaltungsansatzes. Medizinische Modelle wären analog eher als „Bilder aus sich selbst" aufzufassen.

In gänzlich paradoxer Weise wird die subjektive Hand des Modelleurs in einem medizinischen Modelltypus bemüht und zugleich gebändigt, der den Blick über das makroskopisch mit dem bloßen Auge Wahrnehmbare hinaus in mikroskopisch kleinere Körperstrukturen hinein lenkt. Aus einer Fülle exakt vermessener und akribisch unter Zuhilfenahme des Mikroskops nachgezeichneter Gewebeschnitte wurden seit der zweiten Hälfte des 19. Jahrhunderts Modelle zur tierischen und menschlichen Embryonalentwicklung in einem komplexen Übersetzungs- und Vergrößerungsprozess aus dünnen, getreulich nachgeschnittenen und gefärbten Wachsplatten aufgebaut und in eindrucksvolle Körperteil- oder Ganzkörperstudien übertragen (▶ Kap 5).[8] Im Einzelobjekt zeigt sich eine distinkte, wissenschaftlich oft erst im Zuge der Erarbeitung des Modells erhobene und interpretierte Entwicklungsstufe des in der Gebärmutter heranwachsenden Körpers

---

5 Zum Umgang mit sog. „menschlichen Überresten" in Sammlungen und Museen vgl. die einschlägigen Empfehlungstexte: „Empfehlungen zum Umgang mit Präparaten aus menschlichem Gewebe in Sammlungen, Museen und öffentlichen Räumen", Deutsches Ärzteblatt, PP Heft 8, August 2003 (▶ https://www.aerzteblatt.de/pdf.asp?id=38021); „Empfehlungen zum Umgang mit menschlichen Überresten in Museen und Sammlungen", 2013 herausgegeben vom Deutschen Museumsbund (▶ https://www.museumsbund.de/wp-content/uploads/2017/04/2013-empfehlungen-zum-umgang-mit-menschl-ueberresten.pdf).

6 Die Kopfstudie stammt aus der Fertigung des Berliner Präparators und Modelleurs Otto Seifert. Vgl. Witte W. (2010) Vom Diener zum Meister – Der Beruf des Anatomischen Präparators in Berlin von 1852–1959. In: Kunst B. et al. (Hrsg.) Der zweite Blick. Besondere Objekte aus den historischen Sammlungen der Charité. Berlin, New York, S. 185–217.

7 Rheinberger H-J. (2003) Präparate – „Bilder" ihrer selbst. Eine bildtheoretische Skizze. In: Bildwelten des Wissens. Kunsthistorisches Jahrbuch für Bildkritik 1, 2, S. 9–19.

8 Zur Fertigung embryologischer Modelle vgl. zuletzt Doll S (2014) Die Entwicklung der Schilddrüse. Wachsmodelle der Anatomischen Sammlung Heidelberg als Dokumente vergangener Forschungsarbeit. In: Ludwig et al. (s. Anm. 1), S. 21–31. Im Überblick vgl. Hopwood N. (1999) „Giving Body" to Embryos: Modeling, Mechanism, and the Microtome in Late Nineteenth-Century Anatomy. In: Isis A. Journal of the History of Science Society 90, 3, S. 462–496. Weiter grundlegend Born G. (1883) Die Plattenmodelliermethode. In: Archiv für mikroskopische Anatomie 22, S. 584–599.

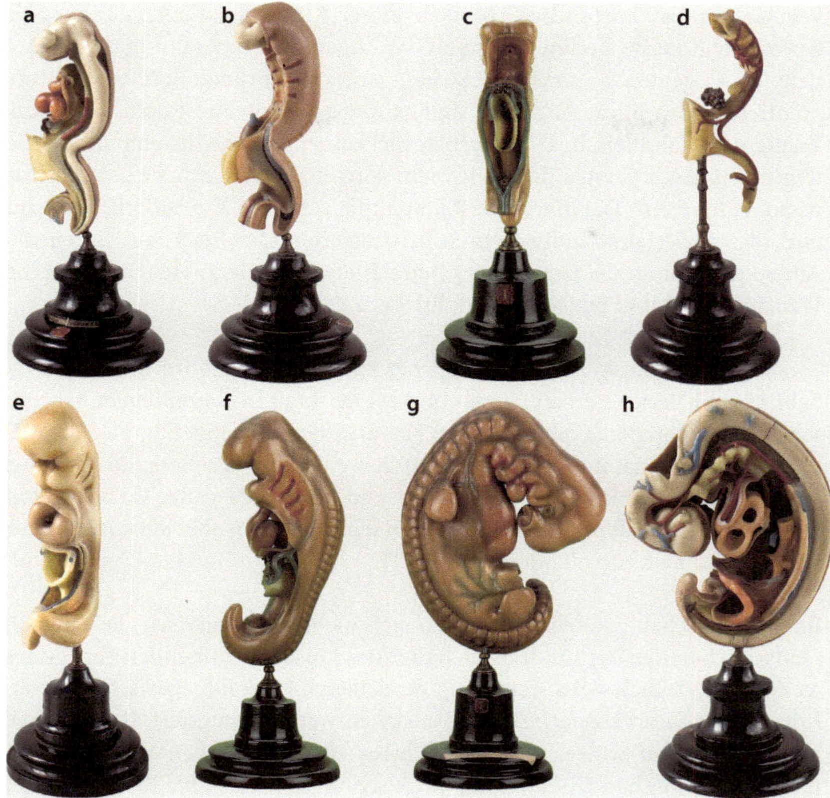

Abb. 2 Entwicklungsstadien des menschlichen Embryos aus einer Wachsmodellserie der Firma Ziegler, Atelier für Wissenschaftliche Plastik, Freiburg i. Br., in einer Collage aus Sammlungen an zwei unterschiedlichen Standorten: Anatomische Sammlung der Universität Heidelberg: **a**, **b**, **d**, **e**, **h** (Fotos: Sara Doll; mit freundlicher Genehmigung des Universitätsklinikums Heidelberg, Institut für Anatomie und Zellbiologie); Centrum für Anatomie, Charité Berlin: **c**, **f**, **g** (Fotos: Birgit Formann; mit freundlicher Genehmigung des Berliner Medizinhistorischen Museums der Charité)

oder einer daraus isolierten Struktur. In ganzen Modellserien macht sich nun aber die statisch gefrorene Morphologie auf und wird als ein hoch dynamischer Entwicklungsprozess nachvollziehbar (Abb. 2). Auf einmal werden Wachstum, Werden und Gedeihen anatomisch in ihren charakteristischen Entwicklungsstufen sichtbar, als hätte keines Modelleurs Hand daran gerührt. Gegen Ende treten immer stärker die Züge eines konkreten Menschen in Erscheinung. Somit lassen die wächsern-ganzfigurigen embryologischen Entwicklungsreihen neben allen körperlichen Faltungs- und Bildungsvorgängen auch die Metamorphose hin zu einer integralen Person nachvollziehbar werden.[9]

9 Zur Sensibilität embryologischer Modelle vgl. zuletzt Markert M. (2018) Der Vergangenheit auf der Spur. Menschliche Embryonalentwicklung. In: Deutsches Ärzteblatt, Ausgabe M, Jg. 115, Mai, S. 352–353.

Wie viele andere anatomische Modelle dieser Art, so lenkt auch der zur Seite gewendete Kopf im Berliner Museum das Augenmerk nicht nur in die Körpertiefe. Im Gegenteil, an manchen Stellen gerät das Körperäußere bewusst und pointiert in den Blick: Am Auge sind es Augapfel, Iris und Pupille, im Mund Zähne und Zahnfleisch. Damit erhält nicht nur die Struktur eine innere Bewegtheit und Körperspannung, vielmehr wird eine vermeintliche Lebendigkeit personal markiert. Die innerliche Anonymität verblasst. Ein äußerlich erkenn- und identifizierbares Individuum wird suggeriert. Im Spiel von Innen und Außen changieren die Gefühle des Betrachters, pendeln zwischen nüchterner Wahrnehmung und empathischem Erleben.

Sobald die Körperoberflächen deutlicher zu Tage treten, wird im Modell das Subjekt expliziert. Es erhält Gestalt und Wesenskraft in Nasenflügeln, Ohrmuscheln, Augenbrauen, Lippenwülsten, Handrücken und Fingerkuppen. Schließlich werden in anatomischen Modellen bisweilen auch größere Stirnregionen mit abgebildet, Lockenköpfe auftoupiert und halbe oder ganze Gesichter mitgeführt. Puppenhaft und blass die einen nur, die anderen aber auch im frischen Lebenskolorit – kraftvoll oder todesnah.[10]

Im anatomischen Modell vermischen sich nicht nur motivisch die dinglich-menschlichen Bezüge, sondern auch die zum Einsatz kommenden Fertigungstechniken. Vielfach wird freihändig modelliert oder bildhauerisch skulpiert. Körpereigene und körperfremde Materialien werden integriert, im Verborgenen als Halt und Stütze, äußerlich sichtbar zur didaktischen Verdeutlichung und illusionistischen Überhöhung. Früh schon hat man hohle Körperformationen, insbesondere Venen und Arterien, mit aushärtenden Massen ausgespritzt und festere Körperpartien abgeformt.[11] Die nachgebildete Struktur ist nunmehr kein frei geschaffenes, rein synthetisches Produkt. Vielmehr erfährt sie im Eins zu Eins eine direkte Übersetzung, bleibt als Unikat erkennbar, so als wär's tatsächlich ein Stück vom Leben.

Unter der Haut taucht der Abdruck weg in die Anonymität des Körperinneren, denn Herz und Gehirn haben aus sich selbst heraus kein eigenes Gesicht. Dort, wo sich die Lebensläufte jedoch merklich und unauslöschlich einschreiben, an den Kontaktzonen der Haut mit ihrer Um- und Lebenswelt, wird der Abdruck ganz ausdrücklich, stets und unentrinnbar, als individuelle Nachbildung zum Porträt einer konkreten Person.

---

10 Vgl. in diesem Zusammenhang die anatomische Kopfstudie des syrakusischen Wachsbildners Giulio Gaetano Zumbo im Florentiner Museo La Specola: Poggesi 1999 (s. Anm. 2). Paolo Giansiracusa P (1989) Gaetano Giulio Zumbo. Syrakus 1989. Benedetto Lanza et al. (1979) Le Cere Anatomiche della Specola, Florenz, S. 71–81.

11 Vgl. Poggesi 1999 (s. Anm. 2).

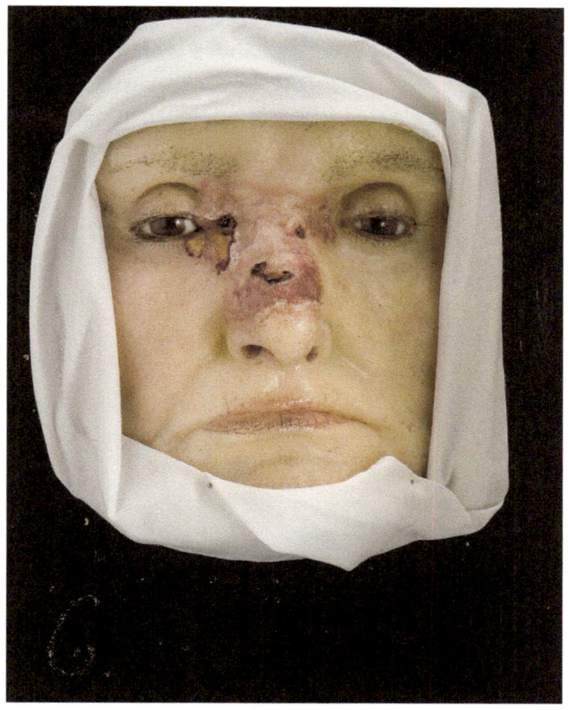

Abb. 3 Hauttumor des Augenunterlids, Augenmoulage aus Wachs von Fritz Kolbow um 1900, Berlin. Berliner Medizinhistorisches Museum der Charité. (Foto: Christoph Weber; mit freundlicher Genehmigung des Berliner Medizinhistorischen Museums der Charité)

Losgelöst von der innerlichen Anatomie ist die Moulage als Repräsentation der Körperoberfläche ein Modell hoch eigener Güte (Abb. 3).[12] In ihr spiegeln und verdeutlichen sich die äußerlichen Zeichen einer Krankheit, so ihr medizinischer Bild- und Bildungsauftrag in klinischen Fächern wie Dermatologie und Venerologie, Augenheilkunde, Chirurgie, Kinder- und Frauenheilkunde, Rechtsmedizin, Mikrobiologie und Hygiene. Der Blick soll sich in die Poren, Buchten und Nischen charakteristischer Krankheitszonen senken, sich dort umsehen, orientieren und klären. Im reflektierten, visuell gegründeten Beschreiben und Erkennen soll er vergleichen und verstehen lernen. All dies kann nur gelingen, wenn das gesunde Körperumfeld, in welchem sich das Krankheitsstigma zu erkennen gibt, als ein topographisch identifizierbarer Körperort erkennbar bleibt: eine Hand, eine Schulter, ein Gesicht. Damit kommt in der Moulage stets die Person des Kranken mit ins Spiel. Sie ist über den lebensgroßen und höchst lebensnah gehaltenen Wachsabdruck in jeder reproduzierten Falte und Formation der Hautkontur eingeschrieben.

12 Zur Geschichte der medizinischen Moulagenkunst vgl. grundlegend Schnalke T. (1995) Diseases in Wax. The History of the Medical Moulage. Berlin. Zuletzt im Überblick ders., Körperbilder – Krankheitsbilder. Moulagen in der Medizin. In: Marion M. Ruisinger et al. (Hrsg.) (2015) Surfaces. Adolf Fleischmann – Grenzgänger zwischen Kunst und Medizin. Bielefeld, Berlin, S. 190–203.

Im Angesicht der Moulage stellt sich erneut die Frage, wie viel vom ursprünglichen Patienten in diesem Modell vorhanden ist. Der Abdruck hinterlässt die deutliche Spur eines Selbst. In die Wachsschale hinein vermittelt sich das Subjekt eines konkreten Individuums. Erneut regen sich Sensibilitäten im Empfinden, verschwimmen die Begrifflichkeiten. Ist diese Nachbildung tatsächlich noch Modell oder nicht eher doch ein Mensch?

Thomas Schnalke
Berlin, Deutschland

Inhaltsverzeichnis

II Die Heidelberger Moulagen

Herausgeber- und Autorenverzeichnis

Über die Herausgeber

Dr. sc. hum. Sara Doll

- Geboren 1966 in Essen
- Ausbildung zur Präparationstechnischen Assistentin im Bereich Medizin in Bochum
- 1992–2002 Tätigkeit in der Anatomie Ulm
- 2002–2004 Angestellt an der John A. Burns School of Medicine, Dept. of Anatomy and Reproductive Biology, Honolulu, USA
- Seit 2004 am Institut für Anatomie und Zellbiologie der Universität Heidelberg
- 2009–2012 Bachelorstudium, Medizinalfachberufe mit Schwerpunkt Lehre an der FH Nordhessen
- 2014 Dissertation (Dr. sc. hum) über historische Lehrmittel in der Heidelberger Anatomie, Betreuer: Prof. W. U. Eckart

Navena Widulin

- Geboren 1972 in Cottbus
- Ausbildung zur Arbeitshygieneinspektorin in Köthen/Anhalt und zur Präparationstechnischen Assistentin im Bereich Medizin in Berlin
- 1993–1997 Angestellt im Institut für Pathologie der Charité Berlin
- Seit 1998 am Berliner Medizinhistorischen Museum der Charité – Universitätsmedizin Berlin als Konservatorin (Bereich Präparate, Modelle, Moulagen) und Ausstellungskuratorin
- Ein Schwerpunkt ihrer Arbeit liegt in der Konservierung und Restaurierung pathologisch-anatomischer Feucht- und Trockenpräparate der Rudolf-Virchow-Sammlung, der Herstellung neuer Wachsmoulagen überwiegend aus dem Bereich der Rechtsmedizin und Pathologie, aktuell aber auch wieder der Dermatologie. Zur Vernetzung nationaler und internationaler medizinischer Moulagenbestände betreibt sie die Internet-basierte Forschungsplattform ► www.moulagen.de und ist Gründungsmitglied des Arbeitskreises Moulagen.

Mitarbeiterverzeichnis

Sara Doll, Dr. sc. hum.
Institut für Anatomie und Zellbiologie
Ruprecht-Karls-Universität Heidelberg
Heidelberg, Deutschland
sara.doll@uni-heidelberg.de

Henrik Eßler, M.A.
Institut für Geschichte und
Ethik der Medizin
Universitätsklinikum Hamburg-Eppendorf
Hamburg, Deutschland
h.essler@uke.de

Christine Feja, Dr. rer. med.
Medizinische Fakultät
Institut für Anatomie, Universität Leipzig,
Leipzig, Deutschland
christine.feja@medizin.uni-leipzig.de

Johanna Lang, Dipl.-Restauratorin Univ.
München, Deutschland
restaurierung@johanna-lang.com

Michael Markert, Dr. rer. nat.
Zentrale Kustodie, c/o Institut für
Ethik und Geschichte der Medizin
Georg-August-Universität Göttingen
Göttingen, Deutschland
markert@kustodie.uni-goettingen.de

Peter M. McIsaac, Prof. Dr.
The University of Michigan
Ann Arbor,
MI, USA
pmisaac@umich.edu

Sandra Mühlenberend, Dr.
BMBF-Projekt „Körper und Malerei"
Hochschule für Bildende Künste Dresden
Dresden, Deutschland
muehlenberend@hfbk-dresden.de

Birgit Nemec, Dr. phil.
Institut für Geschichte und
Ethik der Medizin, Ruprecht-Karls-Universität
Heidelberg, Heidelberg, Deutschland
birgit.nemec@histmed.uni-heidelberg.de

Thomas Schnalke, Prof. Dr. med.
Berliner Medizinhistorisches Museum der
Charité, Berlin, Deutschland
thomas.schnalke@charite.de

Wolfgang Schwan, Dr.-Ing.
W.S.I.P WolfgangSchwanIdeenPool
München, Deutschland
w.s.i.p@gmx.de

Navena Widulin
Berliner Medizinhistorisches Museum der
Charité Berlin, Deutschland
navena.widulin@charite.de

Die Heidelberger Modelle

Inhaltsverzeichnis

Marken – Ein Beitrag zur Unterstützung der Sicht auf die Provenienz von Objekten in Sammlungen

Wolfgang Schwan

S. Doll, N. Widulin (Hrsg.), *Spiegel der Wirklichkeit*,
https://doi.org/10.1007/978-3-662-58693-8_1

Angestoßen von einem Forschungsvorhaben zu Herstellermarken an Abgüssen griechischer und römischer Bildwerke der Antike (Schwan 2012) werden in diesem Beitrag nun die Marken an Modellen in anatomischen Sammlungen untersucht. Dabei handelt es sich nicht um eine tiefergehende Auseinandersetzung mit den anatomischen Modellen an sich, sondern lenkt den Blick auf die mit den Modellen verbundenen Markierungen, um daraus Erkenntnisse zu Herkunft, Herstellung und Besitz zu gewinnen. Marken bilden die einzige materielle Konnektivität am Objekt zwischen Hersteller oder Veräußerer und dem Besitzer eines Objekts in einer Sammlung. Lässt sich der wahrscheinlichste Nutzungszeitraum einer Marke bestimmen (s. das ausführliche Beispiel E. E. Hammer; ▶ Abschn. 1.4), so ergibt sich die Chance, die Provenienz eines Objektes einzugrenzen. Diese Tatsache ermöglicht es, ergänzende Sicherheit bei der Objektbeschreibung und Bewertung zu erhalten, wenn keine, unvollständige oder ungenaue Aufzeichnungen zu einem Objekt in einer Sammlung vorhanden sind. Einen weiteren Gesichtspunkt bildet die Vergleichbarkeit von Objekten in unterschiedlichen Sammlungen, sei es um leichte Veränderungen am Modell im zeitlichen Verlauf der Herstellung und Vermarktung zu erkennen (s. das Beispiel zur Ziegler Modellreihe Nr. 7; ▶ Abschn. 1.3) oder das Einfließen neuer Erkenntnisse der wissenschaftlichen Betrachtung in den Modellaufbau zu ermöglichen. Die wahrheitsgetreue Rekonstruktion oder Restaurierung beschädigter Objekte wird möglich, wenn in einer weiteren Sammlung ein markiertes Objekt des gleichen Zeitraums und Herstellers aufgefunden wird. Dabei hilft es, wenn bei kontinuierlichem Marktauftritt eines Herstellers sich die Ausprägung seiner Marken ändert und die Erstellung einer Zeitleiste der Nutzung für eine Manufaktur/Firma ermöglicht wird. Das wird auch am Beispielabschnitt von E. E. Hammer ausgeführt (▶ Abschn. 1.4). Es versteht sich von selbst, dass in dem vorgegebenen Rahmen keine vollständige und endgültige Behandlung der Marken in ihrer Gesamtheit erwartet werden darf. Die Daten müssen zwangsläufig wegen der Fülle von Möglichkeiten fragmentarisch bleiben. Sie bilden eine Basis für die Auseinandersetzung mit den „oft übersehenen Kleinigkeiten" und führen zur Vervollständigung des Wissens über Marken durch den mit diesem Buchbeitrag angeregten Dialog mittels der Vernetzung von interessierten Personen und Sammlungsbetreuern untereinander.

Das räumlich und zeitlich seit 2016 bearbeitete offene Forschungsvorhaben des Autors umfasst im vorliegenden Beitrag zu Marken anatomischer Modelle:

- Teilbereich A: Faktenerfassung.
  Auffinden, Abbilden, Erfassen der Daten zu Material, Geometrie, Bild und Text einer Marke.
  - Das Ergebnis ist ein Datenbanksatz je Marke.
- Teilbereich B: Zuordnung.
  - Identifikation von Bezugsdaten. Auswertung von Inventaren, Archivalien, Ein- und Verkaufslisten, Kataloge, Erwerbungshinweise in Schriften und Briefen. Auswertung von Sekundärliteratur.
  - Die Ergebnisse sind Einordnungen in wahrscheinlichste Nutzungszeiträume und Zeitleisten für die einzelnen Hersteller.
- Teilbereich C: Geschichten am Rande.
  - Lebensberichte der Formatori, Firmen, Familien, Verkaufserfolge, Präsentationen auf Ausstellungen und Messen, Erwerbslisten, Patente und Copyright,

    Ehrungen und Preise, Geschichten und Schriftwechsel zum Erwerb, Eingangsberichte in Sammlungen, Preisgestaltung, Herkunft von Abformungen, Originalitätsproblematik.
    - Die Ergebnisse sind Aufzeichnungen zu Einzelthemen.
- Teilbereich D: Zusammenhänge.
    - Netzwerke der Sammlungen, „footprints“ von Herstellern. Identität und Authentizität, Spannungsfeld von Replik und Original.
    - Die Ergebnisse sind Beziehungsbilder von Herstellern und Abnehmern und der Authentizitätsnachweis.

Die vielfältigen Begrifflichkeiten von Marken wie Herstellermarke, Plakette, Siegel, Stempel usw., hier verstanden als Markierung des Objekts, werden kurz als Marken bezeichnet. Dabei sind bei dieser Betrachtung Marken nicht nur als die im Patent- und Markenrecht genannten materiellen Bildmarken zusammengefasst, sondern sie erfassen auch Bildhauermarkierungen, die originären Herstellermarken, Sammlungskennzeichen und Inventarnummern, Marken von Vertriebsorganisationen sowie die Wort-/Bildmarken (früher Warenzeichen und Schutzmarken) (◘ Abb. 1.1).

Die Markierungen am Modell erfolgen materialfrei, d. h. formfrei eingetieft, wie die Bildhauermarkierungen, sind gestempelt, geprägt, mitgegossen, oder sie bestehen aus objektfremden Material und sind dann eingegipst, geklebt oder angehängt.

Die Betrachtung von Akteuren auf dem Markt der anatomischen Modelle zeigt auf der Herstellerseite zu Beginn der Benutzung von Marken Einzelpersonen wie Präparatoren und Künstler, aber auch die Bildungsinstitutionen wie Universitäten und Akademien. Später, in der Mitte des 19. Jahrhunderts, treten vermehrt Firmen auf den Markt, der auf der Abnehmerseite von eben diesen Bildungsinstituten, hier erweitert um

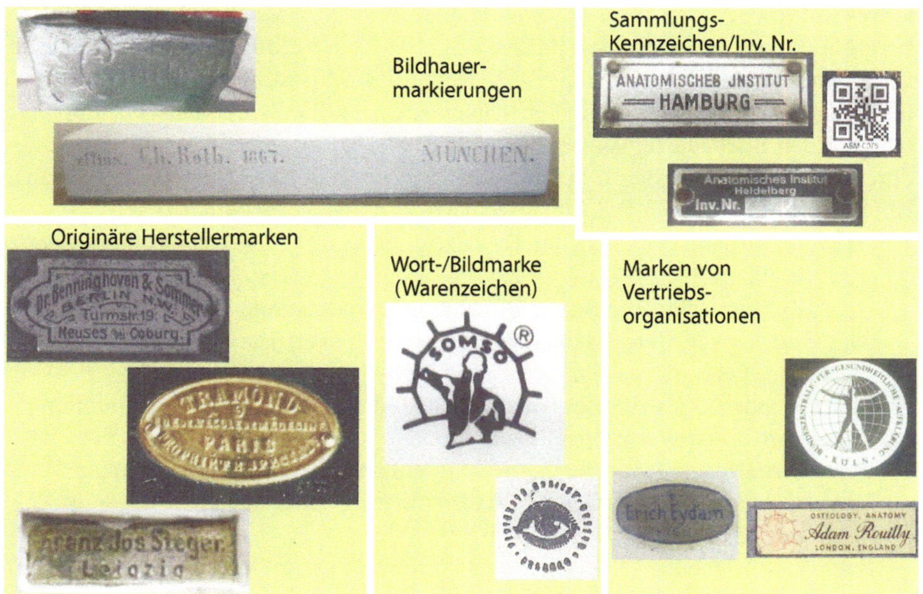

◘ **Abb. 1.1** Arten von Marken an anatomischen Modellen

Abb. 1.2 Beweggründe für Markenanbringung

Schulen (Hebammen, Krankenpflege usw.), angeregt wird. Museen und Sammlungen werden gegründet. Einzelpersonen, Gesundheitsberufe (Ärzte, Hebammen usw.) aber ebenso Künstler befeuern die Nachfrage. So bleibt es nicht bei der Erstellung einzelner forschungsnaher Prototypen durch die ureigenen Ideengeber im Feld der Universitätsprofessoren, Mediziner, Wissenschaftler und die ausführenden Personen wie Präparatoren und bildende Künstler, sondern es beginnt eine Einzelfertigung von Modellen, um ausgehend von der originären Präparation oder einem Modellentwurf, zum Beispiel bei Vergrößerungen, wiederholbare gleichartige Modelle zu verbreiten. Diese Modelle tragen anfangs individuelle Signaturen zum Herkunftsnachweis, ähnlich den aufgeklebten oder angehängten handschriftlichen Papierzetteln an medizinischen Feuchtpräparaten oder den Bildhauersignaturen. Bei Mehrfachfertigung von gleichartigen Modellen durch Einzelpersonen oder in Manufakturbetrieben ist der Einsatz von Herstellermarken sinnvoll, da nun auch Firmen auf dem Markt miteinander konkurrieren.

Im Wesentlichen lassen sich vier Beweggründe für eine Markenanbringung herausarbeiten (Abb. 1.2):

- Qualitätssiegel – Benennung der Qualität mit gefühlsbetonten Begrifflichkeiten oder Nutzung von Gütesiegeln „Die Marke, die Ihr Vertrauen verdient" oder „Made in GDR".
- Besitzanzeige – Nachweis des Formenbesitzes des Modells z. B. „Eigenthum und Verlag von …" oder „Original Ziegler Modell".
- Herstellernachweis – Anbringung von Seriennummern oder Bezeichnungen von Modellreihen auf den Marken zur Rückverfolgung der Erstellung z. B. „Somso Modelle KS 3".
- Nachahmungsschutz – Verhinderung von Nachahmerprodukten mit Hinweis auf die tatsächliche Schutzsituation im Patent- und Markenrecht, z. B. „Registered Trademark" oder mittels Schutzformeln wie „Reproduktionsrecht vorbehalten".

Einen wichtigen Punkt beim Nachahmungsschutz bildet die Originalitätsproblematik. Präparate in der Anatomie zeichnen sich durch Einmaligkeit aus. Werden Modelle direkt davon abgeformt, verliert das Original meist seine Bedeutung, da es sich mit der Zeit verändert. Die Urform/Matrize bildet im Idealfall mit dem ersten Abguss daraus den Grundstock der Manufaktur. Nun lassen sich aus der Urform durch Ausgießen mit Papiermaché, Gips oder Kunststoff weitere sog. Abgüsse herstellen. Die Form wird sich je nach dem dafür verwendeten Material abnutzen. Das hat zur Folge, dass weitere Formen vom ersten Abguss erstellt werden. Eine Abformung von einem Abguss kann natürlich auch einen Mitbewerber erzeugen, deshalb war und ist es wichtig, das originäre Werk mit einer Marke zu versehen oder sogar durch Patent- und Markenrecht zu schützen. Für den Formennachweis bilden Kataloge und Verkaufslisten eine wichtige Grundlage. Im Anwendungsbeispiel der Marken von E. E. Hammer wird näher darauf eingegangen (▶ Abschn. 1.4).

Die bisherigen Erkenntnisse zu den Marken an anatomischen Modellen beruhen auf Ergebnissen von Untersuchungen der universitären Anatomischen Sammlungen in München, Heidelberg, Münster, Hannover und Wien sowie den Museen: Deutsches Hygiene-Museum Dresden, Deutsches Medizinhistorisches Museum Ingolstadt und SOMSO-Firmenmuseum in Sonneberg. Die Nutzung von Informationen aus Internetauktionen und dem Antiquitätenhandel runden das Bild ab. Im Gegensatz zu den umfassenden Einzelbeschreibungen der Sammlungen aus Heidelberg (Doll 2013), Münster (Barbian 2010) und Dresden (Mühlenberend 2007), trägt das vorgestellte Forschungsvorhaben übergreifend Informationen zu Marken zusammen. Diese Ergebnisse können immer nur einen stichprobenartigen Ausschnitt zeigen und unterliegen dem Einfluss neuer Erkenntnisse.

Aus diesem Grund findet der Leser Ergebnisse des zeitlich und geografisch offenen Forschungsvorhabens auf der kontinuierlich sich weiterentwickelnden Internetseite des Autors.[1]

Die Analyse einer einzelnen Marke gelingt nur mit dem Einsatz stringenter Kriterien. Dabei ist ein strenges Vorgehen nach dem identifizierenden Augenschein hilfreich.

Als primäres Kriterium fällt die Form (Hauptkategorien sind: Kreis, Oval, Mehreck) ins Auge, gefolgt von der Größe (sichtbare Hauptabmessungen wie Durchmesser, Länge und Breite in mm). Der Markentext stellt dann in der Datenbank den Ankerpunkt für jede gefundene Marke dar. Der Text birgt eine Vielzahl von Unterkriterien und muss genau aufgenommen werden.[2] Aus den textlichen Inhalten lassen sich Eigennamen, Vornamen, Institutionen, Fertigungsbezeichnungen, Ortsangaben mit Stadt sowie Adresse und Schutzformeln isolieren. Das nächste Kriterium sind die Abbildungen. Die Unterscheidung nach Wappen, Symbolen und vollständigen Bildern ist hilfreich. Identifizie-

---

1 ▶ https://www.w-s-i-p.de. Den Suchpfad zu einer bestimmten Marke bildet dort der Markentext oder die Bezeichnung (xx Kurzform des Herstellernamens [yy]), wobei xx die laufende Nummer in der Datenbank angibt und yy die laufende Zählung unterschiedlicher Marken eines Herstellernamens. Diese Kennzeichnungen finden sich im weiteren Text in den Fußnoten wieder.

2 Leserichtung von links nach rechts, außen nach innen, oben nach unten, Groß- und Kleinschreibung. Im Text wird ein Zeilenumbruch durch die Raute # markiert. Abkürzungen sind zu beachten.

1 ren lassen sich ebenso Trennzeichen auf der Marke, wie Punktreihen, Umrahmungen, Sterne usw. Weitere Kriterien zur Identifizierung einer Marke sind das Material und die Art der Anbringung. Diese Fakten werden beispielhaft für Marken der Firma Marcus Sommer SOMSO Modelle GmbH (kurz SOMSO) im folgenden Abschnitt gezeigt.

1.1 Markenanalyse am Beispiel der Firma Marcus Sommer SOMSO Modelle GmbH

Die Firmengeschichte (SOMSO 2017) wird in ▶ Abschn. 1.2 behandelt und bildet eine wesentliche Quelle zur Bestimmung von Nutzungszeiten der Marken. In diesem Abschnitt geht es mehr um den genauen Blick auf die oben genannten Kriterien und das Gewinnen von Erkenntnissen aus einzelnen Gesichtspunkten. Die Auswertung der bisher bekannten Marken führt letztendlich zu einem Bild der Modellwanderung im Umfeld der Firma SOMSO. Auffallend ist die Vielfalt und Anzahl (bisher 27 gefundene) der genutzten Marken, was natürlich dem langen Bestand der Firma seit 1876 geschuldet ist. Im Folgenden wird auf die angewendeten Analysekriterien zur Gewinnung der Daten im Forschungsvorhaben näher eingegangen (◘ Abb. 1.3).

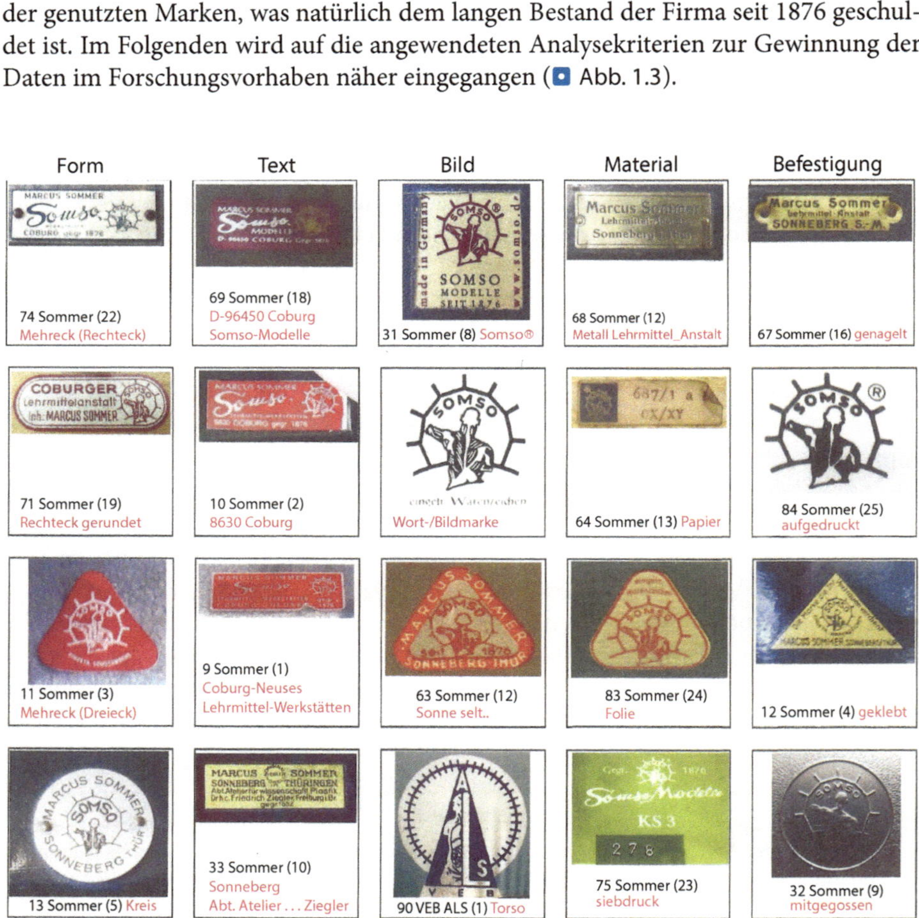

◘ **Abb. 1.3** Anwendung der Analysekriterien auf Marken der Firma Marcus Sommer SOMSO Modelle GmbH

Aus der großen Fülle der Marken der Firma SOMSO sind Beispiele ausgewählt, um die vorher genannten Kriterien einer Markenanalyse zu erklären. Die Signalwirkung von unterschiedlicher Form und Farbe lässt sich nicht stringent nachweisen. Die Grundfarbe der Marken variiert von weiß, gelb, blau, rot, weinrot bis hin zum heute bekannten grün in der 2008 geschützten Individualmarke (NCS-Wert 5020-G70Y) für die Modellsockel. Eine besondere Zuordnung zu Produktgruppen über die Zeit erschließt sich nicht. Es ist vielmehr so, dass „...die Firmenetiketten immer zeitbezogen sind und auch emotional dem jeweiligen Inhaber der Firma zugeordnet werden können," (persönliche Mitteilung Hans Sommer, SOMSO Modelle GmbH, 2017).

Alle gängigen Formen, vom Mehreck bis zum Kreis, treten dabei in Erscheinung. Schnell wurde die Kreisform der zuerst in der Firmengeschichte verwendeten Marke (62 Sommer [11]) zur Markierung der von Heinrich Arnoldi (1813–1882) 1890 übernommenen Pilzmodelle durch andere Formen ersetzt. Bei der Markennutzung überwiegen die mehreckigen Marken (Rechtecke). Fertigungstechnisch und materialsparend günstiger sind rechteckige gegenüber den runden und ovalen Formen. Die rechteckige Form leitet sich von den papiernen Zetteln ab, die ähnlich den Beschriftungen auf Präparategläsern angebracht waren. Bis ein Warenzeichen oder eine Schutzmarke mit Wiedererkennungswert von den Firmen beim Kaiserlichen Patent (ab 1877) und beim Reichspatentamt (ab 1919) eingetragen wurden, mussten Firmenbezeichnung, Herstellername und Anschrift gut erkennbar angebracht werden. Auch wegen dieses Raumbedarfs für die schriftlichen Informationen auf der Marke setzte sich die rechteckige gegen die runde Form durch. Das Dreieck tritt bei SOMSO später hinzu, trägt meist die Bildmarke SOMSO-Sonne (12 Sommer [4]) und wurde auf der Oberseite der Modellsockel befestigt. Der Wiedererkennungswert einer Marke steigert sich durch Nutzung eines einprägsamen Bildes. Gesichert und im Wiedererkennungswert unbestritten ist die Bildmarke der SOMSO-Sonne.

Marcus Sommer sen. (1845–1934) verbindet in der SOMSO-Sonne und dem Schriftzug SOMSO das Abbild eines Muskeltorsos umgeben von der aufgehenden Sonne für den Herkunftsort Sonneberg im heutigen Thüringen.[3] Nach der Enteignung 1952 in Ostdeutschland und dem Umzug von SOMSO nach Coburg wird diese Bildmarke als eingetragenes Warenzeichen bis heute beibehalten. In Sonneberg übernimmt der VEB Anatomisches Lehrmittelwerk Sonneberg (ALS) nach der Enteignung bis zur Rückübertragung 1992 in Anlehnung an die SOMSO-Sonne das Bild eines halben geöffneten Torsos mit der Buchstabenkombination VEB ALS. Der dem Arbeiter- und Bauernstaat geschuldete zahnradähnliche Strahlenkranz versucht an die aufgehende Sonne anzuknüpfen.[4] Die SOMSO-Marken nennen oft als Qualitätsbeweis bis

---

3 (11 Sommer [3]). „Die Bildmarke SOMSO-Sonne wurde von dem in Sonneberg-Oberlind ansässigen Zeichenlehrer Julius Rebhan geschaffen." Persönliche Mitteilung Hans Sommer, Marcus Sommer SOMSO Modelle GmbH, 2018.

4 (90 VEB ALS [1]). Information Archiv der Stadt Sonneberg 2018 „Das VEB Anatomisches Lehrmittelwerk wurde 1876 als Somso-Werkstätten von Marcus Sommer gegründet. Im Jahr 1952 ging es in Volkseigentum über (18.09.1952). 1965 wurden die Anatomischen Lehrmittelwerke Sonneberg gegründet, und im Jahr 1966 dem VEB Spulenkörper zugeordnet. 1982 wurden sie dem Kombinat Piko angegliedert. Am 01.08.1990 erfolgte die Rückübertragung an die Familie Sommer. Sie hat ihren Sitz in der Beethovenstraße 29 (früher: Wilhelmstraße 29)." Die gesamte Zeit über als VEB änderte sich die Marke anscheinend nicht.

heute das Gründungsjahr 1876 der Firma (75 Sommer [23]). Die Schutzfunktion der SOMSO-Sonne wird schon vor dem 1. Weltkrieg im Deutschen Reich eingetragen, das ist möglich ab 1894,[5] und existierte danach fortgesetzt als „Eingetragenes Warenzeichen" (83 Sommer [24]), als „Eingetragene Schutzmarke" (11 Sommer [3]), und wurde in der BRD im Jahr 1954 erneuert. Ab 1983 ist die Bildmarke mit der Registernummer 1054495 beim Deutschen Patent- und Markenamt in München, wie in der Marke (75 Sommer [23]) dargestellt, angemeldet. Mit Beginn des Vertriebs im englischsprachigen Raum über das Partnerunternehmen „Adam, Rouilly" im Jahr 1927 erfolgt später auch der Copyright-Schutz der Objekte durch die Markierung als „registered trademark" (84 Sommer [25]). Ein Blick in das Markenregister beim Deutschen Patent- und Markenamt offenbart den Wert, den die Firma SOMSO nicht nur dem ausgeformten Modell sondern auch der Montage auf einem Sockel beimisst. Dieser Schutz der Gesamtheit eines verkauften Modells inkl. der Montagesituation mit Sockel wurde der Firma 2009 aber verwehrt (Deutsches Patent- und Markenamt 2018). An diesem Punkt sei vom Autor eine Lanze dafür gebrochen, in anatomischen Sammlungen das reine Objekt und die Montage in der Gesamtheit als Original zu erhalten, insbesondere da sich Marken im Originalzustand sehr oft auf der Standplatte befinden. Diese Gesamtheit verleiht dem Objekt erst die Authentizität, die nicht leichtfertig aus sammlungsoptischen Gründen geopfert werden sollte. Darüber hinaus sind die Marken in ihrem Originalzustand erkennbar am Sockel freizuhalten und nicht zu überformen oder zu übermalen.

Zur Anbringung wird angemerkt, dass frühe Marken meist auf oder an die Holzsockel der Modelle genagelt (67 Sommer [16]) oder auf das Brett aufgeklebt wurden (12 Sommer [4]). Bei Gipsabgüssen findet man die materialfremde Marke im Modellkörper mit eingebettet oder die Bildhauersignatur wird mitgegossen oder eingetieft. Für Bildhauersignaturen finden sich bei SOMSO-Modellen keine Beispiele. Bei den Kunststoffstandplatten werden die Marken aus Kunststofffolie geklebt, adhäsiv befestigt (83 Sommer [24]) oder gleich mitgegossen (32 Sommer [9]). Auch aus diesen Betrachtungen lassen sich zeitliche Abschnitte der Nutzung einer Marke herausarbeiten. Weiterhin bildet der Markentext gute Ansätze zur zeitlichen Einordnung. So erkennt man die bildhauernahe Bezeichnung „Atelier" bei frühen Marken der Firma (33 Sommer [10]). Die Lehrmittelwerkstatt (9 Sommer [1)]) grenzt sich gegen die Lehrmittelanstalt ab,[6] die 1971 in der Coburger Lehrmittelanstalt CLA (72 Sommer [20]) ihren Niederschlag findet. Später folgt im Markentext der Bestandteil „Somso-Modelle" (75 Sommer [23]). Aus den Ortsangaben ergeben sich weitere Punkte zeitlicher Einordnung. Die frühen Marken ordnen den Sitz der Firma im Herstellungsort Sonneberg noch S. M. (Sachsen-Meiningen) zu (67 Sommer [16]). Nach der Gebietsreform wird die Zugehörigkeit zu Thüringen genannt (13 Sommer [5]). Im Zuge der Enteignung 1952 und dem Umzug aus Sonneberg an den Standort Coburg Neuses, dem Sitz der 1930 von Max Albert Sommer (Lebensdaten unbekannt) eingegliederten Lehrmittelanstalt (71 Sommer [19]), wird Coburg auch für die Werkstätten genannt (74 Sommer

5 „Zum Zeitpunkt der ersten Eintragung liegen SOMSO keine Unterlagen mehr vor." Persönliche Mitteilung Hans Sommer, Marcus Sommer SOMSO Modelle GmbH, 2018.

6 (68 Sommer [12]). Was genau im zeitlichen Verlauf in der Lehrmittelwerkstatt gegenüber der Lehrmittelanstalt hergestellt wurde, erschließt sich aus den Marken allein nicht.

[22]). In der Folge erweitert um Postleitzahl 8630 (10 Sommer [2]). Die Einführung 5-stelliger Postleitzahlen fixiert den Beginn solcher Markennutzung (69 Sommer [18]). Das verwendete Material wandelt sich über die Nutzung von Metallplättchen (68 Sommer [12]) und Papier (64 Sommer [13]) zu Kunststofffolien (83 Sommer [24]). Nach dem Zweiter Weltkrieg werden die Marken im Siebdruckverfahren oder gestempelt direkt aufgebracht (75 Sommer [23]). Ein kurzer Hinweis noch auf eine Kleinigkeit, die manchmal einen entscheidenden Fortschritt in der zeitlichen Einordnung einer Einzelmarke offenbart. Eine Marke (31 Sommer [8]) trägt am rechten Rand den Aufdruck des Internetauftritts der Firma (▶ www.somso.de). Objekte, die mit dieser Marke verbunden sind, können nicht früher als 1993 gefertigt sein.

1.2 Modellwanderung im Umfeld der Firma Marcus Sommer SOMSO Modelle GmbH

Um Zusammenhänge aus gefundenen Marken zu gewinnen, wird im Teilbereich D des Forschungsvorhabens nach Tatsachen gesucht, die z. B. über Vernetzungen der Hersteller untereinander Auskunft geben. Die Analyse in der Historie im Umfeld der Firma Marcus Sommer SOMSO Modelle GmbH anhand der bisher bekannten Marken führt dann zu einem Bild der Modellwanderung im Umfeld der Firma (◘ Abb. 1.4).

Man erkennt Phasen der Firmenexistenz vom Aufbau 1876 über Wachstum (98 Rouilly [5]), Konzentration des Marktes in den 1930er-Jahren (33 Sommer [10]), Bruch durch Enteignung 1952 (90 VEB ALS [1]), Wiederaufbau und firmenpolitische Marktanpassung ab 1972 (72 Sommer [20]). Diese Hinzunahmen und Abgaben von Modellen lassen sich ebenso an anderen Firmen im Umfeld erkennen. So trennt sich Max Albert Sommer[7] von seinem Geschäftspartner Dr. Wilhelm Benninghoven (Lebensdaten unbekannt),[8] von dem bisher wenig konkreten Daten bekannt sind (Mühlenberend 2015), und die Firma wird danach im Jahr 1930 von Marcus Sommer (71 Sommer [19]) aufgekauft. Der zum Professor ernannte Benninghoven[9] betreibt seine Firma bis 1937. Dessen Modelle erwirbt das Deutsche Hygiene-Museum Dresden, das in der Summe mit den eigenen Modellen (17 DHM [2]) in die Reihe großer Anbieter am Markt aufsteigt. Nach der Wiedervereinigung Deutschlands im Jahr 1991 werden die Modelle an die Firma 3B Scientific abgegeben.[10]

7 „Die Coburger Lehrmittelanstalt Max Albert Sommer wurde am 01.04.1930 von meinem Großvater Fritz Sommer übernommen. Zu Herrn Max Albert Sommer bestand trotz Namensgleichheit kein verwandtschaftliches Verhältnis. Herr Max Albert Sommer hat seine Firma aus Alters- und Nachfolgegründen an uns veräußert." Persönliche Mitteilung Hans Sommer, Marcus Sommer SOMSO Modelle GmbH, 2018.

8 (25 Benninghoven [1]). Markentext: „Dr. Benninghoven & Sommer # BERLIN N.W. # Turmstr. 19. # Neuses bei Coburg."

9 (27 Benninghoven [3]). Markentext: „Prof. Dr. W. Benninghoven # vormals Dr. Benninghoven & Sommer # BERLIN N.W.21 # Turmstrasse 19."

10 (94 3B [2]). 3B gegr. 1948 von Paul Binhod, Hedwig Binhold, Marion Binhold verh. Kurland. 3B kauft 1993 Diocalderoni ungarisch seit 1819. Übernimmt 1991 die Lehrmittelanstalt des Deutschen Hygiene-Museums von 1930.

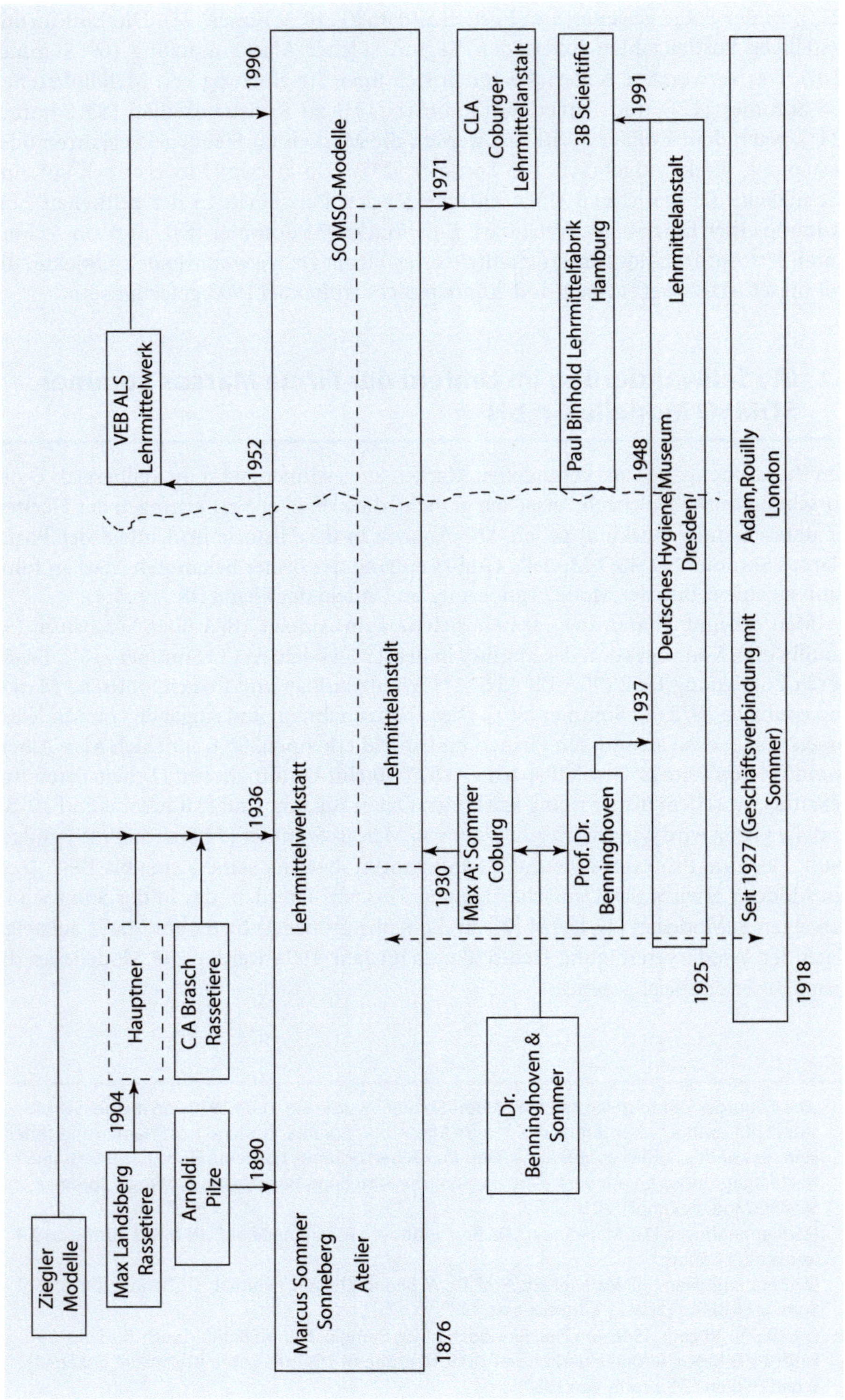

Abb. 1.4 Modellwanderung im Umfeld der Firma Marcus Sommer SOMSO Modelle GmbH

1.3 Marken helfen bei der Restaurierung

Der Nutzen, der in zeitlicher Reihenfolge gebrachten Marken, bei einem Restaurierungsvorhaben sei an einem Beispiel zu Teil C des Forschungsvorhabens dargelegt: Die Ziegler-Modellserie „Serie 7 Wirbeltiergehirne", entwickelt von dem Zoologen und vergleichenden Anatomen Robert Ernst Eduard Wiedersheim (1848–1923), wurde seit 1887 aufgelegt und 1936 von der Firma Marcus Sommer „käuflich übernommen" (SOMSO 2017, S. 218). Diese Modellserie findet sich in mehreren, nicht nur anatomischen Sammlungen (◘ Abb. 1.5). An einem Zeitstrahl ergibt sich die Möglichkeit die Objekte über die individuellen Merkmale der Marken zu sortieren. Gefunden wurde die Serie in München,[11] Jena,[12] Rostock,[13] Münster,[14] Dresden[15] und in Heidelberg.[16] Das Modell wird heutzutage weiterhin von der Firma Marcus Sommer SOMSO Modelle GmbH angeboten.[17] Auffallend ist die Variabilität der auf dem gleichartigen Ziegler-Modell beruhenden farblichen Gestaltung in den zeitlich nachfolgenden Reihen. Hier helfen die noch existierenden Marken am Modell dem Restaurator, vergleichbare Ausführungen anzutreffen. Schwierig gestaltet es sich, wenn zum Beispiel historische Sockel

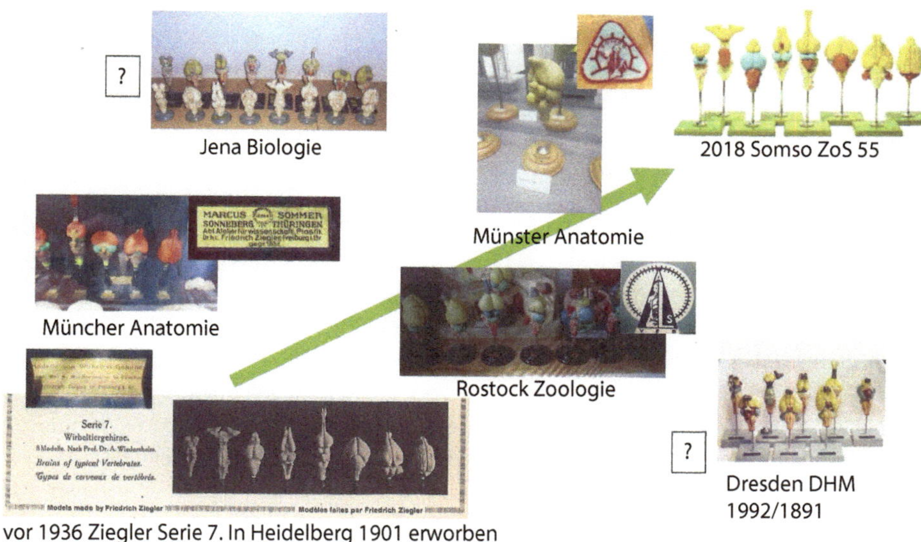

◘ **Abb. 1.5** Entwicklung der Wirbeltiergehirne Modellreihe 7 nach Ziegler

11 Anatomische Sammlung der Ludwig-Maximilians-Universität München mit Marke (33 Sommer [10]).
12 Arbeitsgruppe Biologiedidaktik, Biologisch-Pharmazeutische Fakultät, Friedrich-Schiller-Universität Jena ohne erkennbare Marke.
13 Zoologische Sammlung der Universität Rostock mit Marke (90 VEB ALS [1]).
14 Anatomische Sammlung des Instituts für Anatomie in Münster mit Marke (100 Sommer [28]).
15 Deutsches Hygiene-Museum Dresden ohne erkennbare Marke.
16 Anatomische Sammlung der Ruprecht-Karls-Universität Heidelberg ohne erkennbare Marke.
17 Zoologie- und Botanik-Katalog A 75/2+3 Marcus Sommer SOMSO Modelle GmbH. Coburg, ZoS 55.

durch moderne Plastiksockel ersetzt wurden und die Authentizität der Serie wegen der fehlenden Marken nicht offensichtlich bleibt. Die Dokumentation in den Archivalien des Heidelberger Instituts ermöglichte dennoch eine eindeutige Zuordnung zu den Herstellern der Modelle.

1.4 E. E. Hammer – eine Zeitleiste vom Panoptikumsdirektor zum Universitätsprofessor

Vom Übergang des 19. in das 20. Jahrhundert erfolgt in der Gesellschaft eine Definition des Daseins über die berufliche oder gewerbliche Tätigkeit und den damit zusammenhängenden Status. Unter diesen Gesichtspunkten erfolgten ebenso die Einträge von Haushaltsvorständen mit ihrer Bezeichnung in die Adressbücher der Gemeinden. Aufgenommen werden zu Beginn nur die wirtschaftlich unabhängigen Personen in den untersuchten Adressbüchern von München, hier betrachtet im Zeitraum von 1882 bis 1945, mit ihren Titeln, Berufen, Tätigkeiten und Gewerben (Münchner DigitalisierungsZentrum, MDZ[18]). Das kann benutzt werden, um Zeiträume der Markennutzung bei bekanntem Namen einzugrenzen. Emil Eduard Hammer (1865–1938) aus München kann dafür als Beispiel dienen (▶ Kap. 8). Hammer wächst in einem ihn künstlerisch prägenden Umfeld auf. Nahe Verwandte betätigen sich als Bildhauer und Wachsmodelleure, betreiben ein Atelier für Wachsplastik, Gießerei und Formerei. Unter der Matrikelnummer 04358 schreibt sich Hammer 1883 an der Akademie der Bildenden Künste in München in der Antikenklasse ein (Akademie der Bildenden Künste München 1883). Er taucht 1888 zum ersten Mal im Adressbuch auf und eröffnet 1889 eine „Kunstanstalt für Wachsplastik“ in München. 1900 wird er Besitzer und Direktor eines internationalen Handelspanoptikums. Er nennt sich ab 1906 „akademischer Bildhauer“ und eröffnet im gleichen Jahr „Hammer's Atelier für wissenschaftliche Plastik“, welches im Gewerbeteil der Adressbücher bis 1920 genannt ist. Zwischen 1904 bis 1929 fertigt er am Dermatologischen Institut der Universität München als Bildhauer und Keroplastiker Moulagen an.[19] Seine Berufsbezeichnung ändert sich 1915 vom „akademischen“ zum „anatomischen“ Bildhauer. Die Hinwendung zur Herstellung anatomischer Modelle im Universitätsbetrieb manifestiert sich 1920 in der Berufsbezeichnung als „Universitätsplastiker und anatomischer Bildhauer“. Er verleugnet die bildhauerische Prägung seiner Modelle nicht. Hammer vernachlässigt darüber hinaus die wirtschaftliche Vermarktung in Eigenregie keineswegs. Im Katalog „Hammer's Ateliers für wissenschaftliche Plastik München“ (Hammer 1913) erfährt man neben den Aktivitäten am bekannten Standort München von seinem Wirken in Chicago, Illinois USA. Im Münchner Adressbuch schlägt sich das naturgemäß nicht nieder. In den Jahren 1924 und 1925 finden sich dementsprechend keine Einträge im Münchner Personenregister. Hammer kehrt 1926 dann mit einem Eintrag als „Prof. und Bildhauer“ nach München zurück. Das manifestiert sich in seiner Marke

18 MDZ Münchner DigitalisierungsZentrum. ▶ https://www.digitale-sammlungen.de/. (Zugegriffen am 05. Oktober 2018).

19 ▶ https://www.uni-muenchen.de/einrichtungen/sammlungen/moulagensammlung-dermatologie/index.html.

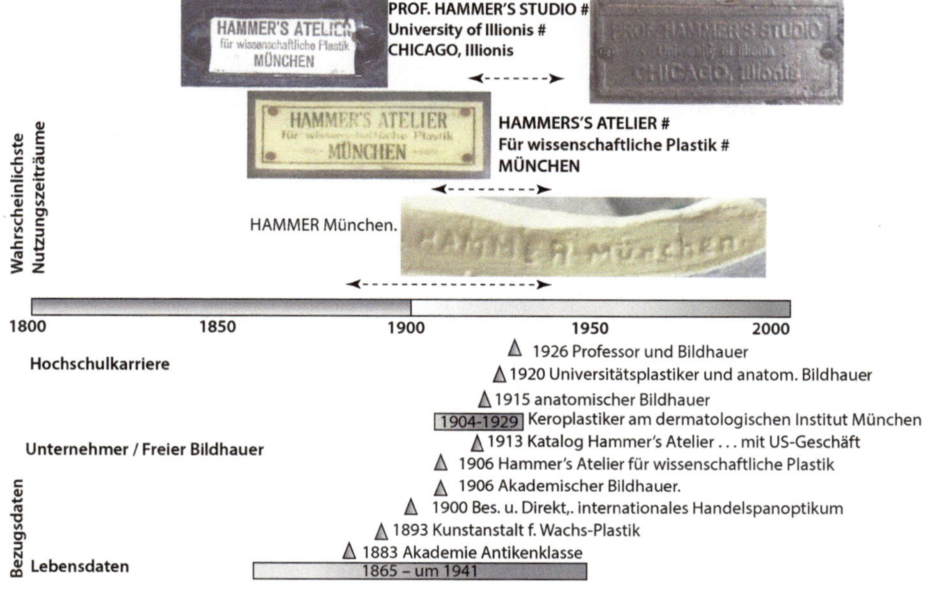

Abb. 1.6 Zeitleiste Emil Eduard Hammer

„PROF. HAMMER'S STUDIO # Unversity of Illionis # CHICAGO, Illionis" (2 Hammer [2]). Die Berufsbezeichnung „Prof. und Bildhauer" behält Hammer bei, bis sich in den 1940er-Jahren seine Spur in den Adressbüchern verliert. Damit grenzen sich die wahrscheinlichsten Nutzungszeiträume der gefundenen Marken von E. E. Hammer entsprechend ein. Die Zeitleiste zeigt hierfür ein Beispiel des Teil B des Forschungsvorhabens (Abb. 1.6).

1.5 Provenienzforschung an Modellen

Teil C des Forschungsvorhabens zu Marken beschäftigt sich tiefer gehend mit den gefundenen Modellen, die Marken tragen. Hier sei beispielhaft auf ein Modell der Anatomischen Sammlung der Ludwig-Maximilians-Universität München eingegangen. Ein Situs inversus, eine Besonderheit der Anatomie, bei der sich die Organe spiegelverkehrt auf der anderen Seite des Körpers befinden, gelangte als Fundstück auf dem Dachboden eines Privathauses ohne archivalische Unterlagen in den Besitz der Sammlung. Das Gipsmodell trägt deutlich die Bildhauermarkierung „E. E. HAMMER # MÜNCHEN" (Abb. 1.7). Mit dem Wissen um den Hersteller kann man in Hammers Katalog (Hammer 1913) suchen. Tatsächlich findet man eine Moulage H 487 im Katalogangebot, dort beschrieben als „Situs transversus. Torso einer 34-jährigen Frau (aus dem Kgl. Patholog. Institut der Universität)". Nach dem Vergleich ist es möglich, dem Gipsmodell, das ähnlich einer Moulage auf einem mit schwarzem Samt beschlagenen Brett montiert und mit einem seidenen Tuch umwickelt war, eine vertiefende Information über das Alter und die Herkunft der Abformungsquelle des Modells zuzuschreiben.

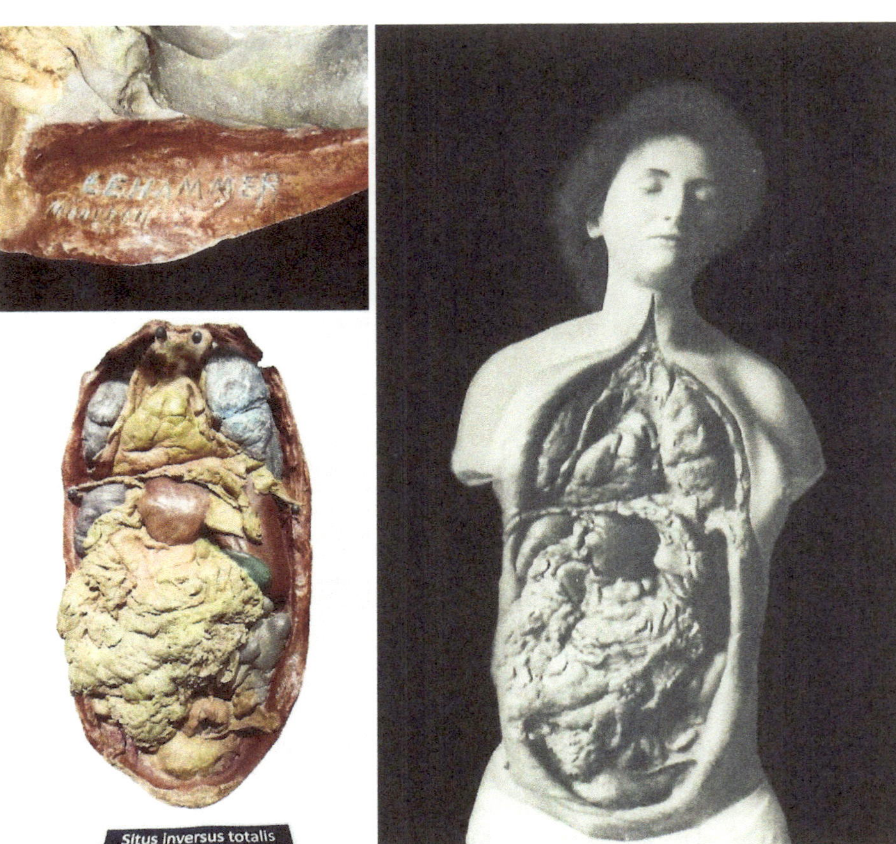

Abb. 1.7 Modell eines Situs inversus von Emil Eduard Hammer. Die Eingeweide liegen bei dieser Anomalie spiegelbildlich umgekehrt in der Körperhöhle

1.6 Fazit

Was können die oft übersehenen Kleinigkeiten leisten?

- Marken bilden direkt am Objekt die einzige materielle Konnektivität zwischen Hersteller und Erwerber/Besitzer.
- Marken führen zu Wurzeln der Entstehungshistorie von Objekten.
- Marken grenzen den Zeitraum der Entstehung von Objekten ein.
- Marken helfen bei der Restaurierung durch die Referenz mit Vergleichsobjekten.
- Marken erhellen die Sicht auf die Provenienz in Sammlungen, besonders beim Verlust archivalischer Quellen.

Literatur

Akademie der Bildenden Künste München (1883) 04358 Eduard Hammer, Matrikelbuch 1841–1884. http://matrikel.adbk.de/matrikel/mb_1841-1884/jahr_1883/matrikel-04358. Zugegriffen am 24.02.2018

Barbian B (2010) Die Geschichte der Anatomischen Sammlung des Institutes für Anatomie in Münster mit besonderer Berücksichtigung ihrer historischen Modelle und Präparate. Dissertation, Westfälische Wilhelms-Universität, Münster

Deutsches Patent- und Markenamt (2018) Version 6.1.0-b35 vom 21.02.2018. https://register.dpma.de/DPMAregister/marke/einsteiger. Suchwort Anmelder/Inhaber „SOMSO", https://register.dpma.de/DPMAregister/marke/register/3020090627932/DE. Zugegriffen am 24.02.2018

Doll S (2013) Lehrmittel für den Blick unter die Haut. Präparate, Modelle, Abbildungen und die Geschichte der Heidelberger Anatomischen Sammlung seit 1805. Dissertation, Medizinische Fakultät der Ruprecht-Karls-Universität zu Heidelberg

Hammer EE (1913) Hammer's Ateliers für wissenschaftliche Plastik, München. Chicago III. Katalog A. Deutsche Ausgabe. München

Mühlenberend S (2007) Surrogate der Natur. Die historische Anatomiesammlung der Kunstakademie Dresden. Wilhelm Fink, München

Mühlenberend S (2015) Die anatomischen Lehrmodelle des Deutschen Hygiene-Museums. In: Nikolov S (Hrsg) Strategien der Sichtbarmachung des Körpers im 20. Jahrhundert. Böhlau, Köln/Weimar/Wien, S 202

Schwan W (2012) I.4.5 Oft übersehene Kleinigkeiten. Was verbirgt sich hinter Abgussmarken? In: Schröder N, Winkler-Horacek L (Hrsg) … von gestern bis morgen … ; zur Geschichte der Berliner Gipsabguss-Sammlung(en). Marie Leidorf GmbH, Rahden/Westf., S 113–116

SOMSO (2017) SOMSO Modelle seit 1876. Zoologie und Botanik Katalog A 75/2+3 Marcus Sommer SOMSO Modelle GmbH, Coburg, S 228–229

Abbilder der Natur – Modelle als Lehrkonzept

Sara Doll

S. Doll, N. Widulin (Hrsg.), *Spiegel der Wirklichkeit*,
https://doi.org/10.1007/978-3-662-58693-8_2

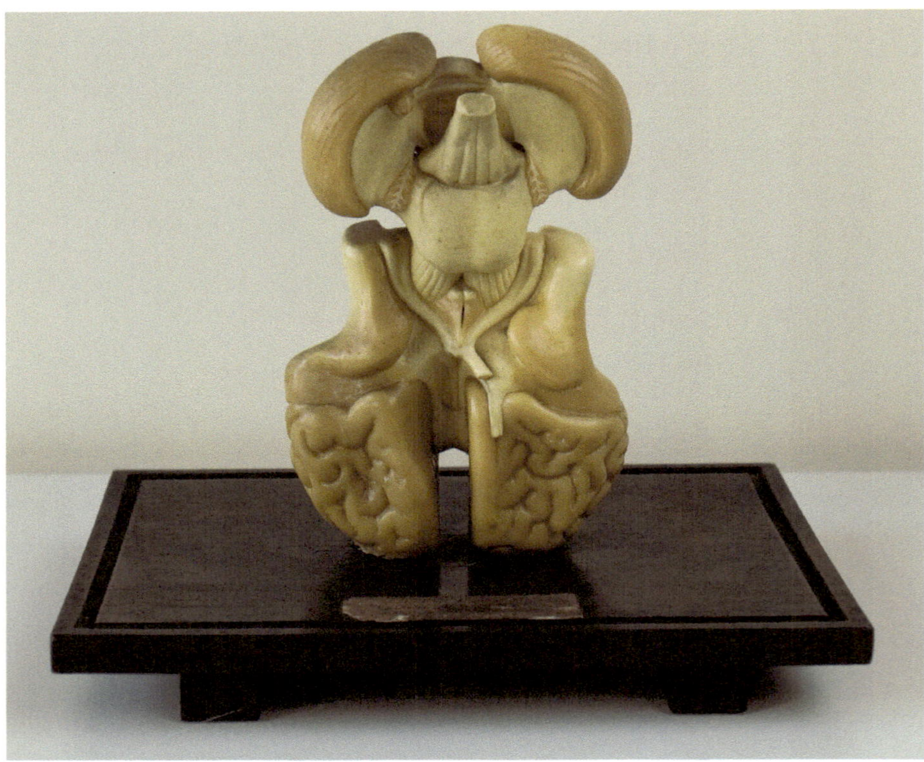

Abb. 2.1 Modell von Carl Friedrich H. Heinemann, Darstellung des Gehirns. Ansicht von unten, zu sehen sind u. a. die Sehnerven und der Hirnstamm. Das Modell wurde wahrscheinlich von Friedrich Tiedemann in den 1830er- bis 1840er-Jahren angekauft. Signatur MW 4, Standort: Institut für Anatomie und Zellbiologie Heidelberg; Modellmaße 17 × 11 × 2,5 cm, Wachs, gefärbt; Sockelmaße 24 × 16 × 3 cm, Holz, schwarz lackiert. (Foto: Sara Doll; mit freundlicher Genehmigung des Universitätsklinikums Heidelberg, Institut für Anatomie und Zellbiologie)

2.1 Die Heidelberger Sammlung in ihren Anfängen

Bereits seit dem 16. Jahrhundert existierte in Heidelberg ein anatomisches Theater, in welchem Mediziner – in der Hauptsache waren es wohl Chirurgen – und Hebammen den Aufbau des menschlichen Körpers erlernen durften. Nach der napoleonischen Neuorganisation, im Zuge derer u. a. Mannheim und Heidelberg im Jahr 1803 dem Großherzogtum Baden zugeschlagen wurden, fand eine Erneuerung des Lehrwesens und die Gründung des anatomischen Lehrstuhles statt. Karl Friedrich von Baden (1728–1811) reorganisierte die nun staatlich finanzierte Universität, im Jahr 1805 wurde der Heidelberger Lehrstuhl für Anatomie das erste Mal besetzt. Fidelis Ackermann (1765–1815) wurde als Anatom und praktizierender Mediziner aus Mainz nach Heidelberg berufen (Doll 2013, S. 16).

Ackermann konnte sicherlich bereits auf eine organisierte Sammlung an Lehrmitteln zurückgreifen. Der Chirurg Franz Xaver Moser (1742–1833) notierte, wahrscheinlich zur Übergabe an Ackermann, die nach Erstellungstechnik und Aufbewahrungsart organisierten Objekte (UAH, K-IV/1-48/1). Aus jener Aufzählung geht hervor, dass zu dieser Zeit Modelle wohl noch keine Verwendung fanden; man lehrte an Körpern von Verstorbener und Präparaten. Letztgenannte wurden laut Almanach der Universität für das Jahre 1813 in der ehemaligen Privatkapelle im unteren Stockwerk des ehemaligen Dominikaner Klosters aufgestellt (Lampadius 1812). Dieses wurde umfunktioniert, um den medizinischen Fächern Platz zu gewähren und sie endlich räumlich in die Nähe der Naturwissenschaften zu rücken.

Nach dem unerwarteten Tod Ackermanns im Jahr 1815 wurde Friedrich Tiedemann (1781–1861) als neuer Lehrstuhlinhaber verpflichtet, die noch im Institut vorhandenen Ackermann-Präparate wurden durch eine Verkaufsauflistung bekundet. Sein Bruder Richard (Lebensdaten unbekannt) versuchte vergeblich, mit Hilfe des Mediziners und Kustos des Naturkundlichen Museums Mannheims Friedrich Wilhelm Suckow (1770–1838), diese Präparate zu veräußern. Wie damals üblich befanden sich die Sammlungsobjekte im Besitz derjenigen, welche sie erstellten oder zusammentrugen – und nicht der Universität! Am Ende sollte er nach zähen Verhandlungen statt der gewünschten Summe von 1204,30 nur 250 Gulden von der Universität bekommen (UAH, RA 6165). Die Sammlung Ackermanns verschmolz mit den mitgebrachten Objekten Tiedemanns. Dem „Heidelberger Jahrbuch der Litteratur" konnte man in der Beilage „Intelligenzblatt 1820. Nro. IV." entnehmen, dass es bald ein großes Museum für menschliche Anatomie gab, „zwey Etagen hoch mit einem einzigen großen Fenster und einer Gallerie, woselbst gegen 1300 Präparate aufgestellt sind". Der Raum musste ungefähr 170 m^2 Stellfläche geboten haben, er fasste laut anbei liegendem Situationsplan 15 Vitrinen je Etage. Eingerahmt wurden die Sammlungsobjekte von der „Todtenkammer", der „Knochenbleiche" dem zweigeschossigen „Secier-Saal" und dem Sammlungsraum für die Objekte aus der vergleichenden Anatomie. Vierzehn Jahre später konnte man im „Fremdenbuch für Heidelberg und die Umgegend" eine sehr detaillierte Schilderung der Sammlung lesen. Insgesamt schätzte der Autor etwa 3000 ausgestellte Präparate, die er teilweise sowohl inhaltlich als auch in ihrer Anordnung beschrieb. Darunter befanden sich die Gerippe des Räubers Schinderhannes, Feuchtpräparate, die Tiedemanns Mitarbeiter Vincenz Fohmann (1794–1837) und Friedrich Arnold (1803–1890) erstellten, die Privatsammlung Tiedemanns und Geschenke seiner

Freunde und ehemaligen Schüler. Die Sammlung schien einen solchen Zuwachs gefunden zu haben, dass es nun neben dem ersten Raum mit Galerie einen weiteren gab. Im ersten befanden sich die normal-anatomischen Präparate und solche zur Entwicklung des Menschen, in gleicher Reihenfolge wurden Organe, die den erkrankten Körper zeigten, zur Betrachtung gebracht. Im zweiten Saal ließ Tiedemann Präparate zur Anatomie des Tieres aufstellen. Die Sammlung sollte nicht nur für Studierende als Ort des Lernens zweckmäßig sein, sondern sie wurde auch von „durchreisenden Fremden, die nicht vom Fach sind“ besucht, „der Gehülfe oder der Anatomie-Diener, an die man sich zu wenden hat“, führte durch die Ausstellung (Leonhard 1834).

2.2 Paptschy und Heinemann – erste Modelle aus Gips und Wachs

Im beginnenden 19. Jahrhundert dokumentierte Tiedemann in seinem Sammlungsjournal die Anwesenheit erster Modelle (UAH, K-IV/1-58/11). Er berichtete u. a. über Modelle aus Gips, die vom Hofstukkateur Franz Xaver Papatschy (1797–1875) aus Dresden stammten (SAD, 2.1.3). Dieser verkaufte überlebensgroße Gipsmodelle von verschiedenen Strukturen des Gehörorgans an die Heidelberger Anatomie, leider sind diese Objekte nicht mehr vorhanden. Eine Journalankündigung erklärt jedoch, dass die Modelle angelehnt an Sömmerings Abbildungen des Ohrs gefertigt wurden (Seiler 1829). Papatschy arbeitete unter der Leitung von Hofrat Burkhard Wilhelm Seiler (1779–1843), der von 1814 bis 1843 Direktor der Dresdener chirurgisch-medizinischen Akademie war. Hier beschreibt Seiler die genaue Ausführung von insgesamt acht Ohrmodellen, die sicher verpackt und nur nach Vorabzahlung dem Kunden übermittelt wurden. Tiedemann und Seiler waren beides Mitglieder der „Gesellschaft Deutscher Naturforscher und Aerzte“, sodass eine Geschäftsbeziehung zwischen beiden aus diesem Kontakt resultiert haben könnte.

Carl Friedrich H. Heinemann (1802–1846) war ein Zeitgenosse Papatschys. Mit der Überschrift „Anatomische Wachspräparate“ aus dem *Journal der practischen Heilkunde* pries Heinemann, Wachsmodellierer aus Braunschweig, dem geneigten Leser und potentiellem Käufer im Jahr 1829 seine Modelle zum Erwerb an. Heinemann arbeitete seit Juni 1829 als „Verfertiger anat. Präparate in Wachs am Herzogl. anat. chirurg. Institute zu Braunschweig“, wie die Marken auf den noch in Heidelberg vorhandenen Objekten verraten. Er war ebenso wie der Heidelberger Anatomieprofessor Tiedemann und Seiler Mitglied der „Gesellschaft Deutscher Naturforscher und Aerzte“. Auf der neunten Versammlung dieser Gesellschaft im Jahr 1830 in Hamburg präsentierte Heinemann in der Sektion „Zoologisch-anatomisch-physiologische Abtheilung“ gleich mehrere seiner Wachsmodelle. Am selben Tag trug Tiedemann seine Forschungsresultate über die Nervenregeneration vor. Es ist daher möglich, dass auf dieser Tagung der Grundstein für den Kauf der Modelle gelegt wurde (amtlicher Bericht 1831). Heinemann bewarb mit der Kopfzeile des *Journals der practischen Heilkunde* im Januar 1829 insgesamt sechs Modellvariationen des menschlichen Gehörorgans, die von ihm drei- oder vierfach vergrößert zum Verkauf angeboten wurden. Er studierte nach eigener Aussage hierfür die Spirituspräparate „des Herrn Prosektor Dr. Bock aus Leipzig“, modellierte sie nach und bot sich sogar an, nach Wunsch seiner Kunden „auf Verlangen […] alle Theile des menschlichen Körpers, sowohl in physiologischer als in pathologischer Hinsicht in Wachs“ zu erstellen (Heinemann 1829). Die genannten Ohrmodelle fanden auch in Heidelberg Anklang, von der kompletten Serie sind drei Modelle in sehr gutem Zustand vorhanden, die restlichen drei lassen sich nur noch schriftlich nachweisen. Friedrich Tiedemann listete sie in seinem akribisch geführten Sammlungsbuch unter dem Titel „Wachs und Gypspräparate über das Ohr“ auf (UAH, K-IV/1-58/11). Aber Heinemann fertigte auch Nachbildungen des Gehirns (◘ Abb. 2.1) oder Wachsmodelle vom Kehlkopf an. Als 55. Modell in der Unterabteilung „III. Anatomie der Sinneswerkzeuge“ findet sich im Tiedemann-Katalog die „Wachsnachbildung eines senkrechten Längsdurchschnittes des Auges, von Heinemann in Braunschweig gekauft“. Leider befindet sich auch dieses Objekt nicht mehr im Fundus der Anatomie. Aus dem Sammlungsteil „VIII. Geschlechtsorgane“ findet sich von den im Sammlungsjournal beschriebenen vier Modellen leider nur noch das ehemalige Modell 50 in der aktuellen Ausstellung: Die „Wachsnachbildung der Milchgänge in der weiblichen Brust von Heinemann aus Braunschweig gekauft“.[1] Die gynäkologischen Modelle wurden auch von den klinisch tätigen Ärzten sehr geschätzt, wie die „Kunst-Anzeige“ im Magazin für die gesamte Heilkunde aus dem Jahr 1827 widerspiegelt. Zwei Berliner Ärzte zeigten hier acht ausführlich beschriebene Modelle Heinemanns mit ihren Vorteilen für den Kliniker auf: Die Lehrmodelle ergänzten die sonst üblichen Knochenpräparate und sie schonten die seltenen und daher kostbaren Feuchtpräparate. Darüber hinaus konnten die künstlerisch-anatomisch korrekten Modelle „mittels besonderer Durchschnitte die in naturgemäßer Größe dargestellten Organe eben sowohl in ihrem Zusammenhange, als auch einzeln, ihrer Structur und Lage nach, vollständig überschaut werden […].“ (Kluge und Hauck 1827). Besondere Erwähnung fanden in der Anzeige sowohl der geringe Preis als auch die gute Verpackung.

Viele der Heinemann-Objekte befanden sich auch in der Sammlung des Anatomischen Museums zu Breslau, die durch Adolph Wilhelm Otto (1786–1845), er leitete als Professor für Anatomie das Anatomische Museum, in seinem Sammlungskatalog erfasst wurden. Aber auch in der historischen Anatomiesammlung der Kunstakademie in Dresden waren seine Modelle bekannt und geschätzt. Sie werden bis heute zu den kostbarsten Sammlungsobjekten gezählt (Mühlenberend 2007).

2.3 Präparat oder Modell?

In der Wortschöpfung „Wachspräparate“, so nannte Heinemann seine Modelle, steckt nach heutigem Verständnis eigentlich ein Widerspruch. Die historische Werbung von Heinemann benötigt eine Klärung der verwendeten Begrifflichkeit, vermischt sie doch zwei eigentlich per Definition sehr unterschiedliche Objektgattungen, nämlich die Kategorie der Präparate mit denen der Modelle.

1 Auswahl weiterer Modelle von Heinemann, die in Heidelberg vorhanden waren: 42. „Wachsnachbildung der äußeren Geschlechtstheile in jungfräulichem Zustande“, 43. „Wachsnachbildung der äußeren Geschlechtstheile einer Afrikanerin mit der […] Negerschürze“, 81. „das Labyrinth des linken Ohres in Wachs“, 84. dasselbe „mit dem hütigen Labyrinth, seine Arterien und Nerven in Wachs“, 85. dasselbe „mit dem Nervus acusticus und der Arteria acustica, in Wachs“.

Ein Präparat ist, betrachtet man die „Empfehlung zum Umgang mit Präparaten aus menschlichen Gewebe in Sammlungen, Museen und öffentlichen Räumen", konserviertes oder auch präpariertes, also zum Beispiel zu einem Lehrzweck manipuliertes menschliches Gewebe (Jütte 2003). Dies kann – im medizinischen Kontext – ein Organ, ein Organsystem oder sogar ein kompletter menschlicher Leichnam sein. Die Bearbeitung des Gewebes ist also ein elementares Kriterium, damit von einem Präparat gesprochen werden kann.

Den Begriff des Modells zu definieren, hingegen verlangt mehr Worte; die Bezeichnung ist vielfältig auslegbar. Im historischen Wörterbuch der Philosophie zum Beispiel gibt es mannigfaltige Annäherungsversuche: Modelle aus dem Bereich der Kunst, der Technik, aus den geisteswissenschaftlichen Disziplinen und sogar politische Ideologien werden hier neben den Modellen aus den verschiedenen naturwissenschaftlichen Bereichen diskutiert. Disziplinen werden erklärbar, Messungen sichtbar dargestellt, Gesetze beschrieben. Auch Funktionsmodelle in der Medizin werden vorgestellt, anatomische Modelle in ihren mannigfaltigen und sehr komplexen Zusammenhängen bleiben hier jedoch gänzlich ungeklärt (Historisches Wörterbuch der Philosophie 1984). Die vielfältigen Materialien, der Herstellungsprozess, ihre didaktischen Mittel wie Verkleinerungen oder Vergrößerungen, Vereinfachungen aber auch die gezielte Auswahl von Ausschnitten, die Wahl des Gezeigten gegenüber dem bewusst Verborgenen findet keine Erwähnung. Desgleichen werden die unterschiedlichen historischen Namen für anatomische Modelle (z. B. Kopie, Nachbildung, Vorbild) nicht angesprochen, ebenso wenig ihre Ersatzfunktion für fehlende menschliche Leichen im Unterricht der Medizin Studierenden oder die Unterscheidung zwischen Anschauungsmodell und einem Modell zur Anschauung. Das Letztere war weniger für die studentische Ausbildung als für die Aufklärung eines Laienpublikums gedacht (Mühlenberend 2015). Anatomische Modelle waren seit jeher, in Heidelberg sowie in anderen Institutionen, das Ergebnis von Forschungsarbeiten, Gebrauchsgegenstand und bereicherten und ergänzten die Lehrsammlung. Sie wurden als Repräsentant eines Bezugsobjekts gleichgesetzt mit der Realität (Doll 2013, S. 91).

Die Überschrift „Anatomische Wachspräparate" suggerierte demzufolge sicherlich die nahezu natürliche Verschmelzung zweier Objektgattungen, die so naturgetreu gefertigt wurden, dass sie echten menschlichen Präparaten glichen und diese oft raren Lehrmittel demnach absolut substituieren konnten. Heinemanns Modelle mussten folgerichtig qualitativ hochwertige Objekte sein, welche die Lehrdurchführung garantieren konnten.

Während Carl Gegenbaur (1826–1903) in der Zeit von 1873 bis 1901 die Anatomie in Heidelberg führte, wurden erworbene Modelle in einem Inventarbuch festgehalten (UAH, K-IV/1-19/9). Aus diesem kann entnommen werden, dass es zu seiner Zeit bereits 67 Einzelposten gab.[2] Einige bestanden jedoch aus Serien, die bis zu 25 Einzelmodelle umfassten. Hierbei handelte es sich um Wachsmodelle aus den Ziegler-Werkstätten, die zum größten Teil auch heute noch in der Sammlung zu finden sind. Ab 1901 wurden neben Materialität oder Herkunft[3] auch der Preis vermerkt. Max Fürbringer

2 Darunter wurden 13 Gips-, 2 Draht- und 52 Wachspositionen notiert.
3 „Alte" Sammlung und/oder Entwickler bzw. Erbauer der Modelle.

(1846–1920) wurde in diesem Jahr Lehrstuhlinhaber. Er bestellte vermehrt Modelle für seine Lehre und Forschung auf dem Gebiet der vergleichenden, aber auch deskriptiven Anatomie.

2.4 Seifert, Steger und Tegtmeier – die festgehaltene Natur

Mehrere Lehrobjekte, die ebenfalls in der Heidelberger Lehre zum Einsatz kamen, wurden unter Hermann Braus (1868–1924) von der Firma „A. & P. Seifert“ aus Berlin erworben. Hier entwickelten die Präparatoren und Brüder Adolf (1868–1934), Paul (1874–1946) und Otto (1888–1959) Seifert innovative anatomische Lehrobjekte. Zu Beginn ihrer Karriere lernten Adolf und Paul bei Castans Panoptikum in Berlin Wachsmodelle herzustellen. Otto ging bei seinem älteren Bruder Adolf in die Lehre, der seit dem Jahr 1891 in der Berliner Anatomie unter Wilhelm Waldeyer (1836–1921) angestellt war. Paul, der als selbstständiger Präparator arbeitete, gründete im Jahr 1905 zusammen mit seinem Bruder Adolf das „Atelier für wissenschaftliche Präparate und Modelle A. u. P. Seifert“, welches bis nach dem Zweiter Weltkrieg von Pauls Sohn Rudolf (1898–1953) fortgeführt wurde (Witte 2010).

Ein Briefwechsel mit Braus, der zwischen 1912–1921 die Geschicke des Heidelberger Instituts leitete, dokumentiert die Organisation des Modellvertriebs der Firma Seifert an die Heidelberger Anatomie: Die Modelle wurden Anfang des 20. Jahrhunderts durch einen Unterhändler der Heidelberger Firma Walb vorgestellt, diese veräußerte unter anderem auch chirurgische Instrumente. Paul Seifert ließ sich die Bestellung über Walb bestätigen und versicherte Braus die Lieferung des 35 Mark teuren, menschlichen Schläfenbeins, an welchem eine Wachstube modelliert wurde (UAH, K-IV/1-59/3). Der Verbleib dieses „Tubenohres“ ist unbekannt, die Abbildung und Beschreibung des Katalogs zeigen ein hochwertig gearbeitetes Modell. Auf Basis des Seifert-Warenkataloges aus dem Jahr 1911 können jedoch noch drei weitere dieser enorm detaillierten Kopf-Hals-Objekte im aktuellen Fundus belegt werden (Einleitung, ◘ Abb. 2.2). An echten Knochen wurden wächserne Strukturen befestigt. Diese dienten der möglichst originalgetreuen Nachbildung anatomischer Strukturen wie Muskeln und Gefäße. Dazu wurde zum Beispiel ein menschlicher Schädel skelettiert, montiert und anschließend in ein Wachsbad gegeben. Nachdem das Wachs den Knochen durchtränkte, konnte das Modell gestaltet werden. Feinere Muskeln wurden mit dem Pinsel aufgetragen, gröbere basierten auf Leinenstückchen, die in Wachs durchtränkt einen Muskel imitierten. Oberflächen gestalteten die Brüder mit feinen Spachteln, Gefäße und Nerven wurden durch getränkte Fäden dargestellt (Bogusch 2010).

Spätere Modelle selbiger Machart wurden laut Marke über die Firma „Lehrmittel von Reinhold Wagner“ aus Heidelberg an die Universität verkauft. Der aus Dresden stammende Kaufmann Wagner (1892–unbekannt) war seit 1926 Vertrauensmann des Vorläufers des Deutschen Hygiene-Museums Dresden (DHMD). Er verkaufte deren Lehrmittel, aber auch solche anderer Firmen, seit dem April 1937 unter anderem an Schulen, Gesundheitsämter, Wohlfahrtsämter oder Sanitätskolonnen (SAH, 11882). Modelle, Lehrtafeln oder Skelette bezog das Anatomische Institut laut Inventarbuch noch bis Ende der 1960er-Jahre bei dem bereits über 70 Jahre alten Wagner aus dem DHMD. Dieses agierte als „zentraler Sammelpunkt“ für alle Lehrmittelfirmen der DDR; deren Modelle wurden von hier aus in das Ausland geschickt. Dieser Vertriebs-

Abb. 2.2 Die Nachbildung eines Kopf-Hals-Präparates vom Kopf bis zum Zwerchfell, basierend auf einem menschlichen Schädel, einem Brustbein und Teile der Rippen. Nachmodelliert wurden Muskeln, Gefäße und Nerven. Signatur MW 3, Standort: Institut für Anatomie und Zellbiologie Heidelberg. (Foto: Sara Doll; mit freundlicher Genehmigung des Universitätsklinikums Heidelberg, Institut für Anatomie und Zellbiologie)

weg erscheint auch für die Seifert-Objekte am wahrscheinlichsten, da dieser den Ausfuhrbestimmungen sicherlich ebenso Folge leisten musste. Vermutlich bis Ende 1969 wurde der Lehrmittelvertrieb aus Dresden durch Wagner vertreten; danach agierte die Lehrmittelfirma Erler-Zimmer KG aus Lauf bei Brühl als dessen Repräsentant.

Offerierte Heinemann „Wachspräparate", die heute eindeutig den Modellen zugeordnet werden können, handelt es sich bei den von Seifert bezeichneten Objekten tatsächlich um „Wachspräparate". Sie sind nicht nur Präparat, sondern durch ihre wächsernen Strukturen auch Modell, vereint in einem Funktionsträger. Seifert selber rechnete seine Lehrmittel eher den Präparaten zu, denn er sprach in seinem Katalog von Knochen mit „anmodellierten" Strukturen.

Modelle aus Gips, die mittels Abgusstechnik erstellt wurden, bezog die Heidelberger Anatomie vom Leipziger Bildhauer Franz Joseph Steger (1845–1938), der ungefähr zur gleichen Zeit wie Seifert agierte (► Kap. 4). Den Verkauf der Modelle, die in Zusammenarbeit mit dem Anatomen Wilhelm His dem Älteren (1831–1904) entstanden, regelte Steger offenbar über den Versand von Katalogen. Sie wurden durch kleine Schwarz-Weiss-Fotografien seiner Angebote ergänzt. Zwei dieser Aufstellungen dokumentieren das Sortiment, 1901 waren es „a) Modelle, welche auf Grund der Naturabgüsse nach den Originalpräparaten eingehend durchgearbeitet sind. b) Gypsabgüsse direkt nach der Natur. c) Modelle, welche vermittelst Platten-Modellirmethode vergrössert dargestellt sind." (UAH, K-IV/1-78/10). Nur zwei Jahre später verschickte Steger einen überarbeiteten Katalog an seine Kunden. Neben veränderter Schrift, die nun sowohl moderne florale Elemente des Jugendstils als auch einen texteinfassenden Rahmen aufweist, gibt Steger auch inhaltliche Änderungen bekannt. Vielleicht durch den großen Konkurrenzdruck aus Freiburg im Breisgau, den die bereits etablierte Firma Ziegler auf andere Modellbaufirmen ausübt, oder auch wegen des enormen Zeitaufwandes, den diese Methode benötigt (► Kap. 5), gab Steger die Produktion der Plattenmodelle auf. Ziegler war zu dieser Zeit schon seit Jahren führend im Bereich der embryologischen Wachsplattenerstellung. Da Wilhelm His jedoch nicht nur mit Steger sondern auch mit Ziegler kollaborierte, wäre ebenfalls denkbar, dass Ziegler die Erstellung von konkurrierenden Modellen nicht guthieß und His und Steger veranlasste, ihre Produktion zu überdenken und einzustellen.

Die Kataloge und deren Fotos versetzen den Betrachter heute in die Lage, nachvollziehen zu können, an welchen Modellen Max Fürbringer interessiert gewesen schien. Einige Modelle wurden mit dem Rotstift markiert und konnten auch im Sammlungsbuch aus dem Jahr 1916 nachgewiesen werden. Der heutige Verbleib ist unbekannt. Es handelt sich um die Modellkollektion 1–4: Elf einzelne Organe aus dem Brust- und Bauchraum (◘ Abb. 2.3, Fig. 1), zwei Modelle der Leibeshöhle in unterschiedlicher Darstellung ohne Organe (◘ Abb. 2.3, Fig. 3 und 4) und einem Modell, welches alle Organe in ihrer natürlichen Stellung zueinander in Ansicht brachte (◘ Abb. 2.3, Fig. 2). Sie wurden im Firmenkatalog als auf Basis von Abgüssen nachmodelliert gekennzeichnet. Wesentlich

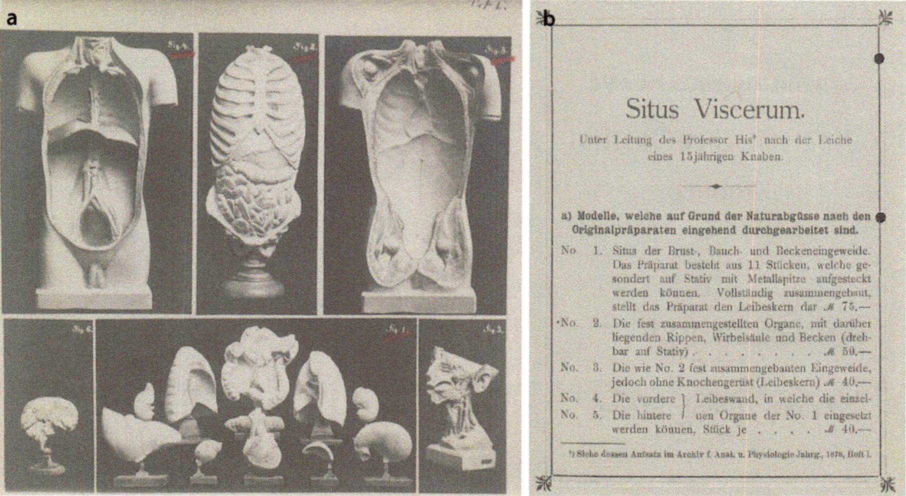

Situs Viscerum.

Unter Leitung des Professor His* nach der Leiche eines 15jährigen Knaben.

a) Modelle, welche auf Grund der Naturabgüsse nach den Originalpräparaten eingehend durchgearbeitet sind.

No. 1. Situs der Brust-, Bauch- und Beckeneingeweide. Das Präparat besteht aus 11 Stücken, welche gesondert auf Stativ mit Metallspitze aufgesteckt werden können. Vollständig zusammengebaut, stellt das Präparat den Leibeskern dar ℳ 75.—

No. 2. Die fest zusammengestellten Organe, mit darüber liegenden Rippen, Wirbelsäule und Becken (drehbar auf Stativ) . . . . ℳ 50.—

No. 3. Die wie No. 2 fest zusammengebauten Eingeweide, jedoch ohne Knochengerüst (Leibeskern) ℳ 40.—

No. 4. Die vordere } Leibeswand, in welche die einzel-
No. 5. Die hintere } nen Organe der No. 1 eingesetzt werden können, Stück je . . . . . ℳ 40.—

*) Siehe dessen Aufsatz im Archiv f. Anat. u. Physiologie Jahrg., 1878, Heft 1.

◘ **Abb. 2.3** **a** Fotozusammenstellung aus einem Steger-Katalog, *rot markiert* wurden von der Heidelberger Anatomie erworbene Modelle aus Gips. **b** Beschreibung der Modelle aus dem Katalog der Firma Steger des Jahres 1901. Akte UAH, K-IV/1-78/10. (Mit freundlicher Genehmigung des Heidelberger Universitätsarchivs)

besser dokumentiert sind jedoch zwei Modelle, welche Forschungsergebnisse über die Lagebeziehungen des Magens bekunden (His 1903). His' Interesse galt hier der Gestalt und Veränderung des Magens in unterschiedlichen Füllungszuständen. Aus der resultierenden Veröffentlichung lässt sich nicht nur entnehmen, dass His in erster Linie Formalin als Härtungsmittel und nicht, wie heute, als Injektionsmedium verwendete. Er beschrieb neben der anatomischen Einteilung der Magenanteile auch die Personen, deren Leichname er präparierte und abgießen ließ. Insgesamt standen ihm 18 Körper zur Verfügung, Menschen zwischen 12 und 38 Jahren, nur ein Mann erreichte das 55. Lebensjahr. Einige ertranken, entleibten sich durch Erhängen, eine Person wurde erschossen, eine hingerichtet, andere kamen durch Komplikationen während einer Schwangerschaft ums Leben. Insgesamt erwarb die Heidelberger Universität fünf dieser Modelle, nur zwei davon sind noch im Haus. Anfang des 20. Jahrhunderts wurde die Sammlung durch zwei Studenten neu katalogisiert, sehr viele Objekte wurden gezeichnet oder fotografiert. Sie standen mutmaßlich den Studierenden in Form von kleinen, etwa 15 × 24 cm großen Tafeln zum Eigenstudium zur Verfügung und erklärten die in Vitrinen hinter Glas stehenden Objekte. Glücklicherweise konnte dadurch die in Heidelberg vorhandene Serie der Magenmodelle rekonstruiert werden, denn vier von den fünf Modellen wurden fotografiert (▫ Abb. 2.4).

Im Jahr 1935 wurde Kurt Goerttler (1898–1983) von Hamburg auf den Heidelberger Lehrstuhl berufen. Wahrscheinlich war er es, der die elf sich noch gegenwärtig in der Sammlung befindlichen Gipsmodelle mit an den Neckar brachte. Darunter befinden sich vier Gehirnmodelle,[4] ein pathologisch verkrümmtes Fußskelett, ein Teil einer Wirbelsäule, zwei eröffnete Siten, ein Becken und zwei von der rückwärtigen Seite aus dargestellten Muskelmodelle. Sie waren, wie in vielen Beispielen zuvor, Ergebnisse der Zusammenarbeit zwischen einem Anatomen und einem Künstler. Ähnlich wie auch in Heidelberg der Mediziner Erich Kallius (1876–1935) mit dem Universitätsoberzeichner August Vierling (1872–1938) gemeinsam Modelle entwickelte, die der Künstler jeweils auf das anatomisch genaueste fertigte, bildeten auch der Anatom Johannes Brodersen (1878–1970) und der Bildhauer Ferdinand Tegtmeier (1884–1980) eine erfolgreiche Einheit. Sowohl Vierling als auch Tegtmeier zeichneten detailreiche anatomische Wandtafeln. Beide erstellten eine große Menge an Modellunikaten für ihr Institut, die heutzutage noch immer zum Schatz des Hauses gezählt werden müssen (Eßler 2016). Der große Unterschied zwischen den verfertigten Modellen liegt jedoch in der Funktion der Ergebnisse: Vierling wollte histologische Strukturen für den Betrachter ohne Mikroskop sichtbar vergrößern und die Forschung über die Embryologie der Schilddrüse vorantreiben. Tegtmeiers Intention war u. a. die Umwandlung der Sammlungspräparate in Modelle, die er seit 1933 intensiv vollzog. Insgesamt stellte er mittels einem modifizierten Moulagenherstellungsverfahren nach Alfons Poller (1879–1930) Hunderte von Originalen her.[5] Am Anfang des Vorgangs stand

4 Zwei horizontal geschnittene Gehirne und zwei Ventrikeldarstellungen.
5 Der Mediziner Poller erstellte u. a. für die Kaiser-Wilhelm Akademie Berlin Moulagen her, seine Methode wurde auch vom Polizeierkennungsdienst verwendet.

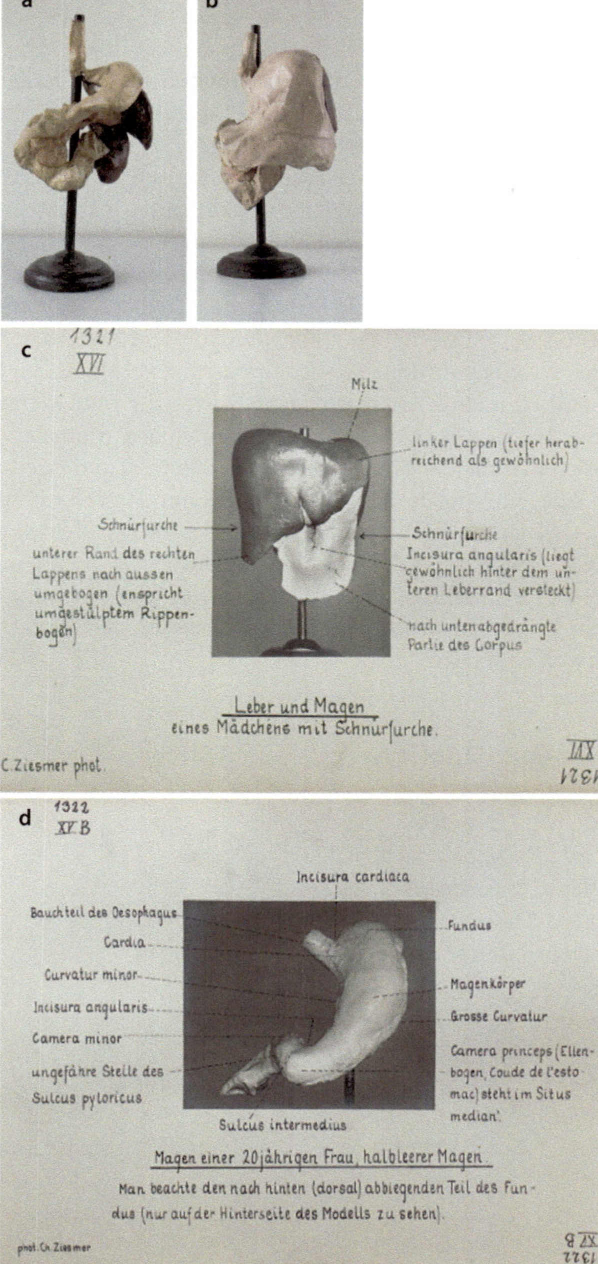

Abb. 2.4 **a–d** Noch vorhandene (**a** und **b**) und ehemals vorhandene (**c** und **d**) His-Steger-Magenmodelle aus Gips, Standort: Institut für Anatomie und Zellbiologie. **a** Signatur MG 21: Kontrahierter Magen eines 20-jährigen Mannes. **b** Signatur MG 22: Überfüllter Magen eines 16-jährigen Mannes. **c** Legende zum Modell: Leber und Magen eines Mädchens mit Schnürfurche. **d** Legende zum Modell: Magen einer 20-jährigen Frau mit halbleerem Magen. (Fotos: Sara Doll; mit freundlicher Genehmigung des Universitätsklinikums Heidelberg, Institut für Anatomie und Zellbiologie)

selbstverständlich ein optimales Präparat, welches mustergültig alle erforderlichen Strukturen aufwies. Wurden früher Abformungen mit Gips vorgenommen, verwendete Tegtmeier nun das durch Poller entwickelte Negokoll. Es verhinderte das Abreißen von Strukturen, denn es löste sich, dank größerer Elastizität, leichter vom Original ab. Auch eine großflächige Einfettung des Präparats konnte deshalb unterbleiben. Sollte es dennoch, etwa durch Hinterschneidungen, zu Problemen bei der Ablösung des Negokolls kommen, kombinierte Tegtmeier diesen Werkstoff mit Gips und Leim. Die spätere Gussform erstellte Tegtmeier ebenfalls mit Gips und Leim (◘ Abb. 2.5). Strukturen, die nach der Präparation frei über andere Strukturen hinwegzogen, zum Beispiel Nerven, deren Verlauf in Muskeln endeten, modellierte er mit kolorierten Messingdrähte nach und lötete diese Strukturen geschickt aneinander (◘ Abb. 2.6). Nach der überaus sorgfältigen Retusche,[6] die laut Tegtmeier das Modell zur Vollendung bringen musste, wurde dasselbe auf einem zweckmäßigen Sockel montiert. Das perfekte und einmalige Anschauungsobjekt für die Studierenden war fertiggestellt (Tegtmeier 1937). Aber auch freihändig modellierte Modelle fertigte Tegtmeier (◘ Abb. 2.7). Auf einem Foto ist eine Lehrtafel im Hintergrund zu erkennen, sie diente vielleicht als Vorlage des noch nicht fertig kolorierten Modells auf dem Tisch neben ihm. Auch dieses Modell befand sich offensichtlich in der Heidelberger Sammlung, denn es wurde auf einem Foto dokumentiert (◘ Abb. 2.8).

Heutzutage werden die fragilen historischen Gips- oder Wachsmodelle in Heidelberg nicht mehr im anatomischen Unterricht verwendet, sie mussten solchen aus dem Werkstoff Kunststoff weichen.

2.5 Archivalische Quellen

- SAD = Stadtarchiv Dresden:
  - SAD, 2.1.3., Ratsarchiv, C. XXI.20.
- SAH = Stadtarchiv Heidelberg:
  - SAH, 11882: Gewerbeakte Wagner.
- UAH = Universitätsarchiv Heidelberg:
  - UAH, K-IV/1-19/9: Inventarbuch.
  - UAH, K-IV/1-48/1: Bericht, Datum unbekannt.
  - UAH, K-IV/1-58/11: Sammlungsbuch.
  - UAH, K-IV/1-59/3: Seifert an Max Fürbringer, 04.03.1914.
  - UAH, K-IV/1-78/10: Steger Produkt Katalog.
  - UAH, RA 6165: Schätzung vom 30.01.1816 und Ministerium an Senat, 25.07.1816.

6 Tegtmeier mischte hierzu seine Farben mit Mohnöl, als Malmittel fand Dammarharz in Terpentinöl Verwendung. Die letztgenannte Mischung trug er auch als Grundierung auf.

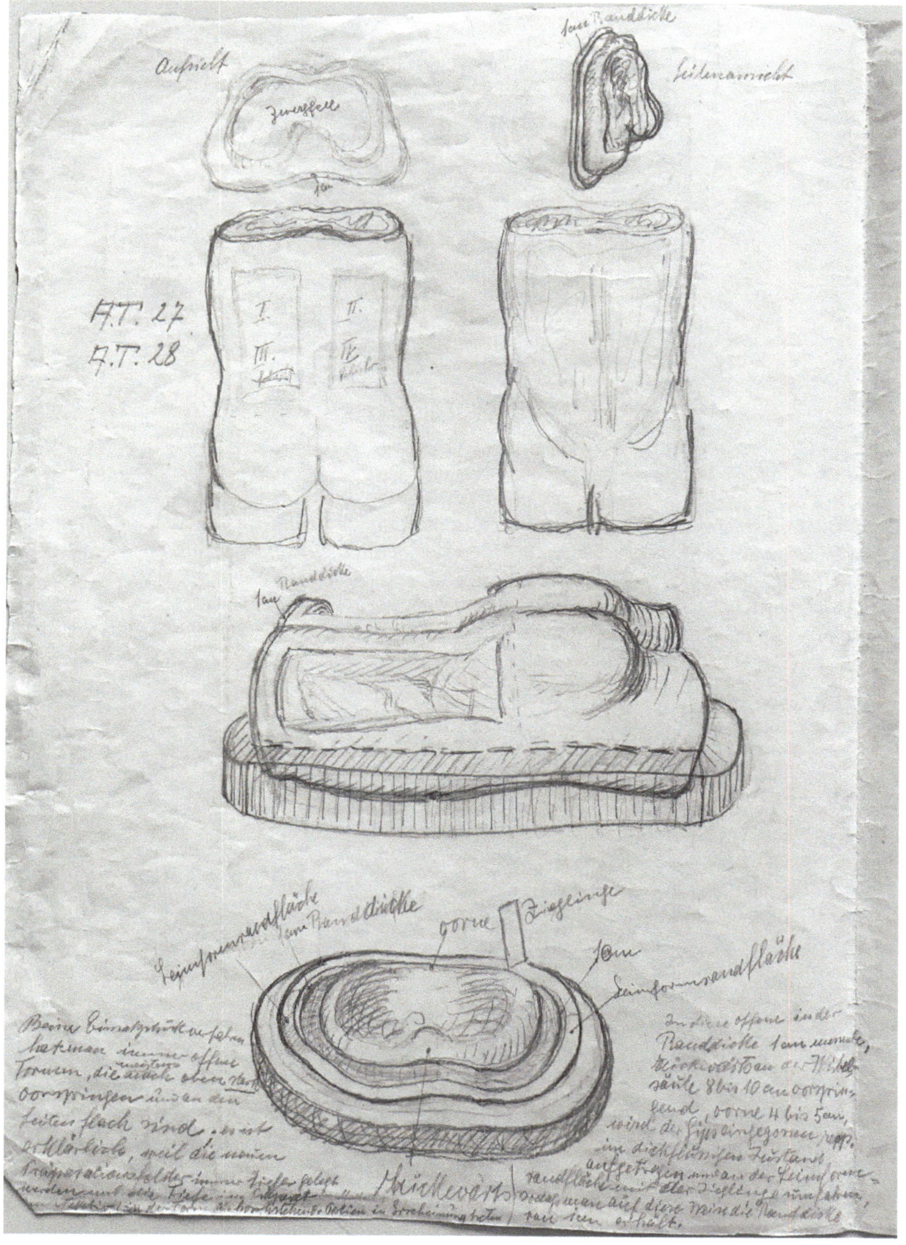

Abb. 2.5 Konstruktionszeichnung Tegtmeiers für die Erstellung der Reproduktionsgussform von Modellen der Rückenmuskulatur. Unten stehende Notiz: „Beim Einzelstückverfahren hat man immer offene Formen, die meistens nach oben stark vorspringen und an den Seiten flach sind. Es ist erklärlich, weil die neuen Präparationsfelder immer tiefer gelegt werden und die Tiefe im Präparat im Negativ in der Form als hoch stehende Partien in Erscheinung treten. In diese offene in der Randdicke 1 cm messende, rückwärts an der Wirbelsäule 8 bis 10 cm vorspringend, vorn 4 bis 5 cm, wird der Gips eingegossen […], in dickflüssigem Zustand aufgetragen und an der Leimformrandfläche mit der Zieklinge [sic] umfahren, sodaß man auf diese Weise die Randdicke von 1 cm erhält." Signatur IGEM 11393,0001 UKE, Medizinhistorisches Museum Hamburg. (Foto: Sara Doll; mit freundlicher Genehmigung des Medizinhistorischen Museums Hamburg)

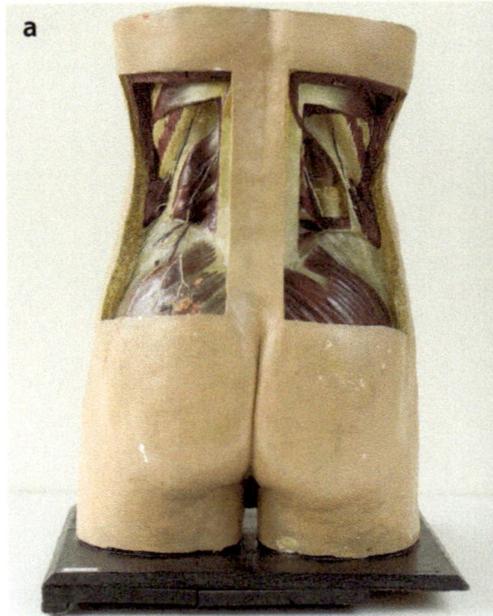

Abb. 2.6 **a**, **b** Gipsmodell, welches aus der Zusammenarbeit zwischen Brodersen und Tegtmeier entstand. Signatur MG 28, Standort: Institut für Anatomie und Zellbiologie Heidelberg. **a** Präsentiert werden zwei unterschiedlich tiefe Präparationsschritte der Rückenmuskulatur im Bereich der Lendenwirbelsäule. **b** Der Ausschnitt zeigt einen Nerv (*rotes Sternchen*), der in seinem Verlauf durch die Verwendung von koloriertem Draht modelliert und somit plastisch dargestellt werden konnte. (Foto: Sara Doll; mit freundlicher Genehmigung des Universitätsklinikums Heidelberg, Institut für Anatomie und Zellbiologie)

Abb. 2.7 Auf dem Foto steht Tegtmeier vor einem unfertigen Modell. Im Hintergrund hängt eine Lehrtafel, welche Dermatome (Hautareale, die von Rückenmarknerven innerviert werden) markiert. Sie diente mutmaßlich als Vorlage für die Kolorierung des Modells. Signatur: IGEM 11393,0003 UKE, Medizinhistorisches Museum Hamburg. (Mit freundlicher Genehmigung des Medizinhistorischen Museums Hamburg)

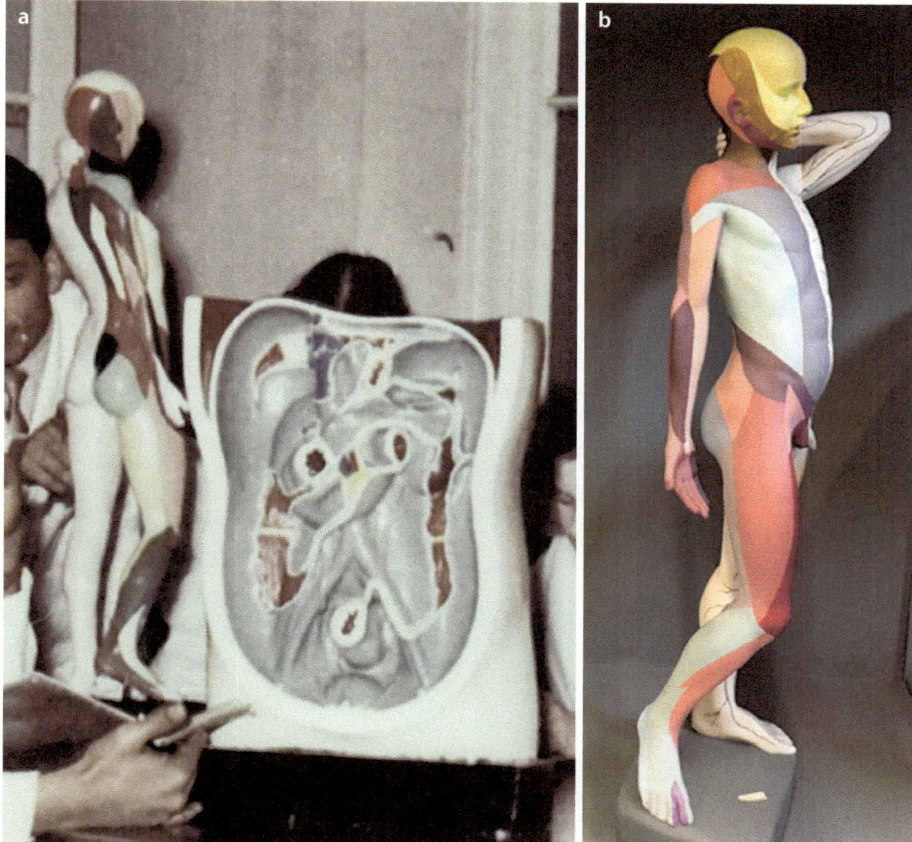

Abb. 2.8 **a** Studierende in Heidelberg, das Foto wurde vermutlich in den 1960er-Jahren aufgenommen. *Links* zu sehen das fertige Gipsmodell der Dermatome, rechts ein Gipsmodell des Retrositus, mutmaßlich auch aus Hamburg. (Foto: Institut für Anatomie und Zellbiologie, Universitätsklinikum Heidelberg; mit freundlicher Genehmigung) **b** Ein Vergleichsmodell aus der Sammlung des Anatomischen Instituts in Hamburg. (Foto: Sara Doll; mit freundlicher Genehmigung des Anatomischen Instituts Hamburg)

Literatur

Bogusch G (2010) Anatomie in Wachs. Die Präparatoren Adolf und Otto Seifert am Institut für Anatomie. In: Kunst B, Schnalke T, Bogusch G (Hrsg) Der zweite Blick. Besondere Objekte aus den historischen Sammlungen der Charité. De Gruyter, Berlin, S 178–179

Doll S (2013) Lehrmittel für den Blick unter die Haut. Präparate, Modelle, Abbildungen und die Geschichte der Heidelberger Anatomischen Sammlung seit 1805. Dissertation, Universität Heidelberg

Eßler H (2016) Lehrreiche Spielereien. Hamb Ärztebl 3:34–36

Gesellschaft Deutscher Naturforscher und Aerzte (1831) Amtlicher Bericht der Versammlung der Gesellschaft Deutscher Naturforscher und Aerzte. Perthes & Besser, Hamburg

Heinemann CFH (1829) Anatomische Wachspräparate. Literarisches Intelligenzblatt 1:8–9

His W (1903) Studien an gehärteten Leichen über Form und Lagerung des menschlichen Magens. Arch Anat Phys Anat Abt 27:345–367.

Historisches Wörterbuch der Philosophie (1984) Ritter J, Gründer K (Hrsg) Bd 6. Wissenschaftliche Buchgesellschaft, Darmstadt, S 46–54

Jütte R (2003) Stuttgarter Empfehlung zum Umgang mit Präparaten aus menschlichem Gewebe in Sammlungen, Museen und öffentlichen Räumen. Dtsch Arztebl 8:378–383

Kluge C, Hauck G (1827) Kunst-Anzeige. Magazin für die gesamte Heilkunde 11:379–381

Lampadius J (1812) Almanach der Universität Heidelberg. Auf das Jahr 1813. Für Studierende, deren Eltern, und für Gelehrte. Heidelberg. Engelmann, Heidelberg, S 195–196

Leonhard CC (1834) Fremdenbuch für Heidelberg und die Umgegend. Groos, Heidelberg, S 93–95

Mühlenberend S (2007) Surrogate der Natur. Die historische Anatomiesammlung der Kunstakademie Dresden. Wilhelm Fink, München, S 112–118

Mühlenberend S (2015) „Dingliche Sendboten in alle Welt". Die anatomischen Lehrmodelle des Deutschen Hygiene-Museums. In: Nikolow S (Hrsg) Erkenne Dich selbst! Strategien der Sichtbarmachung des Körpers im 20. Jahrhundert. Böhlau, Köln, S 199

Seiler BW (1829) Ankündigung. Isis von Osen XII:1021–1022

Tegtmeier F (1937) Der Weg des Modellbaues am Anatomischen Institut der Hansischen Universität. Unveröffentlichtes Manuskript im Archiv des Medizinhistorischen Museums, Hamburg

Witte W (2010) Vom Diener zum Meister-Der Beruf des Anatomischen Präparators in Berlin von 1852–1959. In: Kunst B, Schnalke T, Bogusch G (Hrsg) Der zweite Blick. Besondere Objekte aus den historischen Sammlungen der Charité. De Gruyter, Berlin, S 195–198

Écorché – Ein Modellkonzept für Kunst und Wissenschaft

Sandra Mühlenberend

S. Doll, N. Widulin (Hrsg.), *Spiegel der Wirklichkeit*,
https://doi.org/10.1007/978-3-662-58693-8_3

Abb. 3.1 Modell von Jacques Eugène Caudron, Écorché combattant, 1845. Der Ankauf erfolgte vermutlich durch Friedrich Tiedemann, Institutsleiter von 1815–1852. Modellmaße 70 cm × 29 cm × 20 cm, Sockelmaße 10 cm × 28 cm × 17 cm, Gips, farbig gefasst. Signatur: MG 29, Standort: Institut für Anatomie und Zellbiologie Heidelberg. (Foto: Philip Benjamin; mit freundlicher Genehmigung des Universitätsklinikums Heidelberg, Institut für Anatomie und Zellbiologie)

3.1 Einführung

Plastische Muskelmänner, sog. Écorchés, sind die Vorzeigemodelle zahlreicher Sammlungen in medizinischen Instituten, Museen und Kunstakademien. Sind sie heute Chiffre und attraktives museales Ausstellungsstück für die Geschichte der Anatomie, gehörten sie Ende des 18. und im 19. Jahrhundert als Studienobjekte zum Pflichtprogramm künstlerischer Ausbildung. Zuvor galten sie eher als Kunstkammerstücke mit der inhaltlich erweiterten Dimension eines **Memento mori**.

Ihre Entstehung ergab sich oft aus der Zusammenarbeit von Medizinern und Künstlern. Sie waren entweder in ihren Erscheinungen plastische Zitate grafischer Vorlagen aus medizinischen Traktaten,[1] an antike skulpturale Vorbilder angelehnt, oder ganz freie Eigenkompositionen.

Allen ist gemeinsam, dass sie ganzfigurig den männlichen Körper unterhalb der Haut, mit Fokus auf die obere Muskelschicht und diese überwiegend in Anspannung zeigen – unter Ausblendung der eigentlich zugehörigen Blutgefäße und Nervenbahnen. Sie sind in verlebendigten Posen dargestellt. Ebenso ist ihnen meist[2] eine Allansichtigkeit eigen sowie eine vollplastische Ausführung, ein festes Fundament wie Sockel, Podest oder Plinthe. Vereinzelt sind ihnen stützende, dekorative Elemente wie eine Säule oder ein Stab zugefügt, in Komposition einer ausgeglichenen Standhaltung gegenüber den Ausführungen, die dynamisch, fast schon expressiv erscheinen. Letztere sind eher selten wie auch liegende[3] oder hockende/sitzende Figuren (■ Abb. 3.2).[4]

Typisch sind die stehende Gerichtetheit mit Spiel- und Standbein, ein erhobener bzw. angewinkelter Arm und ein leicht gedrehter oder an- bzw. abgewinkelter Kopf – je nachdem, welche Muskelpartien besonders hervorgehoben werden sollen. Überwiegend wurden sie als Statuetten in einer Richthöhe von ca. 60 cm gefertigt; ab Ende des 18. Jahrhunderts entstehen zudem vereinzelt lebensgroße Formungen, die wiederum in Statuetten übersetzt wurden. Bronze war dafür das bevorzugte Material. Die frühesten erhaltenen Beispiele von Muskelstatuetten stammen aus Italien des 16. Jahrhunderts und wurden in Wachs gefertigt, einem Material, das im 18. Jahrhundert in der Fertigung naturgetreuer anatomischer Körpermodelle in Ganz- wie Detailansichten umfänglich Einsatz fand.[5] Berühmt sind die lebensgroßen Ganzkörperfiguren im florentinischen Museum „La Specola", gefertigt für die Medizinerausbildung und kopiert für chirurgische wie feldme-

---

1 So handelt es sich beispielsweise bei „Stehender Muskelmann" eines unbekannten Künstlers (16. Jahrhundert) um die Übertragung der Illustration/Tafel 24 aus „De humani corporis fabrica" (1555) des Anatomen Andreas Vesalius. Die bronzene Statuette befindet sich im Württembergischen Landesmuseum in Stuttgart. Vgl. Fischer und Klein 2004, S 77 Nr. 27.

2 Dies trifft nicht auf die wächsernen lebensgroßen Muskelmänner in Bologna und Florenz zu, wo die Figuren in Nischen stehen.

3 Der Écorché „Schmugglerius" von Agostino Carlani unter der Anleitung des Anatomen Wilhelm Hunter im 18. Jahrhundert geschaffen zitiert die römische Marmorkopie des „Sterbenden Galliers". Vgl. Friedl 2001, S 94.

4 Die hockende Muskelstatuette, der „Leidende Écorché" wurde zahlreich zitiert, u. a. von Vincent van Gogh. Lange wurde sie Michelangelo zugeschrieben. Vgl. Mouilleseaux 1977, Ausstellungskatalog, S 41 f.

5 Vgl. die wächsernen Muskelmänner des 16. Jahrhunderts, speziell Lodovico Cardis (gen. Cigoli) Muskelmann im Nationalmuseum Bargello in Florenz: Friedl 2001, S 26 f. und Nr. 91.

Abb. 3.2 „Leidender Muskelmann", Gipskopie, um 1900, Inschrift: Gebr. Weschke. Kustodie und Archiv der Hochschule für Bildende Künste (HfBK) Dresden, Inv.-Nr. 07.10.03/006. (Foto: Jakob Fuchs; mit freundlicher Genehmigung der HfBK Dresden)

dizinische Ausbildungsstätten in Wien und Budapest (Kleindienst 1989). Diese wissenschaftlichen Lehrmittel in Florenz wurden von vornherein auch als Kunstobjekte konzipiert; ihre Haltungen orientieren sich an berühmten antiken Plastiken – die männlichen beispielsweise am Erscheinungsbild des sog. **Idolo**, die Frauengestalten an der **Venus Medici**. Sie stehen noch ganz in der Tradition der Ästhetisierung medizinischer Forschung und binden verlebendigte Darstellung mit dem Zeigen von Eingeweiden, Muskeln, Sehnen, Nerven, Knorpel und Knochen und der Ähnlichkeitsanmutung des Wachses.

Im Bereich der Écorchés, die sich nur auf das Muskelbild konzentrieren, sollte sich aber letztlich im 19. Jahrhundert das Material Gips durchsetzen, angelehnt an den Vervielfältigungswunsch, an eine preisgünstige und haltbare Wiedergabe und an den Ausstattungsbedürfnissen sich etablierender Lehrsammlungen an medizinischen Einrichtungen und Kunstakademien. In letzterer wurden die Muskelstatuetten besonders als Zeichen-/Motivvorlage genutzt; an den lebensgroßen Muskelmännern vermittelten die

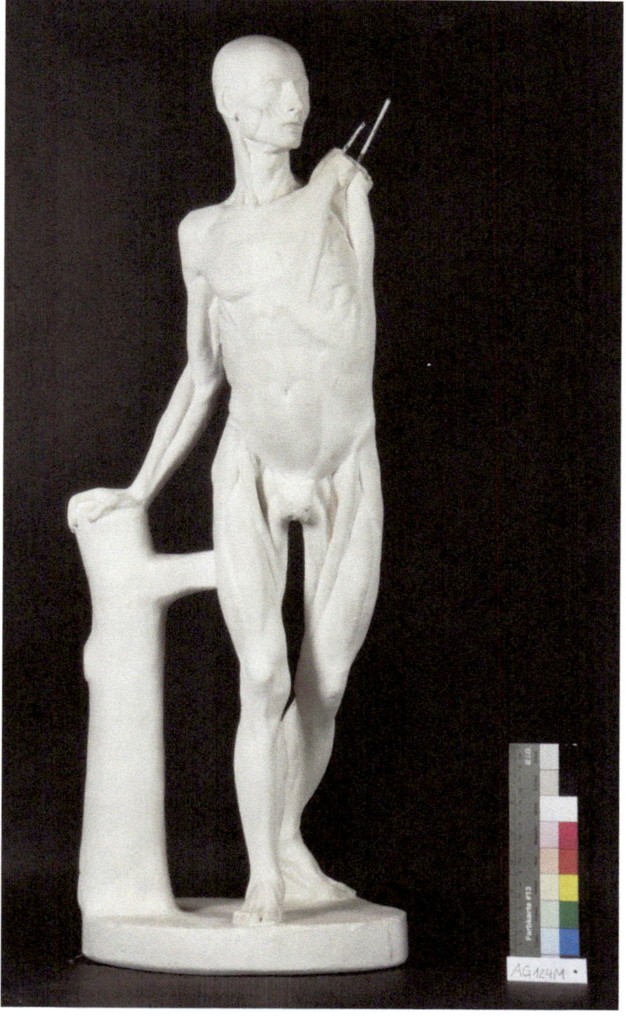

Abb. 3.3 Écorché nach Edmé Bouchardon. Gipskopie, um 1900. Kustodie und Archiv der HfBK Dresden, Inv.-Nr. AG124M. (Foto: Maria Katharina Franz; mit freundlicher Genehmigung der HfBK Dresden)

Künstleranatome den Studierenden zudem einfache myologische Zusammenhänge in Vorgabe der künstlerischen Intension.

Die innewohnende Didaktik und das Figurenkonzept zielten auf eine Hervorhebung der Hauptmuskeln, oftmals in idealisierter Form und durchgehender Anspannung (Abb. 3.3).

Seltener existieren auch bildhauerische Arbeiten, die sich um eine exakte anatomische Ausführung bemühten, vor allen jene, die in enger Zusammenarbeit mit Medizinern entstanden sind und/oder auf Abgüssen von Muskelpräparaten beruhen. Hiernach kann auch der Anlass und die Zielgruppe besonders im 19. Jahrhundert unterschieden werden: Favorisierten die medizinischen Anatomen für die Unterrichtung ihrer Studierenden detaillierte Muskelmodelle, die zudem in der Darstellung der Muskeln und Sehnen farbig gefasst und differenziert waren, so platzierten die Künstleranatomen bzw. Künstler ihre thematischen Umsetzungen in weißer Gipssichtigkeit im klassizistischen

Programm von antikem Körperideal, das an Kunstakademien für Malerei und Bildhauerei gelehrt wurde. Die weite Verbreitung besonderer Stücke mit hohem didaktischem Wert für Mediziner und Künstler profitierte von den neuen Vervielfältigungsstrategien in Folge des klassizistischen Diskurses, der eine weite Verbreitung des Ideals vorsah. Es entstand ein Netzwerk aus Händlern, Künstlern und Kunden im Bereich des künstlerischen Gipsabgusses, deren unterschiedliche Interessenslagen die Voraussetzung bildeten, dass antike Plastik wie auch zeitgenössische Skulptur flächendeckend Eingang in Spezialsammlungen, in den öffentlichen und sogar in den privaten Raum finden konnten (Schreiter 2014, S. 3) – so auch ausgewählte Muskelmänner. Kurz darauf gründeten sich Lehrmittelfirmen, die beispielsweise auf medizinisches Unterrichtsmaterial fokussierten. Die Originale verblieben in den Akademien bzw. beim Künstler oder dem Auftrag gebenden Mediziner, die Abformungen zuließen und Kopielizenzen an Abguss- und Lehrmittelfirmen vergaben, wenngleich, wie sich noch zeigen wird, auch unkontrolliertes Kopieren stattfand und die Autorenschaft in den Hintergrund rückte.

3.2 Unterscheidung zwischen Kunstkammerstück und Lehrmittel

Weite Verbreitung fanden die Muskelmänner von Jacques Eugène Caudron (1818–1865), besonders der dynamische, der **Écorché combattant**. An und mit dieser Figur lassen sich die Zusammenarbeit von Künstler und Mediziner sowie seine Zirkulation als Lehr- und Repräsentationsobjekt in den verschiedenen Ausbildungszentren ablesen.

Mit Blick auf die vielfältigen Überlieferungen von Écorchés, besonders auf jene, die in Statuetten und in Bronze gefertigt sind, kristallisiert sich nur eine kleine Gruppe von Plastiken heraus, die direkt für Ausbildungsmaßnahmen Verwendung fanden. Ein Großteil der Écorchés, überwiegend gefertigt zwischen dem 16. und frühem 18. Jahrhundert, verblieb im Kontext eines Kunstkammerstückes, als Solitär in öffentlichen wie privaten Sammlungen.[6] Vereinzelt tauchen sie heute hoch gehandelt in Auktionen auf und verschwinden wieder, so dass ihre Existenz kaum in der Forschung Beachtung finden kann. Es sind vor allen jene, die grafische Vorlagen oder antike Plastiken zitieren. Oft fehlen ihnen die detaillierte Ausbildung der Muskeln und die Spannung in der Figur gegenüber der Vorlage; sichtbar ist, dass es an einer medizinischen Konsultation mangelte, bzw. nur das künstlerische Figurenereignis im Mittelpunkt stand. Dies änderte sich mit den Arbeiten von Jean-Antoine Houdon (1741–1828)[7] (◘ Abb. 3.4) und Johann Martin Fischer (1740–1820) (◘ Abb. 3.5): Wenngleich die Adressaten überwiegend den künstlerischen zuzurechnen waren, entstanden sie nachträglich aus einer tiefen Auseinandersetzung mit dem Leichnam während der Sektion (Mühlenberend 2007, S. 68–76).

6 Vgl. die drei Écorchés von Pietro Francavilla (1548–1615) in der Jagiellonen Universität in Krakau (17. Jahrhundert), die Muskelstatuette von Franz Nissl (1731–1804), gefertigt 1760, von Michael Henry Spang (um 1700; gest. 1762), gefertigt um 1761, oder von Edward Burch (1730–1814), gefertigt um 1800.

7 Houdon fertigte seinen Écorché in mehreren Versionen. Zur Herstellungsgeschichte und zu den unterschiedlichen Ausführungen, vgl. Mühlenberend und Fugger 2017, S. 264 f.

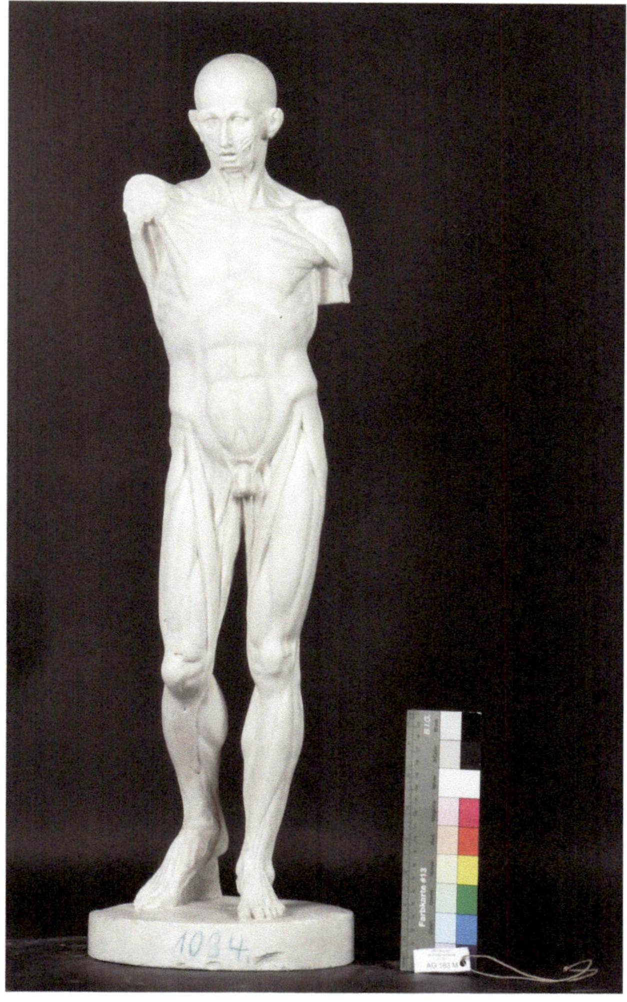

Abb. 3.4 Écorché nach Jean-Antoine Houdon, Gipskopie, um 1900; Kustodie und Archiv der HfBK Dresden, Inv.-Nr. AG163M. (Foto: Maria Katharina Franz; mit freundlicher Genehmigung der HfBK Dresden)

Vorgelagert war eine künstlerische Intension ohne medizinischen Auftragshintergrund. Wie ihre Vorgänger modellierten sie in ihre Figuren ein ästhetisches Ideal, jedoch so geschickt, dass für den Laien auch ein anatomischer Tatbestand glaubhaft wurde. Dies lag einerseits daran, dass sie erstmalig lebensgroße Écorchés fertigten, direkt nach der Teilnahme an Sektionen, somit die Auseinandersetzung mit dem Muskelsystem maßstabsgerecht erfahren hatten und von da aus die Figurensprache in Hervorhebung markanter Muskelpartien überzeugend manipulieren konnten. Anderseits zielte gerade Fischers Muskelmann schon von Anbeginn auf eine künstlerische Didaktik, auf ein Vorlagenstück zum Zeichnen für Kunststudierende und ihrer anatomischen Unterrichtung.

Als Bildhauer und ab 1785 Professor für Anatomie an der Wiener Kunstakademie beschäftigte er sich über 20 Jahre mit dem Thema. 1784 modellierte er in Anlehnung an den Figurentyp in den grafischen Vorlagen Bernhard Siegfried Albinus' **Tabulae sceleti et musculorum corporis humani** von 1747 eine Kleinplastik, die die gleiche Eleganz und Leichtigkeit ausstrahlte, jedoch nicht beruhend auf einer vorgängig tiefen

3

Abb. 3.5 Écorché nach Johann Martin Fischer, Gipskopie, um 1900; Kustodie und Archiv der HfBK Dresden, Inv.-Nr. 07.10.03/007. (Foto: Jakob Fuchs; mit freundlicher Genehmigung der HfBK Dresden)

Auseinandersetzung mit dem Leichnam. Nach Fischers Meinung wurde sie „mit mehr Beifall aufgenommen, als sie verdiente" (Fischer 1804, S. 9). Hiernach plante er die anatomische, lebensgroße Statue, akribisch in der Vorbereitung anhand von „rastlosen Untersuchungen" an brauchbaren Präparaten und in der Verwendung eines Leichnams „in der Blüthe seiner Jahre, ohne zuvor krank gewesen zu sein […], dessen schöner Körperbau, eine seltene Erscheinung der Natur […] war".[8] Nur wenige Künstler und Anatomen, die an der Fülle der Modelle und Präparatkreationen des 18. und 19. Jahr-

8 Ebd. S. 8. Der Leichnam wurde ihm vom Wiener Anatom Joseph Barth zur Verfügung gestellt, der ihn von Anbeginn unterstützte, vgl. Mühlenberend 2007, S. 71.

hunderts beteiligt waren, haben zu ihren gestalteten anatomischen Hilfsmitteln Stellung genommen. Umso beachtlicher ist es, dass Fischer im Beilagenheft der 1803 vollendeten Statue ausführlich die Herstellung, sein Anliegen und zudem Besonderheiten der Fertigung formuliert: „Um das besonders schön proportionierte Skelett des erwähnten Leichnams, da ich selbst seiner zu schwammichten Knochen nicht aufbewahren konnte, nicht zu verlieren, hab ich es mit möglichster Genauigkeit im gehörig verjüngtem Maßstab aus hartem Holz copiert." (Fischer 1804, S. 9).

Für die Kunstakademie Wien wurde die in Gips gefertigte Plastik in Bronze gegossen, so wie sie noch heute in Erscheinung tritt. Darüber hinaus bemühte sich Fischer um eine weite Verbreitung seiner Figur in die Räume der künstlerischen Ausbildungsstätten – überwiegend in Miniatur und angereichert mit Informationen und Zusätzen. Hier war er Vorreiter und Vorbild für die nachfolgenden medizinischen Modellkonzeptionen und sich etablierenden Lehrmittelfirmen. Er bot ein didaktisches Gesamtpaket von einem Modell in unterschiedlicher Ausführung an – die Statuette in Gips, den Erläuterungsband zu den einzelnen Muskeln mit Kupfertafeln und Darstellungen des kopierten Skelettes. An der Wiener Kunstakademie avancierte Fischers Muskelmann zum Prüfungsobjekt der Studierenden gemäß plastischer Wiederholung (Professorenkolloquium 1917, S. 36). Er fand, wie Houdons Muskelmannversionen in Statuette, Aufnahme in zahlreiche Ausbildungsstätten; er wurde gezeichnet, in den akademieeigenen Werkstätten vervielfältigt und von einigen Gipsformereien und Lehrmittelfirmen kopiert.

Im Zuge dieser „Behandlung" ging, wie so oft bei Gebrauchsgegenständen, Wissen verloren, da das Gesamtpaket nicht zusammenblieb, die Künstlersignatur am Sockel und die Feinheit der Modellierung, somit die anatomische Lehreignung durch nachfolgende Abgüsse vom Abguss verschwand und irgendwann das Objekt selbst im Zuge nachfolgend überzeugender Muskelmodelle der kunstanatomischen Betrachtung entzogen wurde. Hier trat besonders Eugène Caudrons **Écorché combattant** um 1850 in Konkurrenz, wenngleich auch ihm später das selbige Schicksal durch die anatomisch akkuraten Leichenabgüsse in Gips, die um 1900 Konjunktur sowohl an Kunstakademien wie medizinischen Ausbildungsstätten hatten,[9] ereilte. Caudrons Muskelmann ist eine Zwischenstufe, ein erster Schritt in der Loslösung der plastischen Lehrmittel vom Namen der Künstler hin zur Nennung eines Auftrag gebenden Mediziners als wissenschaftlich fundierte Referenz, um im 20. Jahrhundert dann gänzlich anonymisiert nur noch reine anatomische Information zu vermitteln, an statischen Modellen bereinigt von expressiven Haltungen und dekorativem Beiwerk.

3.3 Caudrons Écorché combattant

Eugène Caudrons **Écorché combattant** (▣ Abb. 3.6) entstand entgegen seiner Vorgänger direkt im Auftrag eines Mediziners und folgte keiner eigenen originären Komposition, wie sie noch Houdon anstrebt hatte.

9 Maßgeblich verbesserte der Mediziner Wilhelm His in Zusammenarbeit mit dem Gipsmodelleur Franz Josef Steger um 1875 in Leipzig die Anschaulichkeit von anatomischen Lehrmitteln durch eine modifizierte Methode des Präparateabgusses in Gips. Vgl. Spanel-Borowski 2006.

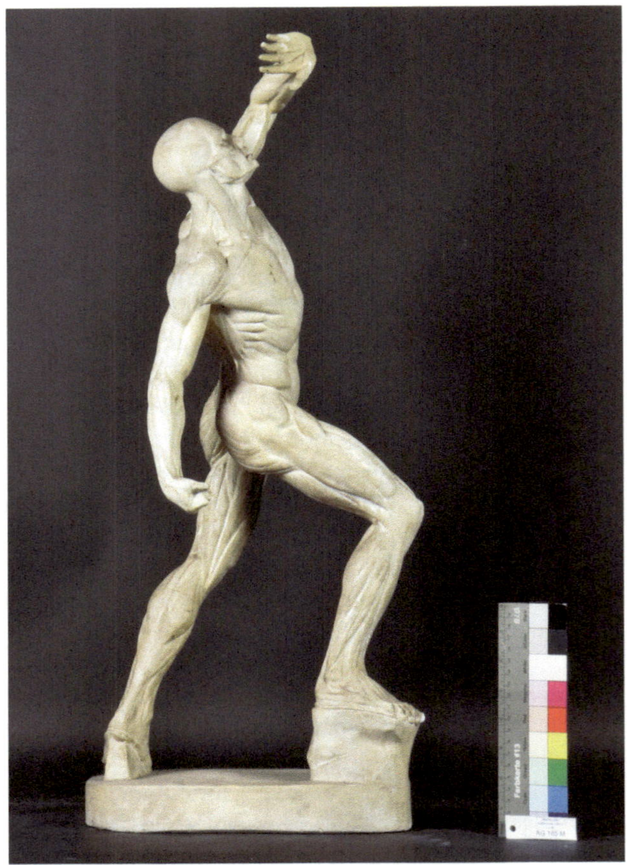

Abb. 3.6 Écorché nach Jacques Eugène Caudrons, Gipskopie, um 1870; Kustodie und Archiv der HfBK Dresden, Inv.-Nr. AG165M. (Foto: Maria Katharina Franz; mit freundlicher Genehmigung der HfBK Dresden)

Als Vorlage (Abb. 3.7) diente augenscheinlich eine Bronze eines unbekannten italienischen Künstlers aus dem 17. Jahrhundert (Friedl 2001, S. 239), die wiederum den Borghesischen Fechter abgewandelt rezipiert, indem gegenüber dem Antikenfund von 1611 eine stehende Mittelachse beibehalten wird.

An der Bronze sind die schon formulierten Eigenheiten sog. Kunstkammerstücke nachvollziehbar. Die anatomische Exaktheit ist eher mäßig: Die Muskeln fließen entgegen der eingenommenen Körperspannung fast durchgehend am Körper herunter, sie sind schematisiert, besonders die Rückenmuskulatur. Die Konzentration liegt auf dem künstlerischen skulpturalen Gesamtereignis, auf der Interpretation.

Caudrons Anspruch verfolgt beide Intensionen – anatomische Exaktheit und skulpturales Ereignis, im Auftrag und unter stetiger Kontrolle des Mediziners Julien Antoine-Louis-Julien Fau (1811–1880).

Es ist das erste, von vorn herein geplante, von einem Mediziner geprüfte zu reproduzierende Lehrmittel in der Geschichte der Écorchés für Künstler, welches in Folge auch der medizinischen Ausbildung zur Verfügung stand. 1845 hatte Fau eine Anatomie der äußeren Formen des menschlichen Körpers für Maler und Bildhauer veröffentlicht und schon dort ankündigt, dass die Unterrichtung der Anatomie eines neuen Écorchés bedarf (Fau

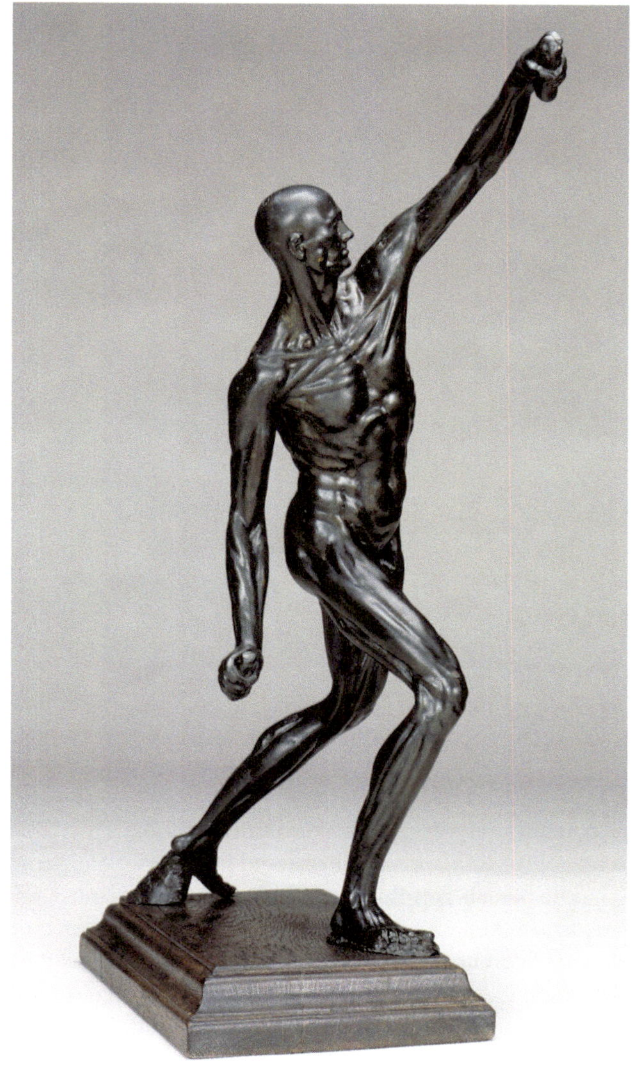

Abb. 3.7 Bronzestatuette „Borghesischer Fechter", nach einem unbekannten Modell eines Muskelmannes, Italien erste Hälfte des 17. Jahrhunderts. Inv.-Nr. Res Mü.P.II.0005, Residenz München. (Foto: Mit freundlicher Genehmigung der Bayerischen Schlösserverwaltung, Beate Winter/Rainer Herrmann)

1845). Nach sorgfältiger Untersuchung zahlreicher plastischer Muskelmänner, auch jene von Houdon und Fischer, merkte er an, dass sie zahlreiche anatomische Fehler aufweisen.

Jacques Eugène Caudron, zwischen 1835 und 1840 Student der Bildhauerei an der École des Beaux Arts Paris in der Klasse von David d'Angers, gehört eher zu den unbekannten Bildhauern. Sein Oeuvre ist nicht besonders groß, es reduziert sich auf vereinzelte Skulpturen an Pariser Kirchen und Darstellungen berühmter Persönlichkeiten wie etwa Molière. Caudron modellierte zwei Muskelstatuetten, jene für Fau um 1845 und 1860 den **Écorché á la colonne** für das „L'atelier des moulage Desachy" des Louvre (Comar 2008, S. 264). Es liegt nahe, dass das Pariser Atelier Desachy, geleitet von Alexander Desachy am Musée du Louvre und als Gipsformerei mit führend in Europa im

3

Abb. 3.8 Fotografie „Innenaufnahme anatomische Sammlung der Kunsthochschule Dresden" um 1930, sichtbar lebensgroßer Écorché nach Jacques Eugène Caudron. Kustodie und Archiv der HfBK Dresden, Inv.-Nr. 08.01/00029,2. (Mit freundlicher Genehmigung der HfBK Dresden)

Kopieren und Verkauf antiker und zeitgenössischer Bildwerke, auch Caudrons **Écorché combattant** vervielfältigte und in seine weitreichenden Vertriebswege einspeiste.

Die beiden von ihm modellierten Muskelmänner erlangten durch ihre Präsenz in medizinischen wie kunstakademischen Sammlungen eine gewisse Berühmtheit, vor allen der **Écorché combattant**, dessen Ausführung ebenfalls in Lebensgröße nachweisbar ist: so im Gemälde „The Anatomy Class at the Ecole des Beaux Arts" von François Sallé 1888[10] und in einer fotografischen Abbildung des Anatomieraumes der Kunsthochschule Dresden um 1930 (Abb. 3.8).

Es sind die beiden einzigen Zeugnisse, die die ehemalige Existenz der Großplastik bestätigen. Ob sie wie bei Houdon und Fischer vor der Miniatur gefertigt wurde, kann nicht mit Bestimmtheit formuliert werden. Doch liegt diese Praxis nahe, da Faus Anspruch sich bestmöglich in der unmittelbaren maßstabsgetreuen Übertragung des Gesehenen am Präparat ergeben konnte. Im Vergleich mit der italienischen Bronzestatuette aus dem 17. Jahrhundert ist an der Miniaturausführung Caudrons eine anatomische Präzision erkennbar, eine Ausmodellierung feinster Muskelstränge, die besonders an den ungefassten Ausführungen erlebbar ist.[11] Fau war es wichtig, entgegen den meist ruhenden Écorchés eine bewegte Pose vorzustellen, in der die Anspannung der Muskeln anatomischen Sinn macht.

10 Das Gemälde befindet sich in der Art Galery of New South Wales in Sydney, ausschnitthaft abgebildet in: Kemp und Wallace 2000, S. 76/77.

11 Vgl. Abbildung in Comar 2008, S. 265.

Für die ausgeprägte Schrittstellung mit angewinkeltem und leicht erhobenem rechten Bein war es notwendig, durch Gipskeile den Höhenunterschied auszugleichen und Stabilität für den zurückgestreckten Oberkörper zu erreichen. Der rechte Arm mit faustgeballter Hand läuft abgewinkelt vom Oberkörper parallel zum linken, nach hinten gestreckten Bein, der linke Arm hingegen verläuft nach oben angewinkelt, mit offener Hand, die den Kopf gegen imaginäre Sonnenstrahlen zu schützen scheint. Alles wirkt ausbalanciert und in der Drehung der Figur erfährt der Betrachter das Muskelspiel an jedem Teil des Körpers. Keine Stelle ist durch diese Komposition verdeckt; geboten wird immer eine gestreckte und eine angewinkelte Variante, seien es die Hände, die Beine und Arme, und selbst der Oberkörper staucht sich rechts im Becken und dehnt sich links weit aus. Nur das geübte Auge kann das freigelegte Muskelspiel von den Sehnen und wenigen Hautpartien wie an den rechten Fingern und der Nasenspitze unterscheiden. Die ungefasste Ausführung wendete sich als Zeichenvorlage an Kunstschaffende, wie an zahlreichen akademischen Zeichnungen, Gemälden und selbst Lehrlithografien des 19. Jahrhunderts sichtbar wird.

Die farbig gefasste Ausführung in der Anatomischen Sammlung der Universität Heidelberg koppelt hingegen an das Formerlebnis der Muskeln eine farbig zu unterscheidende Demonstration von Muskeln und Sehnen (◘ Abb. 3.1). Die rote Farbe der Muskeln und die schematisierte weiße Kennzeichnung der Sehnen schwächt das präzise Muskelspiel, den Detailreichtum in den angewinkelten Zonen ab. Es ist zu bezweifeln, dass es sich hier um die Originalbemalung handelt, v. a. in Vergleich mit der farbigen Fassung des 1860 von Caudron geschaffenen **Écorché á la colonne** (◘ Abb. 3.9). In weiß gefasst gehörte sie ebenfalls bis ins 20. Jahrhundert hinein zu den anatomischen Zeichenvorlagen an Kunstakademien, jedoch hat sich auch eine farbige Version im **Museum zur Geschichte der Medizin** in Rouen erhalten (◘ Abb. 3.10), die die anatomischen lebensgroßen Modellkonzeptionen des 20. Jahrhundert, besonders die des **Deutschen Hygiene-Museums Dresden**, in Miniatur vorweggreift.

Es handelt sich modifiziert um eine Muskelfigur: Die Arme sind abnehmbar, das Gehirn ist freigelegt und die Brust- und Bauchwand zur Sicht auf die Lage der Organe entfernt. Die farbige Fassung, die entgegen dem Heidelberger Modell dezent ist, betont die Muskeln in Rot, die Sehnen und Knochenansätze in differenziertem Weiß und setzt die einzelnen Organe und Blutgefäße in Bauch- und Brusthöhle farbig abgestimmt voneinander ab. Inwieweit dieses Modell Einsatz in der medizinischen Unterrichtung fand, kann nur vermutet werden. Es spricht nicht sehr viel dafür, da zu jener Zeit einerseits ausgeprägt die Anatomie am Leichnam gelehrt wurde, anderseits sehr genaue, auf Präparateabgüssen beruhende Lehrmodelle vorlagen. Vielmehr liegt der Schluss nahe, dass es sich hier um ein sog. Repräsentationsmodell handelt, dass zu jener Zeit bevorzugt auf den Schreibtischen von Medizinern, speziell von Anatomen als Sinnbild ihrer Profession stand, ähnlich den Atelierbildern von Künstlern, wo die Muskelstatuetten im Ensemble von Zeichenutensilien über die Beherrschung der Anatomie des Künstlers Auskunft geben sollten.

3.4 Nachfolger

Caudrons Muskelstatuetten gehörten schließlich zur Letzten ihrer Art. Sie wurden eingespeist in das Repertoire der Abgussfirmen, u. a. in den Verkaufskatalog der Firma Gebrüder Weschke aus Dresden, die auch eine Version von Houdons Muskelmann an-

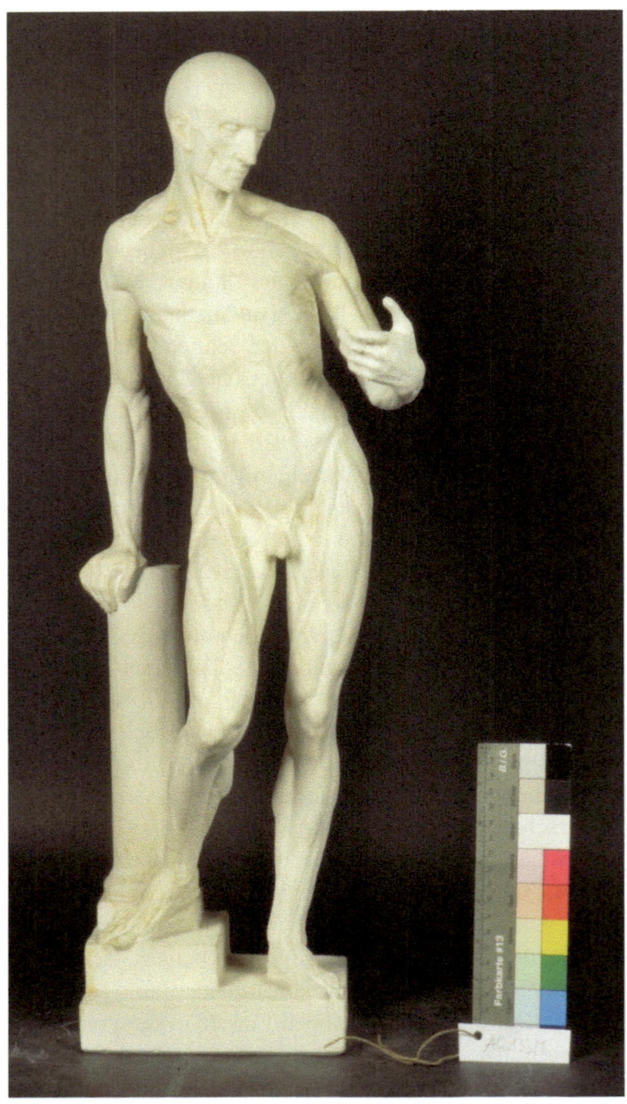

Abb. 3.9 Écorché á la colonne, nach Jacques Eugène Caudrons Gipskopie 1909; Kustodie und Archiv der HfBK Dresden, Inv.-Nr. AG133M. (Foto: Maria Katharina Franz; mit freundlicher Genehmigung der HfBK Dresden)

bot (Gebrüder Weschke 1902, S. 38). Um 1900 etablierten sich vielerorts reine anatomische Lehrmittelfirmen wie Somso in Sonneberg und Benninghoven in Neuss bei Coburg. Letztere Modellkonzeptionen wurden 1937 für die hauseigene Lehrmittelfirma vom Deutschen Hygiene-Museum in Dresden angekauft. Auch sie hatten sog. Muskelmänner in ihrem Repertoire, lebensgroß, farbig gefasst, oft mehrteilig und mit Möglichkeiten der Abnahme bestimmter Körperpartien, aus einer Gipspapiermischung, später aus Kunststoff (Mühlenberend 2015, S. 198–211). Sie dienten nicht mehr dem Zwecke der kunstanatomischen Unterrichtung bzw. als Zeichenvorlage, sondern wurden ausgiebig im Bereich der Gesundheitsaufklärung, für den Biologieunterricht an Schulen und für Einführungen in medizinische Ausbildungsberufe genutzt. Ihre Konzeption

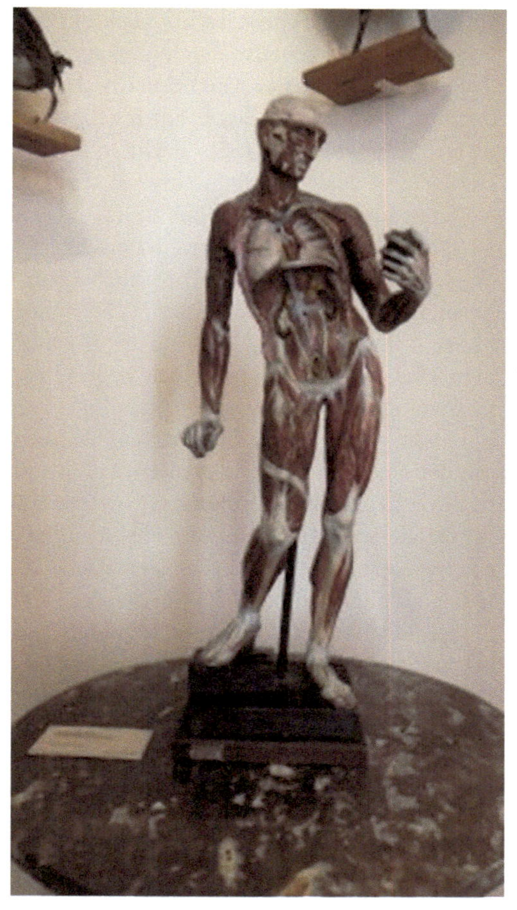

Abb. 3.10 Anatomische Gipsstatuette um 1860, Museum zur Geschichte der Medizin in Rouen. (Foto: Sandra Mühlenberend)

lag nun in den Händen der Firmen, ausgeführt von Modellbauern mit bildhauerischen Fähigkeiten und begutachtet von Medizinern. Die Modelle wurden komplett von den Namen der Modelleure abgekoppelt, dem Firmennamen zugeschrieben und auf den anatomischen Inhalt fokussiert. Ihr Vertrieb lief flächendeckend in Deutschland und über die Grenzen hinaus. Überwiegend waren die Modelle stark schematisiert, in ruhender, leichter Stand-Spielbein-Haltung.

Im Jubiläumskatalog der Firma Somso von 1976 erscheint jedoch auch eine Muskelstatuette, die Caudrons **Écorché combattant** stark ähnelt. Sie ist in der Körperspannung gemäßigter, seitenverkehrt, geschlechtlos, und die Darstellung der Muskulatur ist vereinfacht wiedergegeben (Sommer 1976, S. 4). Die Anmerkung, dass das Modell „für den Zeichen- und Modellierunterricht geeignet" ist (Sommer 1976, S. 4), bedarf letztlich keiner Erklärung, wenn man es mit dem Original, den Ansprüchen ihrer Autoren (Fau und Caudron) und den vielfältigen künstlerischen Reproduktionen vergleicht. Zuvor, 1939, bot Marcus Sommer (Somso) einen lebensgroßen, farbig gefassten und vom Mediziner „Herrn Professor Dr. Haselmeier" (Mühlenberend 2007, S. 87) geprüften Muskelmann der Dresdner Kunsthochschule an, beruhend auf einem Naturabguss einer gehäuteten Leiche und nur für Kunstakademien bestimmt.

3

Auf einem Naturabguss beruht auch ein um 1940 von Otto Seifert (1888–1959) und Lutego Vargas (Lebensdaten unbekannt), Gastmediziner am Institut für Anatomie in Berlin, geschaffener Muskelmann, der gleichfalls in die Haltung des **Écorché combattant** in stark gemäßigter Form gebracht wurde (Mühlenberend 2007, S. 87). Otto Seifert, Chefpräparator des Berliner Institutes, berichtete 1941 ausführlich von der Herstellung des Naturabgusses und schildert die Schwierigkeiten, die letztlich keine weiteren Vorhaben im Institut zuließen (Seifert 1941).

Der letzte rein modellierte lebensgroße Muskelmann, geschaffen an einer Kunstakademie, stammt aus der Kunsthochschule Dresden. Um 1930 modellierte der Bildhauer Andreas Franz Naumann (Lebensdaten unbekannt) diese Figur, die noch heute in der Anatomischen Sammlung der Hochschule steht und die Vorstellungen über den deutschen Idealkörper jener Zeit widerspiegelt (Mühlenberend 2007, S. 84–85). Es ist fraglich, ob die Figur direkt als Lehrobjekt konzipiert wurde, weist sie doch starke Irritationen bzw. wesentliche künstlerische Freiheiten auf: Die linke Körperseite ist komplett mit der Hautschicht wiedergegeben, die rechte in der Schicht darunter. Die Dominanz des Körperbildes in heroischer Pose übertrifft ein anatomisch didaktisches Anliegen, wenngleich die Muskulatur gut ausformuliert ist. Irritierend sind die flächendeckenden Materialunruhen, die dellenartigen Formungen auf der linken Seite, zudem die silbernen Farbspuren an der Schnittkante der Haut am Rumpf sowie die komplett mit Silber ausgefüllten Augen. Eine historische Aufnahme von 1930 zeigt, dass die Hautseite ursprünglich komplett in Silber gefasst war (Rückenansicht des Écorchés in ◘ Abb. 3.8). Dies alles spricht eher für eine bildhauerisch künstlerische Arbeit, die rechtsseitig für den damaligen Anatomieprofessor Hermann Dittrich so gelungen schien, dass er sie in die Sammlung mit aufnahm. Kopiert und rezipiert wurde dieser Muskelmann nicht, er ist ein absoluter Solitär in der sehr objektreichen und vielseitigen Geschichte der kunstanatomischen Écorchés.

Literatur

Comar P (2008) Figures du corps. Une leçon d'anatomie à l'École des Beaux-Arts. Academy Editions, Paris

Fau J (1845) Anatomie des formes extérieures du corps humain à l'usage des peintres et des sculpteurs. Méquignon-Marvis Fils, Paris

Fischer J (1804) Erklärung der anatomischen Statue. Wien

Fischer F, Klein U (Hrsg) (2004) Grosse Kunst in kleinem Format. Kleinplastiken im Württembergischen Landesmuseum Stuttgart, Stuttgart

Friedl H (2001) Pygmalions Werkstatt. Die Erschaffung des Menschen im Atelier von der Renaissance bis zum Surrealismus. Wienand, Köln

Gebrüder Weschke (1902) Katalog der Kunstgegenstände und Lehrmittel in Gips und Elfenbein. Dresden

Kemp M, Wallace M (2000) Spectacular bodies: the art and science of the human body from Leonardo da Vinci to now. University of California Press, Berkeley/Los Angeles

Kleindienst H (1989) Ästhetisierte Anatomien aus Wachs. Dissertation med. Marburg

Mouilleseaux JP (1977) L'Écorché. Exposition réalisée par l'École régionale des beaux-arts de Rouen dans le cadre de l'expérience pédagogique 1975–1976. Musée des Beaux-Arts de Rouen, janvier-février

Mühlenberend S (2007) Surrogate der Natur. Die Historische Anatomiesammlung der Kunstakademie Dresden. Wilhelm Fink, München

Mühlenberend S (2015) Anatomiemodelle im Werte- und Zeitenwandel. Lehrmittel am Deutschen Hygiene-Museum. In: Nikolow S (Hrsg) Erkenne Dich selbst. Visuelle Gesundheitsaufklärung mit Wissensobjekten aus dem Deutschen Hygiene-Museum im 20. Jahrhundert. Böhlau, Köln/Weimar/Wien, S 198–214

Mühlenberend S, Fugger von dem Rech S (2017) Écorché nach Jean-Antoine Houdon. In: Décultot E, Dönike M, Holler W, Keller C, Valk T, Werche B (Hrsg) Winkelmann. Moderne Antike. Hirmer, München, S 264–265

Professorenkolloquium (1917) Die K. K. Akademie der Bildenden Künste in Wien 1892–1917. Zum Gedächtnis des 250jährigen Bestandes der Akademie. Wien

Schreiter C (2014) Antike um jeden Preis. Gipsabgüsse und Kopien antiker Plastik am Ende des 18. Jahrhunderts. De Gruyter, Berlin/Boston

Seifert O (1941) Die Herstellung des Naturabgusses eines Muskelmannes. In: Die Deutsche Arbeitsfront, Fachamt Freie Berufe, Rundschreiben für Präparatoren und Gehilfen an anatomischen, pathologischen, gerichtl.-medizinischen und ähnlichen Berufen, Folge 18. Verlag der Deutschen Arbeitsfront, Berlin, S 5–11

Sommer M (1976) Somso Jubiläumskatalog 1876–1976. Coburg

Spanel-Borowski (2006) His-Steger-Gipsmodelle. In: Universität Leipzig, Medizinische Fakultät (Hrsg) Leipziger Mediziner und ihre Werke. Sax, Beucha, S 26–30

Anatomische Gipsabgüsse – Eine Erfolgsgeschichte zwischen Anatom und Modelleur

Christine Feja

S. Doll, N. Widulin (Hrsg.), *Spiegel der Wirklichkeit*,
https://doi.org/10.1007/978-3-662-58693-8_4

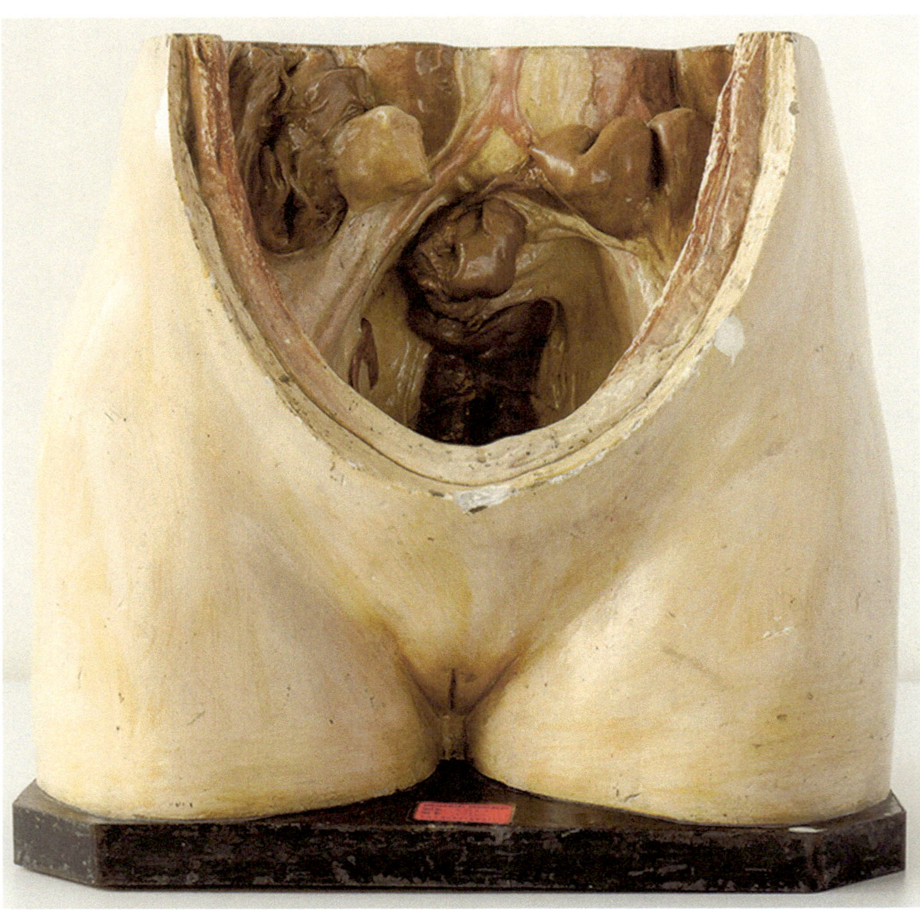

Abb. 4.1 His-Steger-Modell, weibliches Becken mit Darstellung von Darmanteilen, Gefäßen sowie dem Bauchfell. Datierung unbekannt. Modellmaße: 30,5 cm × 35 cm × 24,5 cm, Sockelmaße: 2,5 cm × 35 cm × 20 cm Gips, farbig gefasst. Signatur MG 32, Standort: Institut für Anatomie und Zellbiologie Heidelberg. (Foto: Philip Benjamin; mit freundlicher Genehmigung des Universitätsklinikums Heidelberg, Institut für Anatomie und Zellbiologie)

In dem umfangreichen Sammlungsbestand des Anatomischen Instituts der Ruprecht-Karls Universität Heidelberg befindet sich unter anderem das hier gezeigte Gipsmodell. Was zeigt es dem Betrachter? Es stellt ein weibliches Becken dar, welches etwa in Höhe des dritten Lendenwirbels vom Körper getrennt wurde, die vordere Bauchwand ist entfernt. Wir sehen noch Teile des Dickdarms, das S-förmige Colon sigmoideum (Sigmadarm) mit dem Übergang zum Rektum (Mastdarm) im kleinen Becken. Im Hintergrund teilt sich die Bauchaorta an der Bifurcatio (Gabelung) in zwei Teile auf. Im Vordergrund ist die Gebärmutter mit den Eierstöcken zu erkennen. Besonders beeindruckend ist die Gestaltung der Bauchfellverhältnisse im kleinen Becken, die der Modelleur Franz Steger (1845–1938) durch sein Geschick im Umgang mit Farben zart und glänzend, wie am realen Präparat, gestaltet hat (◘ Abb. 4.1).

Das Material dieses Modells ist Gips, es wurde mit einem Farbspektrum koloriert, das dem Natürlichen sehr nahe kommt. Auf dem schwarzen Sockel ist ein Metallschild angebracht mit der Firmenmarke: Franz Jos. Steger Leipzig.

Um etwas über die Firma Steger und deren Zusammenarbeit mit dem Anatomischen Institut zu erfahren, müssen wir uns nach Leipzig ins letzte Drittel des 19. Jahrhunderts begeben.

4.1 Professor Wilhelm His als Ordinarius in Leipzig

Leipzig ist seit dem Jahr 1409 eine Universitätsstadt. Nachdem bereits 1704 das erste eigenständige Anatomische Theater in einem ehemaligen Kloster auf dem heutigen Augustusplatz der Stadt seinen Betrieb aufnahm, wird im Jahr 1872 Wilhelm His (1831–1904) aus Basel als Ordinarius berufen. His entstammte einer alten Patrizierfamilie und wurde in Basel geboren, 1848 begann er das Medizinstudium in Bern. Die dortigen Verhältnisse entsprachen nicht seinen Ansprüchen und es folgte ein dreisemestriger Aufenthalt in Berlin, wo ihn im Besonderen der Anatom und Physiologe Johannes Müller (1801–1858) prägte. Sein Weg führte His 1852 nach Würzburg, um dort seine Studien weiterzuführen. In dieser Stadt kam er auch mit Rudolf Virchow (1821–1902), dem bekannten Pathologen und Begründer der Zellularpathologie in Verbindung, der ihn zu wissenschaftlichen Untersuchungen des Bindegewebes animierte. Beide verband danach eine lebenslange Freundschaft. Nicht nur Virchow kreuzte seine wissenschaftlichen Wege, auch andere Lehrer beeinflussten seinen Werdegang. Robert Remak (1815–1865), ein Embryologe und Neurophysiologe, weckte in dem jungen His die Liebe zur Embryologie und auch der Anatom Albert von Koelliker (1817–1905) hatte wahrscheinlich an der Entfaltung in diese Richtung maßgeblichen Anteil, so dass sich His immer mehr den theoretischen Fächern zuwandte. Nach dem neunten Semester ging His, wie damals üblich, auf „wissenschaftliche" Wanderung innerhalb Europas. Er besuchte Vorlesungen und Kurse an Universitäten und Kliniken in Prag, Wien und Paris. 1854 kehrte er nach Basel zurück, um sich auf sein Doktorexamen vorzubereiten. Er bestand diese Prüfung nach Ende des 11. Semesters mit summa cum laude und hatte nun die Befähigung zum Praktizieren erlangt. Seine Dissertation vollendete er im darauffolgenden Jahr mit dem Thema „Über die normale und pathologische Histologie der Hornhaut". Ein einjähriger Studienaufenthalt in Paris folgte. 1856 kehrte er nach Basel zurück, um sich schon bald darauf im Wintersemester 1857 zu habilitieren. Damit begann seine Tätigkeit als Hochschullehrer, die fast 50 Jahre andauern sollte (Kurz 1992).

Abb. 4.2 Wilhelm His (1831–1904). Universitätsarchiv Leipzig, Signatur. UAL_FS_N02055. (Mit freundlicher Genehmigung des Universitätsarchivs Leipzig)

Im Herbst 1857 erfuhr das Leben von His eine bedeutende Wende. Georg Meissner (1829–1905), der Inhaber des Lehrstuhls für Anatomie und Physiologie an der Basler Universität, wurde nach Freiburg berufen und bot dem erst 26-jährigem His seine Nachfolge an. In seinen Erinnerungen schreibt His: „Es bedurfte für mich des leichten Sinnes der Jugend, um eine Aufgabe zu übernehmen, die meine Kräfte überschritt. Weder als Anatom noch als Physiologe war ich geschult, und ich hatte nichts in die Waagschale zu werfen, als eine gewisse geistige Empfänglichkeit und den guten Willen, mich in mein Lehrgebiet ernsthaft einzuarbeiten." (His 1965).

Als er 1871 den Ruf nach Leipzig erhielt war er bereits Rektor der Universität Basel (Abb. 4.2).

His begann sein Direktorat im Jahr 1872 am Leipziger Anatomischen Institut. Er folgte damit dem langen Ordinariat von Ernst Heinrich Weber (1795–1878), der seit 1821 diese Stellung innehatte. Das Institut war alt und desolat, sehr beengt und entsprach in keiner

Abb. 4.3 Das Anatomische Institut im Jahr 1876. Universitätsarchiv Leipzig, Signatur UAL_FS_N06637. (Mit freundlicher Genehmigung des Universitätsarchivs Leipzig)

Weise auch nur den geringsten hygienischen Anforderungen. Diese Missstände sollten durch einen Neubau am Rand des Stadtzentrums behoben werden. His, der seit 1872 als Ordinarius der Leipziger Anatomie agierte, berichtete später in seinen Erinnerungen, dass sich die Leipziger Bürger in Institutsnähe durch die Gerüche belästigt fühlten (His 1877). Als Direktor des Anatomischen Instituts oblagen His auch die Gestaltung und die Aufsicht bei dem genehmigten Bau des neuen Instituts in der ehemaligen Waisenhausstrasse, der heutigen Liebigstrasse. Gemeinsam mit dem Architekten Müller (Lebensdaten unbekannt) nahm er diese immense Aufgabe in Angriff. Im April 1875 wurde es eingeweiht und galt zu damaliger Zeit als eines der modernsten Institute Europas, denn His handelte sehr vorausschauend und gestaltete das Institut im Sinne einer wachsenden Studentenschaft. Ein Haus mit großem Mikroskopiersaal, hellen Präpariersälen und einem Hörsaal im Stil der alten Anatomischen Theater wurden realisiert (Abb. 4.3). Allein der stetig wachsenden Sammlung standen insgesamt über 400 m² für die Ausstellung der Objekte zur Verfügung.

His galt als großer Gelehrter, dem besonders die Entwicklungsgeschichte des Menschen am Herzen lag, ebenso galt sein Interesse der Anthropologie, dem Feinbau der unterschiedlichen Gewebe und der topografischen Anatomie. Er schaffte darüber hinaus die Grundlagen zur Vereinheitlichung der anatomischen Nomenklatur im Jahr 1895. Diese umfassende wissenschaftliche Bildung prädestinierte ihn auch, die Gebeine von Johann Sebastian Bach 1894 erfolgreich zu identifizieren (Kästner 2005). Für die Rekonstruktion des Bachkopfes arbeitete er mit dem Bildhauer Carl Seffner (1861–1932) zusammen.

Weiterhin war His bestrebt, seine zu untersuchenden Strukturen auch dreidimensional zu erfassen. Ob dabei Embryonen durch seine Wachsplattentechnik in drei Dimensionen vergrößert wurden oder ob er für wissenschaftliche Fragestellungen die Lagebeziehungen der präparierten Organe zueinander mit dem Abgussverfahren räumlich darstellte, er suchte ständig Antworten auf seine wissenschaftlichen Probleme. In dem Modelleur Franz Steger fand er einen engagierten Mitarbeiter, der ihm bei der Erstellung von Gipsmodellen mit seinem Fachwissen und handwerklichen Geschick zur Seite stand.

4.2 Der Gipsmodelleur Franz Joseph Steger

Es ist wenig über den Gipsmodelleur Franz Joseph Steger (1845–1938) aus Leipzig bekannt. Vielleicht hatte er schon vor dem Amtsantritt von His für das Anatomische Institut gearbeitet. His schreibt im Jahr 1877 in seinem Bericht über die Anatomische Anstalt, dass sich in dem neu erbauten Institut Räume für einen Gips- und Wachsmodelleur befanden; hier konnten sich Künstler trotz laufenden Studienbetriebs ihrer Tätigkeit an den Präparaten widmen (His 1877). Steger fertigte auch Gipsmodelle in seiner eigenen Werkstatt, die sich in einem Mietshaus in der Leipziger Talstrasse befand, keine 5 min vom Institut entfernt. Sein Handwerk musste gut floriert haben, denn er konnte das Haus, in dem sich seine Werkstatt befand, laut Grundbuchauszug am 20. Juli 1878 für 30.000 Mark ankaufen.

Er arbeitete intensiv mit dem Anatomen His, aber auch mit anderen Wissenschaftlern der Leipziger Universität zusammen, das wahrscheinlich auch aus der Nähe seiner Werkstatt zu den Instituten geschuldet war.

Seine Objekte bestechen auch heute noch nicht nur durch seine große Kunst des Modellierens, sondern auch durch die sehr naturnahe Koloration der anatomischen Strukturen. Ein weiteres Merkmal von Steger-Objekten sind schwarz lackierte Sockel, auf denen die Abgüsse montiert sind. Daran findet man seine Messingmarke: Franz Jos. Steger Leipzig (▫ Abb. 4.4).

Die Verwendung von Gips für die Herstellung von Modellen war ein großer Fortschritt gegenüber der sehr zeitintensiven Arbeit mit Wachs oder Pappmaché, aus denen in der Vergangenheit häufig Modelle erstellt wurden. Das Besondere an der Fertigung der Modelle aber war auch die Technik, mit der Steger sie erstellte. Die Darstellungen waren nicht nachempfunden oder frei modelliert, sondern er erstellte Abgüsse von der Oberfläche präparierter Leichname. Die unterschiedlichen Präparationen wurden durch His ausgearbeitet, um wissenschaftliche topografische Fragestellungen zu beantworten, aber wahrscheinlich auch um Anschauungsmaterial für die Studenten zu erhalten. Replikate dieser Formen wurden zu Beginn des 20. Jahrhunderts in großer Zahl unter dem Begriff „His-Steger-Modelle" verkauft. Selbst in Australien und Neuseeland sind diese Objekte heute noch zu finden. Sowohl in der Leipziger Lehrsammlung als auch im Heidelberger Universitätsarchiv befinden sich noch kleine Verkaufskataloge der Firma Steger mit der dazugehörenden Preisliste von 1900 bzw. 1901, was darauf schließen lässt, dass seine Erzeugnisse in größerer Zahl zum Kauf angeboten wurden (► Kap. 2). Wahrscheinlich waren die Interessenten Universitäten und Schulen. Fotos, Katalog und Preisliste wurden dem Leipziger Anatomischen Institut speziell zur Ausstellung in der Lehrsammlung von einer Urenkelin Stegers übergeben, die durch einen Zeitungsartikel auf die in der Sammlung ausgestellten Modelle ihres Urgroßvaters aufmerksam wurde. Georg Steger (1882–1953), der Sohn, führte das Geschäft bis 1950 weiter. Seine Ausbildung genoss er bei dem Leipziger Bildhauer Carl Seffner. Weiterführende Recherchen ergaben keine Anhaltspunkte über eine spätere Existenz dieser Modellierwerkstatt. Bekannt ist nur, dass die Familie Steger vor 1961 in den westlichen Teil

Abb. 4.4 Franz Joseph Steger (1845–1938) in seiner Werkstatt, Steger bearbeitet die Rohform eines Kopfmodells. Bilddatenbank des Anatomischen Instituts der Universität Leipzig. (Mit freundlicher Genehmigung des Anatomischen Instituts der Universität Leipzig)

Deutschlands umgesiedelt ist. Das Haus der Familie in der Talstraße war in der DDR-Zeit dem Verfall preisgegeben und wurde zu Beginn der 1990er-Jahre abgerissen.

4.3 Die His-Steger-Modelle

Die Universitäten, und damit natürlich auch die Anatomischen Institute, hatten im 19. Jahrhundert eine rasante Entwicklung genommen und wissenschaftlich aufstrebend stand auch die Lehre in einem besonderen Fokus. Anatomie – die Lehre vom Aufbau des Menschen – war seit jeher auf die Körper von Verstorbenen angewiesen; an diesen lassen sich die Lagebeziehungen der einzelnen Strukturen zueinander am besten verstehen und begreifen. In der damaligen Zeit gab es noch keine Körperspendeprogramme, die auf der Freiwilligkeit der Spender, ihren Körper der Wissenschaft zur Verfügung zu stellen, beruhen – so wie wir sie heute kennen. Es gab aber gesetzliche Regelungen, die den Bedarf an Körpern absichern sollten. Es wurden Verstorbene an die Institute geliefert, die am gesellschaftlichen Rand standen: Landstreicher, Arme und Mittellose, aber auch Hingerichtete und Menschen, denen niemand eine Bestattung finanzieren konnte.

Eine Ministerialverordnung aus dem Jahr 1874 sollte Abhilfe schaffen, welche besagte, dass Selbstmörder aus großen Teilen Sachsens nach Leipzig überführt werden sollen (Rabl 1909). Ob damit der Bedarf gedeckt werden konnte, ist nicht bekannt. His schrieb, das die Anatomische Anstalt fast nur die Körper von Selbstmördern erhielt und kaum Verstorbene aus den Kliniken (His 1877). Die Leichen wurden für die Präparierübungen der Studenten benötigt, aber genauso für die sich rasch entwickelnden wissenschaftlichen Verfahren. Für die neue, sich im Aufschwung befindliche histologische Technik wurde Gewebe aller Körperregionen benötigt, ebenso für die Gefrierschnitttechnik von Christian Wilhelm Braune (1831–1892), Professor für topografische Anatomie am Leipziger Institut. Er ließ Schnitte durch gefrorene Körper anfertigen, um diese anschließend abzeichnen zu lassen. Diese Abbildungen der Scheiben bildeten die Grundlage für seinen 1867/1868 erschienenen dreibändigen topographisch-anatomischen Atlas. Für die neue Abgusstechnik von His und Steger benötigte man ebenfalls Körper von Verstorbenen. His beschrieb in seinen Publikationen welche Leichname für die Abgüsse genutzt wurden: Es waren junge Verstorbene, Selbstmörder und Verbrechensopfer (His 1903).

Wie es zu der Entwicklung des speziellen Abgussverfahrens kam, ist nicht bekannt. War es das Interesse His an der dreidimensionalen Darstellung topografischer Beziehungen oder wollte er den Studenten in dieser Form Anschauungsmaterial zur Verfügung stellen? Es ist anzunehmen, dass das wissenschaftliche Interesse im Vordergrund stand und sich diese Objekte darüber hinaus als nützliche Studienobjekte erwiesen.

Um Duplikate mithilfe dieser Technik erstellen zu können, war es nötig, das Gewebe vor der Abgussarbeit zu härten. Die in Frage kommenden Verstorbenen wurden deshalb mit Chemikalien „fixiert".[1] His injizierte dazu Chromsäure in das menschliche Gefäßsystem, sie verfügt über härtende Eigenschaften.[2] Um dies zu erreichen, wurde einem Leichnam über die Oberschenkelarterie bei Öffnung der oberflächigen Beinvenen unter einem Druck von 100 mmHg eine 1 %ige Chromsäure injiziert. Die Injektionsmenge betrug je Körper ca. 5–10 l. Das Verfahren war beendet, wenn die injizierte Lösung aus den eröffneten Venen herausfloss. Die Organe behielten nachstehend ihre Form und verblieben in ihrer ursprünglichen topografischen Lage. Nach erfolgreicher Fixierung wurden die Extremitäten vom Körper abgetrennt und der Torso konnte stabil eingegipst werden. Bindfäden, von der Haut mit in das Gipsbett gezogen, halfen dabei das Präparationsgebiet zu stabilisieren.[3] His begann meist

---

1 Formalin, Chromsäure und andere Chemikalien dienen der Fixierung von organischem Gewebe, das heißt, die Feinstruktur der Gewebe wird so verändert, dass sie gegen enzymatischen Abbau geschützt ist, aber auch gegen das Eindringen von außen durch z. B. Fäulnisbakterien und Schimmelsporen. Mit speziell darauf abgestimmten Konservierungslösungen wird dieser „fixierte" Zustand stabilisiert und erhalten. Das Gewebe wird durch diesen Arbeitsschritt gleichzeitig fest.

2 Im Jahr 1894 entdeckte Blum Formalin als Härtungs- und Konservierungsmittel, seither wurde es auch von His bevorzugt. His beschrieb, dass die Ergebnisse der Abgüsse durch den Einsatz von Formalin und damit der Härtung der Präparate unbestreitbare Vorzüge aufweisen würde (His 1903).

3 His schreibt: „Nach vollendeter Injection der Leiche und nachdem die Extremitäten bis auf einen kurzen Stumpf abgeschnitten waren, wurde der Rumpf eventuell mit Einschluss von Kopf und Hals, eingegipst und nun wurde aus der Form soviel herausgesägt als nöthig war, um die beabsichtigte Präparation vorzunehmen. Um das Einsinken der weichen Leibeswandung und das Zurückziehen der Haut nach Durchschneidung zu verhindern, wandte Herr Steger den Kunstgriff an, vor Eingipsen Fäden durch die Haut zu ziehen, deren freie Enden mit der Form sich verbanden und die Haut an jener festhielten. Dies Verfahren hat uns wiederholt gute Dienste geleistet." (His 1878, S. 54).

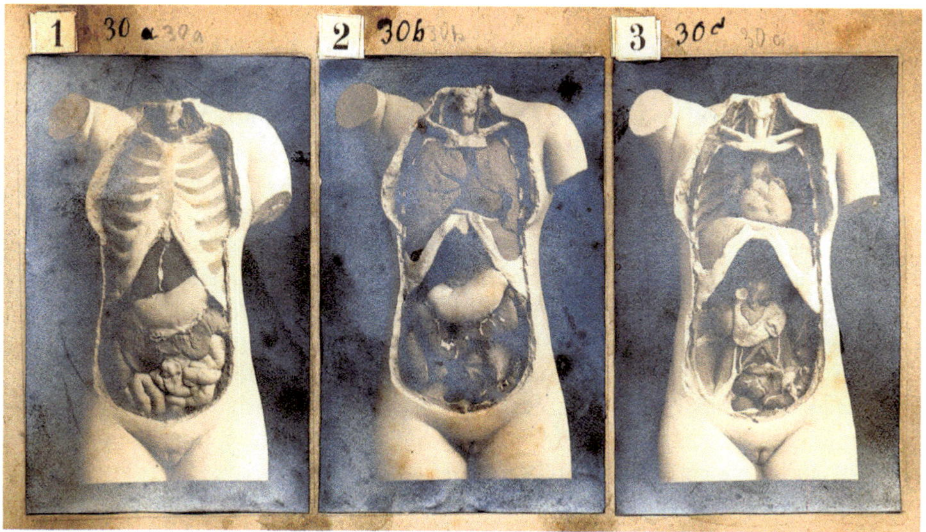

Abb. 4.5 Fotos aus dem Katalog der Firma Steger, erschienen um 1900. Zu sehen ist ein Torso mit Darstellung unterschiedlicher anatomischer Strukturen durch schichtweise Herausnahme von einzeln gearbeiteten Organen. Bilddatenbank des Anatomischen Instituts der Universität Leipzig. (Mit freundlicher Genehmigung des Anatomischen Instituts der Universität Leipzig)

mit der Präparation der oberflächigen Skelettmuskulatur, um darauffolgend tieferliegende Strukturen wie einzelne Skeletteile freizulegen. Nach jedem einzelnen Präparationsschritt wurde nun von Steger ein Abguss genommen. Diese Abgüsse waren letztendlich die Formen für die dreidimensionalen Torsi. Mit dieser Technik gelang es His in Zusammenarbeit mit Steger mehrteilige Serien entstehen zu lassen. In der Leipziger Lehrsammlung existiert zum Beispiel eine Serie, die aus insgesamt sieben Abgüssen besteht. Sie zeigen den Körper eines jungen Mädchens (Abb. 4.5). Die Darstellung beginnt mit der oberflächigen Skelettmuskulatur und endet in den eröffneten Körperhöhlen mit zum Teil entfernten Organen. His veröffentlichte mehrere wissenschaftliche Publikationen auf der Grundlage solcher Objekte. Er untersuchte anhand dieser Modelle die Lage der Eierstöcke im kleinen Becken der Frau, was damals bei den Gynäkologen auf großes Interesse stieß (His 1878). Eine weitere Untersuchung galt der Form des Magens. Die daraus resultierende publizierte Arbeit stützte sich auf achtzehn vorgenommene Magenabgüsse (His 1903). Ein Teil dieser Magenformen befinden sich noch heute im Leipziger, aber auch im Heidelberger Fundus (Abb. 2.4). Eine Besonderheit der His-Steger-Modelle ist, wie bereits zuvor erwähnt, die Koloration. In einer überragenden Qualität ist es Steger gelungen, seinen Objekten eine sehr natürliche Farbigkeit zu geben. Die zarten Gewebsschichten, welche die menschlichen Körperhöhlen auskleiden, ähneln einem dünnen Schleier, ob Blutgefäße oder Knochen, alles ist farblich sehr naturbelassen gestaltet. Diese Modelle haben auch heute neben den vielfältigen Medien im Unterricht ihre Existenzberechtigung beim Lernen. Es sind Abgüsse real existierender Topografie eines Menschen und keine freien Modellierungen, bei denen oftmals die anatomischen Gegebenheiten nicht richtig dargestellt wurden.

Das Leipziger Anatomische Institut besitzt noch heute eine große Anzahl dieser Modelle. Neben den Torsi-Serien sind es Kopfmodelle mit tiefen Gesichtsstrukturen, Modelle des Beckenbodens und Sagittalschnittdarstellungen Schwangerer kurz vor der Geburt. Es wurden aber auch Gehirne in verschiedenen Schnittführungen abgegossen und vervielfältigt.

Werner Spalteholz (1861–1940), der von 1905 bis 1929 am Leipziger Anatomischen Institut als erster Prosektor tätig war, schreibt in seinem Nachruf auf His u. a., dass die junge Generation Mediziner durch die Modelle von His viel leichter klare Vorstellungen von der Form und dem komplizierten räumlichen Ineinandergreifen der Organe erhalten hat: „Wir können uns heute keinen guten Unterricht ohne die His-Stegerschen-Modelle denken." (Spalteholz 1904).

Das Leipziger Institut wurde im Dezember 1943 bei einem Bombenangriff der Alliierten stark getroffen und durch einen anschließenden Schwelbrand wurde auch die umfangreiche Sammlung mit fast allen Objekten vernichtet. Aus einem Brief des ab 1947 amtierenden Institutsdirektors Kurt Alverdes (1896–1959) an die Witwe des 1953 verstorbenen Georg Steger geht hervor, dass die Firma Steger nach dem Ende des Krieges einen Großteil der zerstörten Modelle für das Anatomische Institut wieder herstellen konnte, da die alten Gussformen seines Vaters erhalten geblieben waren.

Bis heute stehen drei Serien der His-Steger-Modelle in der Anatomischen Lehrsammlung, sie bestechen nach wie vor durch ihre farbliche Brillanz (◘ Abb. 4.6). Die Lehrsammlung steht den angehenden Medizinern und Zahnärzten als Rückzugsort zur

◘ **Abb. 4.6** His-Steger-Modell-Serie mit Darstellung der verschiedenen Muskel- und Organschichten. Bilddatenbank des Anatomischen Instituts der Universität Leipzig. (Foto: Tobias Krasselt; mit freundlicher Genehmigung des Anatomischen Instituts der Universität Leipzig)

Abb. 4.7 Blick in die Lehrsammlung des Anatomischen Instituts der Universität Leipzig im Jahr 2005. In der Mitte des Bildes sind His-Steger-Modelle zu sehen. Verschiedene Schichtungen der Körperhöhlen kommen zur Darstellung. Bilddatenbank des Anatomischen Instituts der Universität Leipzig. (Foto: Albrecht Rast; mit freundlicher Genehmigung des Anatomischen Instituts der Universität Leipzig)

Verfügung (Abb. 4.7). Wie in vielen anatomischen Sammlungen werden Führungen für Auszubildende in medizinischen Berufen angeboten, oftmals kommen die Teilnehmer aus Schulen, die über wenig Anschauungsmaterial verfügen. Für diese Schülerinnen und Schüler sind diese Modelle oft die einzige Möglichkeit, die Dreidimensionalität des menschlichen Körpers zu sehen und zu begreifen. Auch Kunststudierende erhalten die Möglichkeit sich mit der menschlichen Anatomie auseinanderzusetzen; sie können sich über Knochen oder Modelle dem Thema nähern und oft entstehen aussagekräftige Skizzen der Modelle.

Durch das Abgussverfahren geben diese historischen Modelle immer noch ein reales Bild der Körperstrukturen untereinander wieder, anders als bei den oftmals nachmodellierten Lehrmodellen entsprechen sie der Natur und haben somit für die Anatomie nichts ihrer Aktualität eingebüßt.

Literatur

His W (1877) Bericht über die anatomische Anstalt in Leipzig. Z Anat Entwicklungsgesch 2:412–441

His W (1878) Über Präparate zum Situs Viscerum mit besonderer Bemerkung über die Form und Lage der Leber, des Pankreas, der Nieren und Nebennieren, sowie der weiblichen Beckenorgane. Arch Anat Phys 1:53-82

His W (1895) Johann Sebastian Bach. Forschung über dessen Grabstätte Gebeine und Antlitz. Bericht an den Rath der Stadt Leipzig. F. C. Vogel, Leipzig
His W (1903) Studien an gehärteten Leichen über Form und Lagerung des menschlichen Magens. Arch Anat Entw Gesch 5:345–367
His W (1965) Lebenserinnerungen und ausgewählte Schriften. In: Ludwig E (Hrsg) Hubers Klassiker der Medizin und der Naturwissenschaften, Bd VI. Hans Huber, Bern/Stuttgart, S 56
Kästner I (2005) Der Anatom Wilhelm His. Ärztebl Sachs 1:35–38
Kurz H (1992) Wilhelm His (Basel und Leipzig) Reihe: Heft 2 Aus dem Anatomischen Museum, Basel
Rabl C (1909) Die Geschichte der Anatomie an der Universität Leipzig. In: Johann AB (Hrsg) Studien der Geschichte der Medizin, Bd 7. Puschmann-Stiftung an der Universität Leipzig, Leipzig, S 101
Spalteholz W (1904) Wilhelm His. Münch Med Wochenschr 22:1–4

Wachsplattenrekonstruktionsmodelle aus der Heidelberger Anatomie

Sara Doll

S. Doll, N. Widulin (Hrsg.), *Spiegel der Wirklichkeit*,
https://doi.org/10.1007/978-3-662-58693-8_5

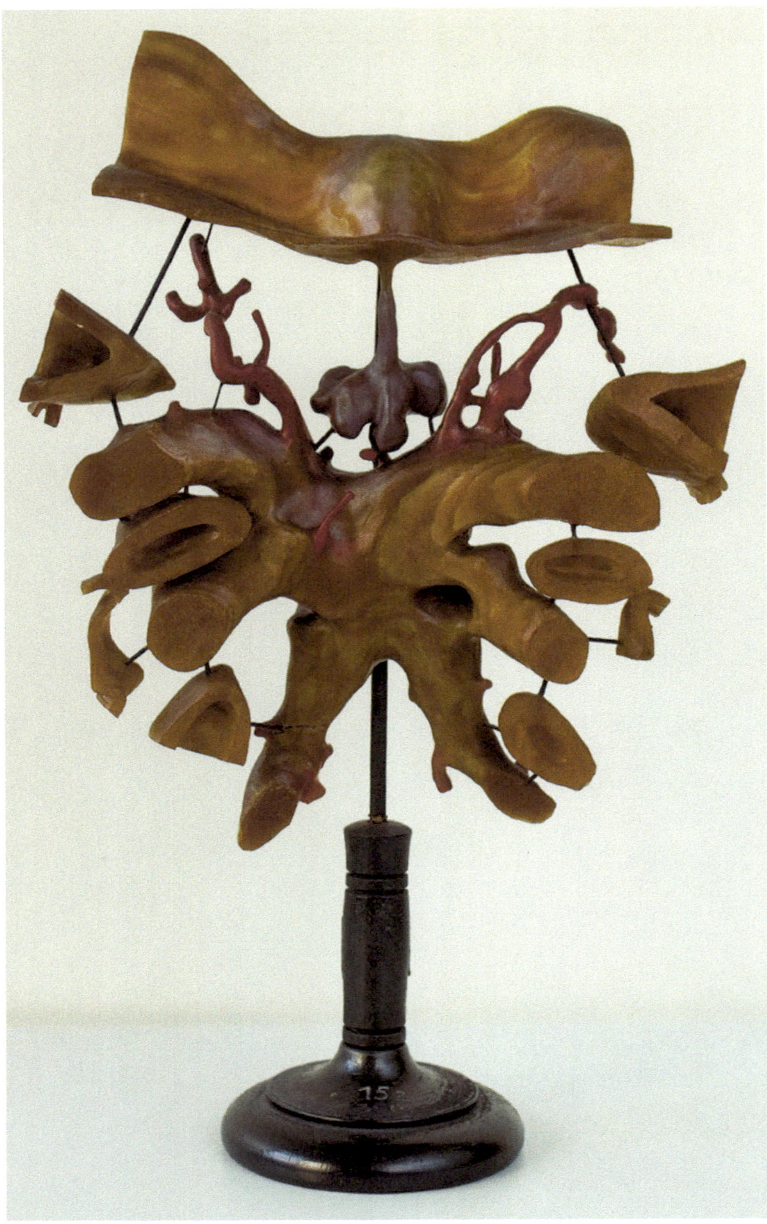

Abb. 5.1 Kallius-Vierling-Modell, 300fach vergrößert mit rekonstruierter Schilddrüsenanlage. Dieses Modell entstand auf der Grundlage von histologischen Schnitten, die durch einen 5,98 mm großen Embryo aus der Sammlung des Wiener Anatomen Ferdinand Hochstetter gelegt wurden. Die *lilafarbene* Struktur markiert die Schilddrüse, die sich darüber befindliche, *horizontale* Struktur stellt den Mundboden dar. Die Strukturen unterhalb und neben der Schilddrüse sind die sich entwickelnden oder in Rückbildung begriffenen Gefäße. Eine Metallstange befestigt das Modell auf dem Fuß. Modellmaße: 31 cm × 26 cm × 7 cm, Wachs, gefärbt; Sockelmaße: 12 cm im Durchmesser, Holz, schwarz lasiert. Signatur WP 34, Standort: Institut für Anatomie und Zellbiologie Heidelberg. (Foto: Sara Doll; mit freundlicher Genehmigung des Universitätsklinikums Heidelberg, Institut für Anatomie und Zellbiologie)

5.1 Die Einführung einer neuen Technik

Auf der ersten Anatomenversammlung, sie fand am 14. und 15. April des Jahres 1887 in Leipzig statt, definierte der Anatom Albert von Koelliker (1817–1905) aus Würzburg in seiner Eröffnungsrede am zweiten Tag der Sitzung Meilensteine der damals aktuellen medizinischen und biologischen Forschung: die Deszendenzlehre, durch Charles Darwin (1809–1882) populär geworden, und die Aufdeckung der „Entwickelungsgesetze" (Koelliker 1887). Hierbei handelte es sich um die Ursachenforschung der Entwicklung des vorgeburtlichen Lebens, das in der Vorstellung einiger Wissenschaftler gleichermaßen mechanisch, einer „Ent-wickelung" gleich, vonstattengehen würde.

Die Entwicklung des vorgeburtlichen Menschen zu erforschen, war eng gekoppelt mit einigen technischen Neuerungen, die es den Forschern ermöglichte, ihnen unsichtbare Strukturen zu entdecken. Im ausgehenden 19. Jahrhundert ermöglichte ein technisch verbessertes Mikroskop, die Zellbeschaffenheit detailliert zu erforschen, Formationen und Anordnungen zu sehen, die sich bis zu diesem Zeitpunkt ihren Untersuchungen entzogen. Aber auch die Schneidetechnik der histologischen Präparate entwickelte sich weiter. Der Leipziger Anatom Wilhelm His (1831–1904) beschrieb im Jahr 1870 die Realisierung eines neuartigen Mikrotoms, das er zusammen mit dem „Genfer Atelier zur Anfertigung physikalischer Apparate" entwarf. Hiermit sah er sich erstmals in der Lage, „... ununterbrochene Schnittfolgen der untersuchten Objecte zu gewinnen." (His 1870). Die Forscher konnten mithilfe dieser bedeutenden Erneuerung histologische Serienschnitte in ihre Lehre und Forschung einbeziehen, die nunmehr eine standardisierte und gleichbleibende Qualität aufwiesen. Diese Schnitte schufen die Grundlage, um nicht nur den Aufbau der Zellen und ihre Zusammensetzung, sondern auch ihre Funktion und die Entwicklung der Lebewesen erforschen zu können.

Auf der Anatomenversammlung referierte selbstverständlich auch der Leipziger Hausherr Wilhelm His, der sich bereits seit Jahren mit embryologischen Fragestellungen beschäftigte. Er verwies selbstbewusst auf seinen Verdienst, die histologische Schneidetechnik revolutioniert zu haben. Bereits 17 Jahre zuvor erklärte His in dieser Veröffentlichung die Motivation, die hinter dieser Innovation stand: „Die Gewinnung plastischer Anschauung durch synthetische Combination von Durchschnittsbilder ist unstreitig ein weiter und mühsamer Umweg, aber er ist nicht zu umgehen überall da, wo die Objecte zu fein sind, um uns ihr Relief unmittelbar zu enthüllen. Wie wichtig aber für solche Reconstructionen plastischer Anschauung [...] die Lückenlosigkeit der Schnitte seien, das wird bald jeder erfahren, der sich die Mühe nimmt, seinen Anschauungen ein einem bildsamen Material in Wachs oder in Ton Körper zu geben." (His 1870). His Einschätzungen sollten sich als richtig erweisen; viele Forscher arbeiteten bald mit dem neuen und zuverlässigen Mikrotom.

Über diesen Aspekt hinaus erklärte der Anatom ausführlich sein methodisches Vorgehen im Modellbau. Mit Bleiblech, Leder oder Korkplatten versuchte er anfänglich, allerdings ohne großen Erfolg, Modelle zu entwerfen. Durch die Hilfe von Adolf Ziegler (1820–1889) erlernte His schließlich den Umgang mit Ton und Wachs. Die gemeinsame Modellreihe über die Entwicklung des Hühnchens legt Zeugnis ab über die erfolgreiche und Jahre dauernde Zusammenarbeit mit der in Freiburg im Breisgau ansässigen Modellbaufirma. Seither bediente sich His (1887) zweier Methoden im Modellbau: der „plastischen Modellierung“ und der „projektiven Konstruktion“ (His 1887). Beide hatten das Ziel, kleine Objekte in vergrößertem Maßstabe abzubilden, um sie analysieren, aber auch demonstrieren und mit anderen Wissenschaftlern besprechen zu können.

Vor der Erstellung eines Modells mussten möglichst korrekte Zeichnungen sowie die Kontur des unzerschnittenen Präparats als auch der daraus angefertigten Querschnitte hergestellt werden. Im Anschluss formte His den Körper freihändig auf Basis der ersten Umrisszeichnung nach, mithilfe eines Tasterzirkels wurden die Strukturen der histologischen Schnitte auf den Querschnittzeichnungen vermessen und korrektiv mit dem Modell verglichen. Die naheliegenden Schwachpunkte dieser Methode, zum Beispiel die mangelnde Darstellung feiner Formen wie Gefäße oder die Ungenauigkeit, erkannte selbstverständlich auch His. Auch konnten nur äußere Formen abgebildet werden, die innere Architektur der Schnitte blieb unangetastet. Daher entwickelte er die zweite und ergänzende Konstruktionsmethode der projektiven Konstruktion, deren Name vielleicht bereits implizieren sollte, dass sie detailliert, technisch korrekt und fehlerarm mikroskopische Strukturen darzustellen vermochte. Im ersten Schritt galt es hier, auf Basis der Querschnitte und zur besseren Orientierung, eine „Profilkonstruktion“ zusammenzustellen. Diese ergab sich aus durchlaufenden Strukturen wie zum Beispiel der Rückenlinie. Der Mediziner erläuterte, dass es durch die Fähigkeit des räumlichen Vorstellungsvermögens und Übung möglich sei, Projektionen, die senkrecht zur Schnittebene liegen, zu Papier zu bringen. Diese Zeichnungen dienten wiederum dazu, das Modell nachzubilden.

Beide Techniken maßen der akkuraten Zeichnung eine große Bedeutung bei. So ist es nicht verwunderlich, dass His nach der Weiterentwicklung des Mikrotoms zusammen mit dem Optiker Eduard Hartnack (1826–1891) auch einen Zeichenapparat entwarf, der „Embryograph“ genannt wurde und wissenschaftlich-korrektes Zeichnen ermöglichte.

Trotz alledem wurde die Modellerstellung nach der His-Technik als zu ungenau betrachtet und durch einige Wissenschaftler zu verbessern versucht. Die wohl bekanntesten unter ihnen waren der in Greifswald tätige Karl Peter (1870–1955), der Breslauer Anatom Gustav Born (1851–1900) und seine Kollegen Alfred Schaper (1863–1905) und Hermann Triepel (1871–1935) (Doll 2008). Seine „Plattenmodelliermethode“ beschrieb Born u. a. im *Taschenbuch der mikroskopischen Technik* (Born 1919). Sie basierte ebenfalls auf Serienschnitten, deren parallele oder senkrechte Schnittrichtung zur Objekthauptachse zu legen sei. Born formulierte neben der Schnittstärke, die etwa 6–20 µm dünn sein sollte, auch die optimale Einbettungs- und Färbetechnik. Die äußere Form der einzubettenden Embryonen (Nasciturus, bis zur 9. Schwangerschaftswoche) oder Föten (Leibesfrucht, ab der 9. Schwangerschaftswoche bis zur Geburt) wurde als Erstes zeichnerisch dokumentiert. Anschließend wurden sie in Paraffin eingebettet und mithilfe des Mikrotoms in Serienschnitte zerlegt. Um zu gewährleisten, dass die einzelnen Scheiben später nicht in falscher Ausrichtung zueinander zusammengebracht wurden, empfahl Born während des Vorgangs der Einbettung auf die Verwendung von richtungsgebenden Markierungen zurückzugreifen. Er beschrieb eng nebeneinander liegende Rillen, die in die Bodenplatte des Einbettungsrahmens gefräst und durch Farbe geschwärzt, dem Wissenschaftler passmarkenähnlich Orientierung bieten konnten.

Nun konnten die relevanten Organstrukturen von den histologischen Scheiben abgezeichnet und vergrößert werden. Im Anschluss übertrug man unter Zuhilfenahme von Blaupapier diese Zeichnungen wiederum auf zuvor gegossene oder gekaufte Wachsplatten. Es war von äußerster Relevanz, dass diese denselben Maßstab wie die zeichnerischen Vergrößerungen haben mussten, um Verzerrungen im späteren Modell zu vermeiden. Mit einem heißen und am besten sehr scharfen, schlanken Messer schnitt man die übertragenen Anordnungen aus den Wachsplatten und klebte sie der Reihenfolge nach – unter Berücksichtigung der noch vorhandenen schwarzen Markierungen – zusammen. Born empfahl, dies in Untereinheiten zu je fünf bis sechs Ausschnitte vorzunehmen. Zu guter Letzt wurden die äußeren Ränder geglättet und bei Bedarf koloriert.

Die Modellerstellung nach Born war also, wie schon die umfangreiche Beschreibung vermuten lässt, eine langwierige. Aber sie ermöglichte es, so seine Meinung, die Erstellung eines Modells an eine nichtwissenschaftliche Laborkraft delegieren zu können, an einen Mitarbeiter, der nicht so künstlerisch begabt sein musste wie jemand, der nach der „Freihand-Modellen“, beschrieben durch His, vorging. So arbeitete Born gerne zusammen mit einem Gehilfen, denn „... – man kann jeden intelligenten Diener dazu abrichten –“, der ihm zur Hand ging und nach seinen Zeichnungen die Strukturen aus dem Wachs schnitt (Born 1883).

5.2 Wachsplattenmodelle in Heidelberg

Mit dem im Jahr 1921 aus Greifswald kommenden Anatomen Erich Kallius (1876–1935) zog die seriell erstellte Wachsplattenrekonstruktion in die Heidelberger Anatomie ein, die Technik sollte bis in die 1970er-Jahre hinein Verwendung finden. August Vierling (1872–1938), der als Präparator für die Histologie eingestellte „Diener“ und gleichzeitig auch Universitätsoberzeichner, sollte Kallius dabei zur Hand gehen. Vierling sollte im Laufe der Jahre diese Technik perfektionieren und über embryologische Vergrößerungen hinaus (◘ Abb. 5.1) auch histologische Schnitte adulter Personen vergrößert als Modell rekonstruieren (◘ Abb. 5.2). Zu einigen Konstruktionszeichnungen des Modells (◘ Abb. 5.3) befinden sich auch noch bearbeitete Fotogramme im Fundus der Universität (◘ Abb. 5.4).

Kallius erforschte die Entwicklung verschiedener Organe des Hals-Kopf-Bereichs. Die noch im Institut vorhandenen 34 Modelle dokumentieren dies anschaulich (► Kap. 6 und 7). Diese Reihe repräsentiert unterschiedliche Entwicklungsstadien von vorgeburtlichen Kindern, die er miteinander vergleichen und beschreiben wollte, um seine Fragen beantworten zu können.

Kallius besaß eine fünf Schränke umfassende Sammlung von embyrologischen Schnittserien. In einem sammelte er Schnitte von Wirbeltieren, unter den insgesamt 31 verschiedenen Tieren befanden sich Amphibien, Fische, Vögel, Katzen, Pferde, Kängurus und Schafe. In einem weiteren Depositorium bewahrte er 55 Serien durch Maulwürfe auf, der letzte Schrank enthielt 137 unterschiedliche Schnittserien durch Schweine, Mäuse und unterschiedliche Zungenpräparat.[1] Auf zwei weitere

1 Inhaltsverzeichnis von Schrank III, Schrank IV und Schrank V. DA 8, Institut für Anatomie und Zellbiologie, Universitätsklinikum Heidelberg.

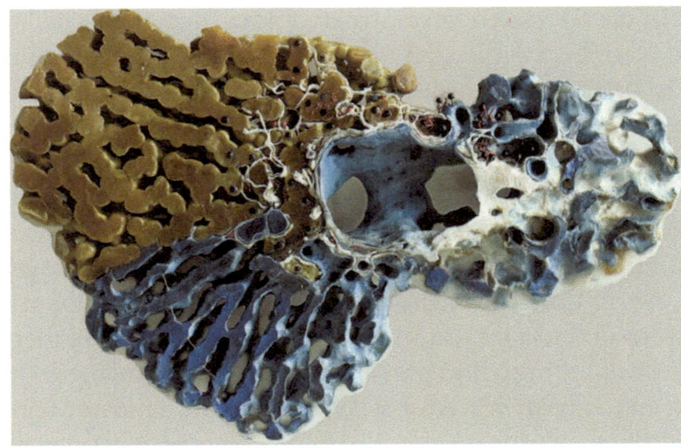

Abb. 5.2 Vierling-Modell, 640fach vergrößerte Wachsplattenrekonstruktion eines histologischen Ausschnitts aus der Leber. Zu sehen ist die Gabelung der Zentralvene, erstellt aus vier bis sieben 10 µm dünnen Schnitten. Blutkapillarnetz: *hellblau*, Leberzellbalken: *gelbbraun*, Kerne der Leberzellen: *schwarz*, Gallenkapillare: *rot*, Gitterfasern: *weiß*. Signatur MW 14, Standort: Institut für Anatomie und Zellbiologie Heidelberg. (Foto: Sara Doll; mit freundlicher Genehmigung des Universitätsklinikum Heidelberg, Institut für Anatomie und Zellbiologie)

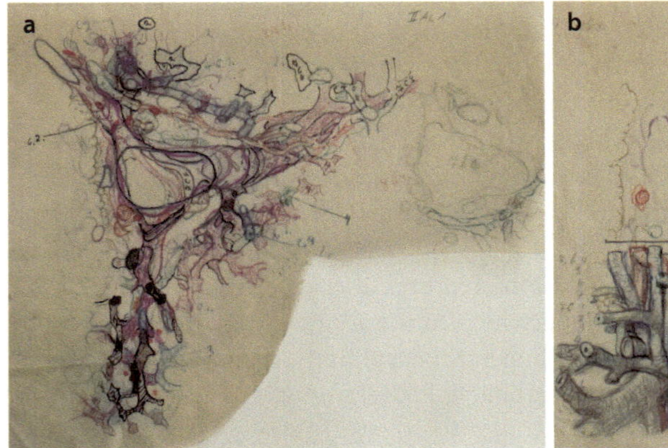

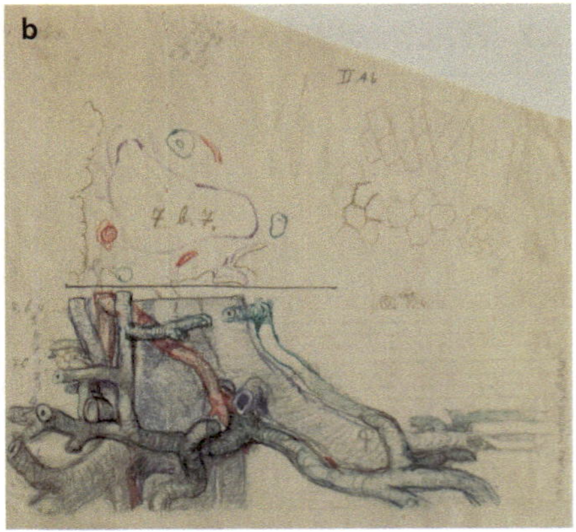

Abb. 5.3 **a**, **b** Skizzen, die August Vierling bei der Fertigung des Wachsplattenrekonstruktionsmodells der Leber erstellte. **a** Umrisszeichnung, die farblich markierte, unterschiedliche histologische Schnittebenen in sich vereinigt. Ansicht der Horizontalebene. Signatur Universitätsbibliothek Heidelberg, HeidHs 4132 II Ac1. **b** Frontalansicht des werdenden Modells, eingezeichnet wurden mit horizontalen Linien die einzelnen Schichten. Signatur Universitätsbibliothek Heidelberg, HeidHs 4132 II Ab. (Mit freundlicher Genehmigung der Universitätsbibliothek Heidelberg)

Schränke aufgeteilt, brachte er zusätzlich als Privateigentum gekennzeichnete 90 Schnittserien von menschlichen Embryonen aus verschiedenen Altersstufen unter.[2] Zum Teil sehr akribisch notierte er zu den Serien, die zum Teil 40 einzelne Platten

2 Verzeichnis der Serien menschlicher Embryonen. DA 7, Institut für Anatomie und Zellbiologie, Universitätsklinikum Heidelberg.

Abb. 5.4 Fotogramm des Vierling-Modells eines histologischen Ausschnitts der Leber aus Abb. 5.2. Signatur Universitätsbibliothek Heidelberg, HeidHs 4132 II B. (Mit freundlicher Genehmigung der Universitätsbibliothek Heidelberg)

enthielten, die Konservierungslösung, das Alter des Kindes, ob es eine Zeichnung oder ein Foto von dem Präparat gab, die Qualität der Scheiben, wer sie erstellte und wie viele Platten jeweils generiert werden konnten. Viele Schnittserien bekam der Heidelberger Embryologe jedoch auch von anderen Embryologen aus Deutschland zur Verfügung gestellt. Mediziner wie Hermann Stieve (1886–1952) aus Halle oder Alfred Benninghoff (1890–1953) aus Marburg verliehen ihre wertvollen Serien zum Zwecke der Untersuchung. Im Gegenzug baten interessierte Forscher wie zum Beispiel der Frankfurter Hirnforscher Hugo Spatz (1888–1969) Kallius um Schnittserien.

Der Zustand der Embryonen oder Föten musste gut sein und sie mussten sich darüber hinaus in dem gewünschten Entwicklungsstadium befinden. Das Netzwerk zwischen den Forschern ermöglichte durch den regen Austausch von histologischen Präparaten allen beteiligten Akteuren die Arbeit an ihren speziellen entwicklungsgeschichtlichen Fragen.

Manchmal wurden die Kinder aber auch im Rahmen einer Obduktion entdeckt, wie der Brief Karl Reuters (1873–1953), Leiter des Gerichtsärztlichen Instituts der Universität Breslau dokumentiert. Reuter, ein ehemaliger Schüler von Kallius, schrieb am 25. April 1935 an dessen Nachfolger Hermann Hoepke (1889–1993) einen Brief, in dem er die im April 1926 von Kallius ausgeborgten Präparate dem Heidelberger Institut überließ.[3] Es handelte sich um insgesamt 67 Platten von 5 Embryonen, die er dem Institut schenkte.

Eine zusammenhängende Serie von 17 Modellen zur Entwicklung der Schilddrüse entstand auf Basis der eigenen Schnittserien, der Großteil der Platten stammte aber von den Wiener Wissenschaftlern Alfred Fischl (1868–1938) und Ferdinand Hochstetter (1861–1954). Die Schnittserien der Embryos BS, Dh, F, Bb, No 3, No 4, No 6, Ha 4, Fr 1, Li 1, E 5 und Peh 3 wurden nach Heidelberg versandt und dort ausgewertet und in Modelle umgewandelt, wieder verkörperlicht.

Zwölf dieser bemerkenswerten Objekte sind noch im Fundus der Universität vorhanden, sie bilden einen Großteil des kulturellen Erbes der Abteilung.

3 Verzeichnis der Serien menschlicher Embryonen. DA 7, Institut für Anatomie und Zellbiologie, Universitätsklinikum Heidelberg.

Literatur

Born G (1883) Die Plattenmodelliermethode. Arch mik Anat 22:599

Born G (1919) Rekonstruktionsmethoden. In: Böhm A, Oppel A (Hrsg) Taschenbuch der mikroskopischen Technik. R. Oldenbourg, München, S 123–132

Doll S (2008) Die Entwicklung der Wachsplattenmodelle. Der Präparator, Bremen, Bd 54, S 90–98

His W (1870) Beschreibung eines Mikrotoms. Arch mikr Anat 6:231

His W (1887) Über die Methoden der plastischen Rekonstruktion und über deren Bedeutung für Anatomie und Entwickelungsgeschichte. Anat Anz 2:382–394

Koelliker A (1887) Eröffnungsrede Anatomentagung 1887. Anat Anz 2:326–345

Embryonale Pluripotenz – Ein Lehrmodell zwischen Forschung, Ökonomie und Unterrichtung

Michael Markert

S. Doll, N. Widulin (Hrsg.), *Spiegel der Wirklichkeit*,
https://doi.org/10.1007/978-3-662-58693-8_6

Abb. 6.1 His-Osterloh-Modell, Embryo am Ende der 4. Woche. Ankauf vermutlich 1929 durch den Lehrmittelhändler Schlüter & Mass aus Halle. Das Modell wurde mithilfe zweier Metallstangen auf dem runden Sockel befestigt. Modellmaße: 65 cm × 53 cm × 28 cm, Gips-Pappmaché, farbig gefasst; Sockelmaße: 60 cm im Durchmesser, Holz, schwarz lackiert. Signatur MG 40, Standort: Institut für Anatomie und Zellbiologie Heidelberg. (Foto: Philip Benjamin; mit freundlicher Genehmigung des Universitätsklinikums Heidelberg, Institut für Anatomie und Zellbiologie Heidelberg)

6.1 Einleitung

Über mehr als 100 Jahre hinweg prägte das Verfahren der Wachsplattenmodellierung, wie es von dem Anatomen Gustav Born (1851–1900) 1877 erstmals erwähnt und in ▶ Kap. 5 beschrieben wurde, die embryologische Forschung. Heute kann man sich kaum noch vorstellen, wie zentral diese Modellbildungstechnik einmal gewesen ist. Tatsächlich aber war es ohne solche körperlichen Rekonstruktionen unmöglich, mikroskopisch kleine, dreidimensionale anatomische Strukturen insbesondere der komplexen Wirbeltiere zugänglich und wissenschaftlich beschreibbar zu machen. Und auch heute noch spielen embryologische Modelle in der universitären Ausbildung eine Rolle, da die komplexen räumlichen Prozesse, die während der Entwicklung ablaufen, anhand von zweidimensionalen Abbildungen nur schwer zu verstehen sind.

Diese Vermittlungsfunktion materieller Rekonstruktionen wurde schon früh in der Geschichte des Bornschen Wachsplattenmodellierungsverfahrens erkannt. So produzierte Adolf (1820–1889) und später Friedrich (1869–1936) Zieglers „Atelier für wissenschaftliche Plastik" in Freiburg um 1900 mehrere Wachsmodelle, deren Urformen nach diesem Verfahren konstruiert und entwickelt wurden. Ihr Haupteinsatzzweck war wie bei allen Zieglerschen Modellen die Hochschulausbildung und der große Erfolg Zieglers zeigt sich an der bis heute weltweiten Verbreitung der bis etwa zur Jahrhundertmitte produzierten Objekte (zu Ziegler vgl. insbes. Hopwood 2002). Aber auch andere Hersteller setzten Borns Modellierungsverfahren für die Herstellung von Lehrmodellen ein, so etwa Paul Osterloh (1850–1929) in Leipzig, der um 1880 mit der Produktion zoologischer Lehrmodelle begonnen hatte und sein Portfolio schnell auf humananatomische Lehrmodelle ausweitete. Im Unterschied zu Ziegler arbeitete Osterloh mit Papiermaché statt Wachs, was – wie zu zeigen sein wird – andere Modelldimensionen und -eigenschaften ermöglichte.

Im Angebot der Firma Osterlohs ragte ein Produkt als materielles, farbenprächtiges und enorm großes Objekt (65 cm × 53 cm × 28 cm; L × H × T) sowie mit einem extrem hohen Preis von 525 Reichsmark bei Markteinführung deutlich heraus: das „His-Osterloh-Modell eines menschlichen Embryos am Ende der vierten Woche. Embryo His Br3, nat. Gr. 9,6 mm" aus Papiermaché. Von diesem Modell, das, wie der Name schon sagt, unter Beteiligung des Leipziger Anatomen und Entwicklungsbiologen Wilhelm His (1831–1904) und unter Verwendung einer seiner histologischen Schnittserien – eben des Embryo Br3 – entstand, existieren derzeit soweit bekannt noch fünf Exemplare. Eines davon ist das vermutlich 1929 über den Hallenser Lehrmittelhändler „Schlüter & Mass" (Doll 2013; zum Lehrmittelproduzenten Schlüter & Mass: vgl. Markert und Bergsträsser 2018) ausgelieferte Exemplar in der Sammlung der Heidelberger Anatomie (◘ Abb. 6.1).

Im Folgenden soll dieses ungewöhnliche Modell, dass auch eine besondere Anwendung der Bornschen Wachsplattenmodellierung darstellt, näher vorgestellt werden. Im Fokus wird dabei stehen, auf welche Weise ein Amateurwissenschaftler wie Osterloh für sich das seinerzeit hochaktuelle Forschungsverfahren ausdeutet und damit zu anderen Ergebnissen kam als Ziegler, von dem ein thematisch vergleichbares Modell vertrieben wurde. Damit wird auch ein finaler Moment der Entstehung einer wissenschaftlichen Disziplin deutlich: Die Transformation von stabilisiertem Wissen – in diesem Fall über embryonale Anatomie – in ein Modell für die Ausbildung nachfolgender Generationen von Wissenschaftlern.

6.2 Osterlohs embryologische Lehrmittel und ihre „Autoren"

Das Unternehmen „Osterloh-Modelle", welches bis heute existiert, wurde 1880 von dem Kunstmaler Paul Osterloh gegründet. Osterloh erwarb Erfahrungen im Papiermachémodellbau als Konstrukteur von Attrappen für die Schaufenster von Konditoreien und als „Scherzartikel" für Hochzeiten. Mit wissenschaftlichem Modellbau begann er am Zoologischen Institut der Kaiser-Wilhelm-Universität zu Berlin (heute Humboldt-Universität), wo er als Präparator angestellt war und nebenbei auch Lehrmodelle für den Institutsbetrieb konstruierte. Am Berliner Zoologischen Institut war man mit seinen Leistungen als Präparator jedoch nicht zufrieden, weshalb Osterloh bald nach Leipzig übersiedelte, um dort Lehrmodelle in Eigenregie zu entwickeln und zu vertreiben (Hackethal und Hackethal 1999). In den ersten Jahren entstanden v. a. Produkte in Gegenstandsbereichen, mit denen er schon an der Berliner Universität Erfahrungen gesammelt hatte, so Modelle diverser Insekten und von Pflanzenkrankheiten (Osterloh 1886). Im frühen 20. Jahrhundert hatte „Osterloh-Modelle" über 30 Mitarbeiter und vertrieb weltweit mehr als 300 Modelle vom Grashalm bis zum menschlichen Torso aus Papiermaché. Es wird bis heute – inzwischen als Einzelunternehmen – in Familienbesitz weitergeführt und produziert seit den 1950er-Jahren vorrangig Pflanzenmodelle (Siehlow 2015).

Im umfangreichsten Katalog in der Unternehmensgeschichte, der im Jahre 1929 unter dem Titel „Modelle der Anatomie, Zoologie, Botanik und Landwirtschaft für den Unterricht an Universitäten und Schulen" erschien, werden im ersten Kapitel zur menschlichen Anatomie gleich zu Beginn unter „A. Embryologische Modelle" insgesamt 25 Modelle gelistet (Paul Osterloh G.m.b.H 1929). Es handelt sich dabei um zwei vierteilige „Sets" zu frühen Entwicklungsphasen in Zusammenarbeit mit dem Leipziger Anatomen Hermann Stieve (1886–1952), eine achtteilige Reihe zur Schneidezahnentwicklung mit dem Zahnheilkundler Balint J. Orban (1899–1960), eine zehnteilige Reihe zur Hirnentwicklung, die in Zusammenarbeit mit dem bedeutenden Wiener Entwicklungsbiologen Ferdinand Hochstetter (1861–1954) entstand, sowie zwei Einzelmodelle: das „Fahrenholz-Osterloh-Modell eines menschlichen Eies" 15 Tage nach Befruchtung gemeinsam mit Curt Fahrenholz (1890–1946) und das hier zentrale „His-Osterloh-Modell" aus Papiermaché. Zu 13 der Modelle, darunter auch das His-Osterloh-Modell, finden sich qualitativ hochwertige Stiche, die teilweise eine halbe Seite des etwa A4-großen Katalogs umfassen (◘ Abb. 6.2).

Auffällig ist im anatomischen und damit auch embryologischen Katalogteil, dass die Entwicklung der Modelle von einem Wissenschaftler begleitet wurde, während Hinweise auf solche Expertisen in den Bereichen der Botanik und Zoologie oft nicht vorhanden sind und schon gar nicht in der Modellbezeichnung verankert wurden. Im Bereich der Anatomie, die auch in der Hochschullehre einen großen Stellenwert hatte, bestand offensichtlich ein höherer Bedarf für Referenzierung und Autorisierung einzelner Modelle, was einerseits auf einen größeren Konkurrenzdruck durch wohletablierte Unternehmen in diesem Marktsegment wie Zieglers Atelier, andererseits aber auch auf die besonderen Anforderungen der ankaufenden Institutionen zurückgeführt werden kann.

Mit His konnte Osterloh einen besonders herausragenden Experten für die embryonale Humanentwicklung in den Reihen „seiner" Modellentwickler vermelden. His hatte nicht nur inhaltlich mit seinen Arbeiten zur Entwicklung von Nervensystem und Gehirn bedeutenden Einfluss, sondern auch mit den von ihm eingeführten Techniken. So etablierte er das Mikrotom als zentrales Werkzeug zur Anfertigung histologischer

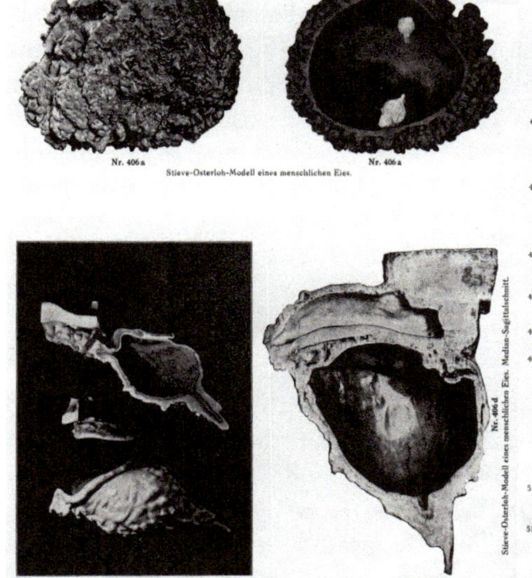

Anatomie.

A. Embryologische Modelle

Stieve-Osterloh-Modell eines menschlichen Eies vom Ende der zweiten Woche nebst den umgebenden Teilen der Gebärmutterschleimhaut. Keimling Nr. 15 (Hugo) der Sammlung Stieve.

406a a) **Ei** (2 Modelle). Vergrößerung 50fach. *Abb. S. 2.*

406b b) **Schleimhautumhüllung des Eies, Eihöhle.** In 4 Teile zerlegbar. Vergrößerung 50fach. *Abb. S. 4.*

406c c) **Keimling.** Dottersack und Markamnionhöhle zum Abnehmen. Vergrößerung 300fach. *Abb. S. 5.*

406d d) **Keimling.** Median-Sagittalschnitt. Vergrößerung 300fach. *Abb. S. 2.*

406a-d a-d) **Das ganze Modell komplett.** Die Modelle sind sämtlich auf Stativ.

402 **Fahrenholz-Osterloh-Modell eines menschlichen Eies (Ho), etwa 15 Tage alt.** Vergrößerung 300fach. Zerlegbar. *Abb. S. 2.* Auf Brettstativ.

Stieve-Osterloh: 4 Modelle eines 4,7 mm langen menschlichen Keimlings bei 90facher Vergrößerung.

516 **Äußere Form.**

517 **Darstellung der einzelnen Organe.** *Abb. S. 5.*

518 **Herz.**

519 **Wandung der Coelomhöhle und Anlage des Zwerchfells.**

392 **His-Osterloh-Modell eines menschlichen Embryos am Ende der vierten Woche.** Embryo His Br. 3. nat. Gr. 9,6 mm. Vergrößerung 100fach. Auf drehbarer Scheibe. *Abb. S. 4.*

466 bis 475 **Hochstetter-Osterloh-Modelle. 10 Modelle zur Entwicklungsgeschichte des menschlichen Gehirnes.** Nach Originalen von Prof. Dr. F. Hochstetter-Wien. Vergrößerungsangaben und Abbildungen siehe unter den einzelnen Nummern.

466 **Gehirn eines Embryos** (Pi 1) von 3,34 mm größter Länge. Vergrößerung 100fach.

467 **Gehirn eines Embryos** (Ha 4) von 4,84 mm größter Länge. Vergrößerung 100fach.

468 **Gehirn eines Embryos** (Li 1) von 6,00 mm größter Länge. Vergrößerung 75fach.

469 **Hälfte des median halbierten Gehirnes eines Embryos** (E 10) von 10,40 mm größter Länge. *Abb. S. 5.*

470 **Gehirn eines Embryos** (No. 1) von 12,84 mm größter Länge. Vergrößerung 50fach.

▫ **Abb. 6.2** Auszug aus dem embryologischen Angebot der Firma Osterloh um 1930 (Paul Osterloh G.m.b.H 1929). (Digitalisat: Michael Markert)

▫ **Abb. 6.3** Zieglers Serie 3: Wilhelm His' Entwicklungsreihe des menschlichen Embryos. Standort: Institut für Anatomie und Zellbiologie Heidelberg. (Foto: Sara Doll; mit freundlicher Genehmigung des Universitätsklinikums Heidelberg, Institut für Anatomie und Zellbiologie Heidelberg)

Serienschnitte und entwickelte eigene Verfahren der räumlichen Darstellung komplexer mikroskopischer Strukturen. Mit Hilfe dieser Methoden konstruierte er aus Blei und später v. a. Wachs in Handarbeit plastische Rekonstruktionen der embryonalen Organentwicklung (Hopwood 2002; Bräuer 2014). Einige davon wurden in Zieglers Freiburger Atelier für wissenschaftliche Plastik in Serie herausgegeben und die von His modellierten embryonalen Entwicklungsreihen sowohl des Hühnchens als auch des Menschen waren an praktisch jedem zoologischen und anatomischen Institut in Deutschland und Europa vertreten und sind dies teilweise heute noch, so auch in Heidelberg (▫ Abb. 6.3).

His hatte also schon einige Expertise im Bereich des kommerziellen, seriellen Modellbaus erwerben können, bevor er sich auf das Projekt zum vierwöchigen Embryo auf Basis der Wachsplattenrekonstruktion mit Paul Osterloh einließ. Mit diesem tritt nun ein Außenstehender, ein Amateur, an eine der Koryphäen der noch jungen Humanembryologie heran und möchte sie für sich und seinen spezifischen Bereich der kommerziellen biologischen Lehrmittelproduktion erschließen. Zweifellos hätte natürlich His selbst für Ziegler einen entsprechenden Entwurf „seines" Embryos Br3 für die serielle Produktion machen können. Zwei wesentliche und nur auf den ersten Blick banale Aspekte jedoch unterscheiden das nun entstehende Modell Osterlohs von denen Zieglers wesentlich: Größe und Material.

6.3 Modelle ganzer menschlicher Embryonen im Vergleich

Im Portfolio Zieglers, wie es sich im ersten Drittel des 20. Jahrhunderts darstellt, kommen zwei wächserne Serien dem His-Osterloh-Modell inhaltlich am nächsten: die auch in Heidelberg vertretene Serie Nr. 3 nach Wilhelm His und Serie Nr. 3a nach Hans Piper (1877–1915) (vgl. zum Ziegler-Portfolio Sommer 1936). Die älteren Modelle von His sind verhältnismäßig klein (maximale Höhe 34 cm) und zeigen in ihrer filigranen, farbig gestalteten Ausführung eine Freilegung bestimmter Organe, wobei das Modell selbst massig bleibt und keinen Tiefenblick erlaubt.

Diese Modellierungspraxis ist typisch für ein Material, dass bei einer dünnwandigen, großflächigen Verarbeitung zum Brechen neigt: Es entstehen kompakte, eher kleine Formen, die eine große Annäherung des Betrachters fordern. Sie eigneten sich bestens für den lebenswissenschaftlichen Lehrbetrieb des 19. Jahrhunderts mit überschaubarer Hörerzahl. Als um die Wende zum 20. Jahrhundert die Studierendenzahlen stiegen, reagierten darauf die Lehrmittelhersteller mit größeren Lehrmitteln und damit einer besseren Fernwirkung. Wachs ist als alleiniges Material dafür nicht geeignet, weshalb es bei Ziegler für größere Modelle auf Metallskelette gegossen wurde. Im Bereich der Embryologie wird dieses Vorgehen an der Serie 3a nach Hans Piper besonders deutlich, die 1902 auf den Markt kam und sich schon auf den ersten Blick v. a. in der Gestaltung deutlich von der kompakten Serie nach His unterschiedet. Wie das ebenfalls sehr große His-Osterloh-Modell und im Unterschied zu den His-Modellen bei Ziegler entstand es unter Einsatz der Bornschen Wachsplattenmodellierung.

Pipers als Serie 3a erschienenes Modell besteht aus mehreren distinkten Teilen, die sich auf einem sehr großen und aufwändigen Stativ aus Metall – es ist drei Mal so tief wie das Modell selbst – gegeneinander versetzen lassen, um parallel zur Außenansicht auch einen quasi mikroskopischen Blick auf die innere Organisation zu erlauben. Diese selbst ist in den einzelnen Anschnitten durch entsprechende Bemalung ebenfalls ausgeführt, außerdem gehören zum Modell zwei weitere Teile, die andere Schnittebenen als die des Hauptobjektes sichtbar machen (Piper 1902). Mit dem Größenzuwachs auf ein Format von ca. 44 cm × 38 cm × 16 cm (H × B × T) und damit eine immerhin ca. 67fache Vergrößerung eines vier Wochen alten Embryos ist auch ein höherer Detaillierungsgrad verbunden, wobei durch die Mehrteiligkeit des Hauptobjekts der Informationsgehalt noch weiter anwächst (▣ Abb. 6.4).

Das Modell Osterlohs ist mit seiner 100fachen Vergrößerung nochmals etwa 50 % größer als Zieglers Serie 3a und damit noch besser geeignet für große Studierendengruppen und Hörsäle. Das von ihm eingesetzte Modellmaterial erlaubt aber nicht nur

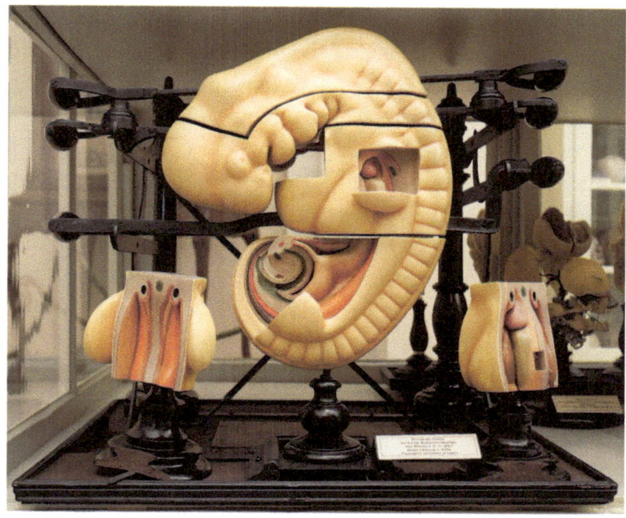

Abb. 6.4 Pipers bei Ziegler unter dem Namen „Serie 3a" erschienenes Modell in der Sammlung der Jenaer Anatomie. (Foto: Michael Markert)

größere Modelldimensionen als Wachs, sondern hat noch weitere Vorteile. So ist Papiermaché weniger stoßempfindlich und damit weniger brüchig, verklebt nicht, erlaubt eine größere Bandbreite an Oberflächengestaltungen und ist – dies ist für den Vertrieb auf einem globalen Markt nicht unerheblich – vielleicht nicht „tropenfest", da es Schadinsekten anzieht, dafür aber unempfindlich gegenüber hohen Temperaturen: Zieglers Modelle verformten sich auf der Weltausstellung in St. Louis 1904 unter Rissbildung durch die Hitze, einer Ausstellung, auf der Osterloh ebenfalls vertreten war und eine Medaille für seine Produkte erhielt (Reichskommissar 1906).

Möglicherweise waren es genau diese anderen Materialeigenschaften, die zur Zusammenarbeit von His und Osterloh beigetragen haben, denn die größeren Gestaltungs- und Anwendungsmöglichkeiten erhöhten auch den didaktischen Spielraum. Osterloh verfügte nicht nur über das entsprechende, über Jahrzehnte erarbeitete Know-how des Papiermachémodellbaus und seiner pädagogischen Ausgestaltung, sondern auch die nötige Flexibilität für ein so anspruchsvolles Projekt wie die Entwicklung dieses Embryomodells. Als Kunstmaler und damit echter Laie im naturkundlichen Modellbau hatte er sich seine Kenntnisse und Fertigkeiten zwar „nur" autodidaktisch angeeignet, galt aber zur Jahrhundertwende als ernstzunehmender, Hochschulen und Museen zu seinen Kunden zählenden Lehrmittelhersteller. Sein wissenschaftliches Verständnis blieb nicht zuletzt wegen des breiten Angebots der Firma dabei beschränkt, konnte er sich doch nicht spezialisieren wie ein Fachwissenschaftler, sondern musste der Blattspreitenform verschiedener Getreidearten, den Mundwerkzeugen von Insekten und eben der menschlichen Embryonalanatomie gleichermaßen Aufmerksamkeit schenken.

6.4 Zwischen Wissenschaft, Handwerk und Didaktik

Dies ist sicherlich der wesentliche Unterschied zwischen der Herangehensweise von Wissenschaftlern wie His oder Piper auf der einen und Modellherstellern wie Osterloh auf der anderen Seite: Erstere entwickelten und bauten embryologische Modelle primär für ihre hochspezifischen Forschungsarbeiten und nur in Ausnahmefällen gingen daraus auch serielle Lehrmodelle mit einem breiten Anwendungsfeld und damit Publikum hervor. So hatte sich Piper als Mediziner intensiv mit dem von ihm beschriebenen Embryo auseinandergesetzt und im *Anatomischen Anzeiger* zwei Jahre vor Markteinführung des Ziegler-Modells eine mit etwa 30 Seiten und zahlreichen Zeichnungen sehr ausführliche Beschreibung „seines" Embryos in der von ihm für Forschungszwecke vorgenommenen Rekonstruktion veröffentlicht (Piper 1900). Auch die Ankündigung des Modells selbst erfolgte prominent im *Anatomischen Anzeiger* mit einer wiederum sehr umfangreichen Beschreibung von 14 Seiten und stellt damit einerseits eine wissenschaftliche Publikation dar, lässt sich zugleich aber auch als Modellbeschreibung für Lehrzwecke lesen (Piper 1902).

Der fünfseitige Begleittext des Modellbauers und Amateurwissenschaftlers Osterloh hingegen ist eben keine wissenschaftliche Abhandlung, keine eigenständige Forschungsarbeit wie Pipers Abhandlung, sondern eine Handreichung für die Lehrkraft, die den anatomischen Kenntnisstand ihrer Zeit kondensiert. Dabei war Osterloh als embryologischer Laie weitestgehend auf sich allein gestellt: Formal mögen beide hier verglichenen Modelle einen wissenschaftlichen Leumund im Namen tragen: dort „nach Piper", hier das „His-Osterloh-Modell". Die Rollen der Wissenschaftler waren jedoch grundverschieden. Während Piper selbst am Modell arbeitete, war His, der schon lange vor Fertigstellung des Modells verstarb, bei Osterloh nur noch in Form seiner Arbeitsergebnisse und damit gewissermaßen als Zitat beteiligt: Zu jedem der 0,01 mm starken 520 Schnitte (Osterloh 1916), die His selbst vom Embryo Br3 erstellte, fixierte und untersuchte, fertigte Osterloh eine 100fach vergrößerte und deshalb 1 mm starke Platte (Osterloh 1916) und stapelte diese in seinem Atelier zu einem Modell. Dabei griff er tief in die Struktur der Schnitte ein und arrangierte die entstehenden Elemente im Urmodell so, dass ein weitgehend zerlegbares Embryomodell entstehen konnte.

6.5 Zerlegbarkeit als konstruktive Innovation

Tatsächlich scheint die Zerleg- und damit Manipulierbarkeit das zentrale Argument für das His-Osterloh-Modell gewesen zu sein, folgt man der Darstellung desselben im damaligen Vertriebskatalog der Firma Osterloh:

„**His-Osterloh-Modell eines menschlichen Embryos am Ende der vierten Woche.** Embryo His Br.3, nat. Gr. 9,6 mm. Vergrößerung 100fach. Auf drehbarer Scheibe. [...] ist infolge seiner weitestgehenden Zerlegbarkeit besonders geeignet, den Studierenden ein plastisches Bild eines vierwöchigen Embryos zu vermitteln. [...] Das Herz und die Leber (beide mehrfach zerlegbar) mit den Umbilikalvenen und ein Teil des teilweise dargestellten Zwerchfelles können abgenommen werden." (Paul Osterloh G.m.b.H. 1929).

Wie die Beschreibung zeigt, erlaubt das Modell durch einen Aufbau aus „Modulen" eine intensive Manipulation und damit auch Auseinandersetzung mit dem Gegenstand. Herz und Leber lassen sich noch weiter zerlegen, um die innere Feinstruktur erläutern zu können (Abb. 6.5).

Mit diesem Vorgehen garantierte Osterloh nicht nur die Sichtbarkeit aller relevanten Teile und Organe an einem einzelnen Modell, sondern bildete erstmalig auch deren Oberfläche vollständig ab – was ein großes Verständnis für die damals noch recht junge

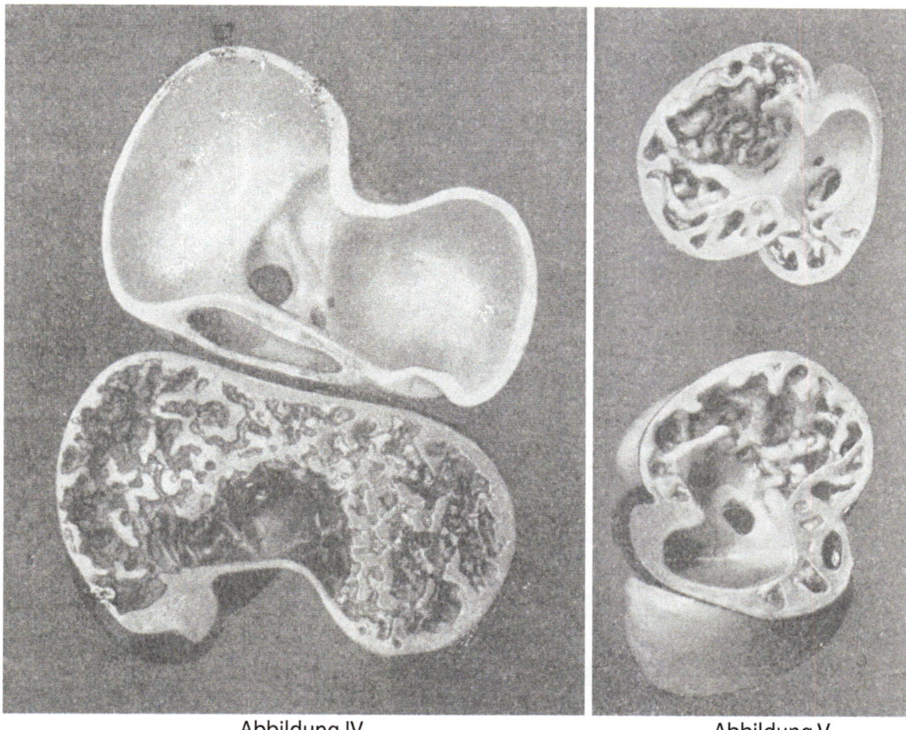

Abb. 6.5 Einblick in die Sonderbeschreibung zu Osterlohs Embryomodell. Zu sehen sind Fotografien des inneren Aufbaus von Leber (*links*) und Herz (*rechts*) (Osterloh 1916). (Digitalisat: Michael Markert)

Humanembryologie voraussetzte. Zur Isolierung der einzelnen Organe und deren innerer Struktur mussten die einzelnen Schnittebenen jeweils aus Dutzenden vergrößerten Platten herausgetrennt und zusammengesetzt werden, um die entsprechenden Formen zu gewinnen.

Pipers Modell mag also mit größerer wissenschaftlicher Expertise entwickelt worden sein, in der didaktischen Ausführung bleibt es hinter dem Osterlohs jedoch weit zurück: Zwar ist durch den Schichtaufbau ein „Einblick" in die innere Organisation des Embryos möglich, dieser folgt jedoch der Darstellungslogik der histologischen Schnittserie, die dem Modell zugrunde liegt. Für solche schichtförmigen kompakten Aufbauten ist Wachs als Modellmaterial unproblematisch, echte Zerlegbarkeit lässt sich aber nur mit Materialien wie Papiermaché herstellen.

Mit dem Materialwechsel wurde es also leicht möglich, sich von visuellen Bezugnahmen auf den Forschungsprozess zu verabschieden, wie sie das Modell Pipers prägen. In Abgrenzung von diesem, für dessen Interpretation einige Erfahrung mit histologischen Schnitten empfehlenswert ist, schuf Osterloh ein Modell, das sich konzeptionell den anatomischen Torsi annähert. Der Entstehungs- und eben auch Forschungsprozess auf Basis der Bornschen Wachsplattenmodellierung wurde dabei anders als im Modell Pipers weitestgehend unsichtbar gemacht.

Inwiefern Wilhelm His mit diesem, mit Blick auf den Lehrmittelmarkt strategisch zweifellos geschickten Vorgehen und dem Ergebnis des Entwicklungsprozesses einverstanden gewesen wäre, lässt sich nicht feststellen, denn wie schon erwähnt konnte er an der Entstehung „seines" Modells praktisch gar nicht beteiligt gewesen sein: Mit der „Sonderbeschreibung" wird das Modell ab 1915 angekündigt und laut Auskunft des heutigen Firmeninhabers Hans-Jürgen Poppe datiert die erste Bestellung für ein Exemplar auf den 10. März 1920, ausgeliefert wurde dasselbe aber erst 3 Jahre später, am 4. März 1923. Abgeschlossen war das Modellierungsprojekt damit ungefähr 20 Jahre nach His' Tod. Schon der enorme Vorlauf bis zur Erstbestellung und die weiteren Verzögerungen bis zur tatsächlichen Auslieferung lassen vermuten, dass die Fertigung mit einem erheblichen Aufwand verbunden war.

In der Sonderbeschreibung heißt es dazu: „Wenn die Vervielfältigung so lange hinausgeschoben wurde, so geschah es in der Hauptsache wegen der dabei zu überwindenden technischen Schwierigkeiten und dann, um eine möglichst praktische Zerlegbarkeit für den Gebrauch im Laboratorium zu erzielen." (Osterloh 1916).

Aus didaktischer Perspektive war der Aufwand für die Zerlegbarkeit aber unvermeidlich: „Wenn auch von vornherein beim Aufbau der Schnitte darauf Rücksicht genommen wurde, daß das Modell in seiner Gesamtheit übersichtlich war, [...] so wäre doch immerhin der praktische Gebrauch ein beschränkter und unvollständiger für ein Auditorium gewesen, da viele Einzelheiten von der großen Masse des Herzens und der Leber verdeckt werden, ja sogar von dem teilweise dargestellten dorsalen Zwerchfell umschlossen sind. Das Modell mußte daher zerlegt werden, selbst auf die Gefahr hin, einige Konzessionen machen zu müssen." (Osterloh 1916).

In diesem Zitat wird auch besonders deutlich, dass ein solcher Modellierungsprozess eben keine stupide Vergrößerung und Abformung schon vorhandenen Wissens ist, sondern eine wirkliche intellektuelle Durchdringung seines Gegenstandes und dessen pädagogischer Relevanz erfordert. Nur so stehen Kriterien für die Entscheidungen zur Verfügung, die dann unter Aufbringung eines großen räumlichen Vorstellungsvermögens umgesetzt werden müssen.

6.6 Motivation und Rahmenbedingungen

Trotz des enormen Aufwandes dürfte der Erfolg des Modells sicherlich nicht zuletzt aufgrund des hohen Preises bescheiden gewesen sein, handelte es sich doch bei dem „His-Osterloh-Modell" um das mit einigem Abstand teuerste Produkt im Sortiment der Firma. Bei einem Einführungspreis von 525 RM um 1920 (Osterloh 1916) liegt der Preis in der ersten überlieferten Preisliste des Unternehmens aus dem Jahre 1939 bei 750 RM. Immerhin noch etwa 200–300 RM weniger kosten zu diesem Zeitpunkt komplexe, zerlegbare Rumpfmodelle (Torsi) in Lebensgröße (Osterloh-Modelle 1939). In einer jüngeren Preisliste aus dem Jahre 1953 wird das Modell mit 1150 DM angegeben, das zweitteuerste Modell im Sortiment ist dann ein verhältnismäßig einfacher männlicher Torso zu einem Preis von 395 DM (Osterloh-Modelle 1953). Bald darauf lief die Serienproduktion des Modells aus. Vielleicht war die Nachfrage nicht mehr gegeben, unterlag doch die Biologie und ihre Vermittlung an Schule und Hochschule gerade in der ersten

Hälfte des 20. Jahrhunderts durch neue Subdisziplinen wie Genetik, Verhaltensbiologie oder auch Ökologie dramatischen Wandlungen (vgl. dazu Bergsträsser und Markert im Druck).

Doch auch ohne das Wissen über die anstehenden, dramatischen Veränderungen erscheint das Projekt heute aus ökonomischer Sicht durchaus fragwürdig. Schon um 1900 waren die Zieglerschen Modelle und insbesondere die Embryoserie von His (Zieglers Serie 3) auch über die Grenzen Deutschlands hinaus weit verbreitet. Piper bemerkte deshalb in seiner Vorstellung der Serie 3a, dass er inhaltlich darüber hinausgehen muss, weil die His-Ziegler-Modelle ja wohlbekannt sind (Piper 1902). Gleichzeitig lieferte er ein fachwissenschaftlich hochwertiges, durchaus auch für den Hörsaalbetrieb taugliches Modell.

Sicherlich war das 1902 erschienene Modell Pipers bei der ersten Kontaktaufnahme von Osterloh mit His mutmaßlich um die Jahrhundertwende noch nicht abzusehen; ebenso wenig auch, dass His kurz darauf verstirbt und Osterloh im Alleingang mit offensichtlich großen konstruktiven Schwierigkeiten kämpfend noch weitere 10 Jahre bis zur öffentlichen Ankündigung brauchen würde. Er begann gerade erst im anatomischen Modellbau Fuß zu fassen. Das breite Sortiment entsprechender (und eben auch embryologischer) Modelle, welches sich im Katalog von 1929 findet, entstand v. a. während der 1920er-Jahre (Poppe 1980).

Die Zusammenarbeit mit His war für Osterloh also ein zentraler Baustein der Unternehmensentwicklung, zumal in einem so modernen bzw. aktuellen Bereich wie der Embryologie. Erst mitten im aufwändigen Fertigungsprozess dürfte das His-Osterloh-Modell also in direkte Konkurrenz zum Ziegler-Modell nach Piper getreten sein, zumal auch Pipers veröffentlichtes Forschungsmodell als Vorlage für die Ziegler-Serienproduktion auf der Wachsplattenmodellierung beruhte. Osterloh setzte das Verfahren jedoch direkt für die Entwicklung des Serienmodells ein und vermutlich war er der erste (und vielleicht auch letzte) „Amateur“, der embryologische Wachsplattenmodelle herstellte. Dabei fand ein doppelter Wissenstransfer statt: einmal von der Forschung in die Lehre und zum zweiten aus der Wissenschaft in die kommerzielle, sich auch an Schulen richtende Lehrmittelproduktion.

Dass dieser Prozess zweifellos nicht reibungsfrei ablief, zeigt auch die Preisbildung: Das fertige Modell, obzwar sehr aufwändig, benötigte sicherlich nicht das Dreifache an Material und Arbeitszeit, wie ein ähnlich komplexer menschlicher Torso. Damit dürfte die Modellentwicklung bis zur Herstellung des Modells für die spätere Serienproduktion maßgeblich für die Preisbildung verantwortlich sein – und zwar in einem Umfang, der mit keinem anderen Modell des Osterloh-Sortiments vergleichbar ist.

Für diese Entwicklungsleistung, die v. a. für die Zerlegbarkeit benötigt worden zu sein scheint, zahlt Osterloh einen hohen Preis: Um 1900 spiegelten – das wird an Pipers Modell besonders deutlich – solche Lehrmittel den aktuellen Forschungsstand und symbolisierten damit einen hochmodernen Zweig der Lebenswissenschaften. Sie zu besitzen und zu nutzen war damit ein Zeichen dafür, am Puls der Wissenschaftsentwicklung zu sein. Noch ist die Beschreibung eines einzelnen, jungen Embryos einen Aufsatz wert und das Wissen über embryonale Anatomie hochgradig dynamisch. Als jedoch das erste His-Osterloh-Modell im Jahre 1923 endlich ausgeliefert wurde, war der symbolische Wert des Modells deutlich gesunken. An den

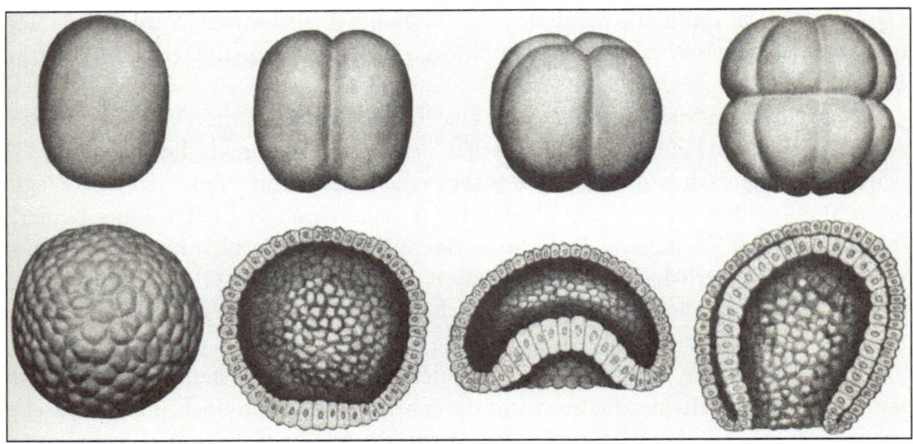

Abb. 6.6 Modellreihe des Lanzettfischchens in Schlüters Jubiläumskatalog No. 290 von 1928. (Digitalisat: Michael Markert)

Universitäten hatte der experimentelle Teil der Entwicklungsbiologie gegenüber der Embryologie stark an Bedeutung gewonnen und eine einfache Modellreihe zur Entwicklung des befruchteten Eis des Lanzettfischchens (Abb. 6.6), wie sie sich bis heute an vielen Schulen findet, war dafür bedeutungsvoller als komplexe, großformatige und kostenintensive Modelle der menschlichen Embryonalentwicklung von Ziegler oder Osterloh.

6.7 Fazit

Die wissenschaftliche wie ästhetische Qualität der Modelle zur menschlichen Individualentwicklung blieb durch Veränderung von Forschungs- und Lehrschwerpunkten weitestgehend unbeeindruckt. Bis heute gehört deshalb His' Serie 3, die übrigens weiterhin vom Rechtsnachfolger Zieglers, der Firma SOMSO in Sonneberg und Coburg bezogen werden kann, zum festen Bestand einer traditionsreichen anatomischen Schausammlung, so eben in Heidelberg oder auch Jena, wo sich noch ein Exemplar von Pipers Serie 3a befindet, die von SOMSO ebenfalls neu aufgelegt wurde. Wer sich seinerzeit den Luxus erlaubte, ein Modell nach Piper oder wie Heidelberg das „His-Osterloh-Modell" zu erwerben, machte nicht nur auf herausragende Weise die Anatomie menschlicher Embryonen sichtbar. Er erwarb zudem einen materiellen Knoten- und Ankerpunkt, an dem die Fäden einer komplexen, seinerzeit hochaktuellen Wissenschaftsentwicklung zusammenliefen.

Vielleicht werden diese Objekte nicht an allen Standorten derzeit in der Lehre eingesetzt, zeigen aber überall nicht nur die Ursprünge des derzeitigen Forschens und Wissens an, sondern auch die Langlebigkeit bestimmter Methoden wie der Wachsplattenmodellierung, deren Prinzip auch den modernsten virtuellen Computermodellen embryonaler Strukturen zugrunde liegt.

Literatur

Bergsträsser L, Markert M (2018) Präparate im Unterricht. Zur schulischen Relevanz der Firma Schlüter und ihres Lehrmittelangebots in Vergangenheit und Gegenwart. Vernate 37:5-21

Bräuer S (2014) Zur Plastizität heuristischer Modellierung: Wilhelm His' embryologische Modelle aus Blei, Gummi und Wachs. In: Ludwig D, Weber C, Zauzig O (Hrsg) Das materielle Modell. Objektgeschichten aus der wissenschaftlichen Praxis. Wilhelm Fink, Paderborn, S 243–251

Doll S (2013) Lehrmittel für den Blick unter die Haut. Präparate, Modelle, Abbildungen und die Geschichte der Heidelberger Anatomischen Sammlung seit 1805. Dissertation, Universität Heidelberg

Hackethal S, Hackethal H (1999) Modelle als Zeugnisse biologischer Forschung und Lehre um 1900. Neuzugänge in der Historischen Arbeitsstelle des Museums für Naturkunde Berlin. In: Geus A, Junker T, Rheinberger H-J et al (Hrsg) Repräsentationsformen in den biologischen Wissenschaften. Verlag für Wissenschaft und Bildung, Berlin, S 177–190

Hopwood N (2002) Embryos in wax. Models from the Ziegler studio. Cambridge University Press, Cambridge

Markert M, Bergsträsser L (2018) Schlüter. Biologische Lehrmittel aus Halle für den Weltmarkt. Saale-Unstrut-Jahrb 23:119–132

Osterloh P (1886) Verzeichniss der zoologischen Modelle. Berlin

Osterloh P (1916) Modell des menschlichen Embryos am Ende der vierten Woche. Leipzig

Osterloh-Modelle (1939) Preisliste zu dem Kataloge Osterloh-Modelle der Anatomie, Zoologie, Botanik und Landwirtschaft. Leipzig

Osterloh-Modelle (1953) Preisschlüssel zu dem Kataloge Osterloh-Modelle. Leipzig

Paul Osterloh G.m.b.H. (1929) Modelle der Anatomie, Zoologie, Botanik und Landwirtschaft. Leipzig

Piper H (1900) Ein menschlicher Embryo von 6,8 mm Nackenlinie. Arch Anat Entw:95–132

Piper H (1902) Ueber ein im ZIEGLER'schen Atelier hergestelltes Modell eines menschlichen Embryos von 6,8 mm Nackenlinie. Anat Anz 21:531–544

Poppe (1980) Unternehmensgeschichte zum 100. Firmenjubiläum. Typoskript, Firmenarchiv Osterloh

Reichskommissar (1906) Die Deutsche Unterrichtsausstellung auf der Weltausstellung in St. Louis 1904. Sonderabdruck aus dem Amtlichen Berichte des Reichskommissars, Berlin

Siehlow C (2015) Natur, Kunst, Handwerk. Das Modell einer Apfelblüte. In: Markert M (Hrsg) Naturdinge. Lehre am Objekt in Botanik und Zoologie. VDG, Weimar, S 70–80

Sommer M (Hrsg) (1936) Modelle von Friedrich Ziegler. Sonneberg

Zirkulationsprozesse – Ein Modell zur Entwicklung der Schilddrüse, der Austausch von Forschungsmaterial und lokale Tugenden der Modellbildung

Birgit Nemec

S. Doll, N. Widulin (Hrsg.), *Spiegel der Wirklichkeit*,
https://doi.org/10.1007/978-3-662-58693-8_7

7

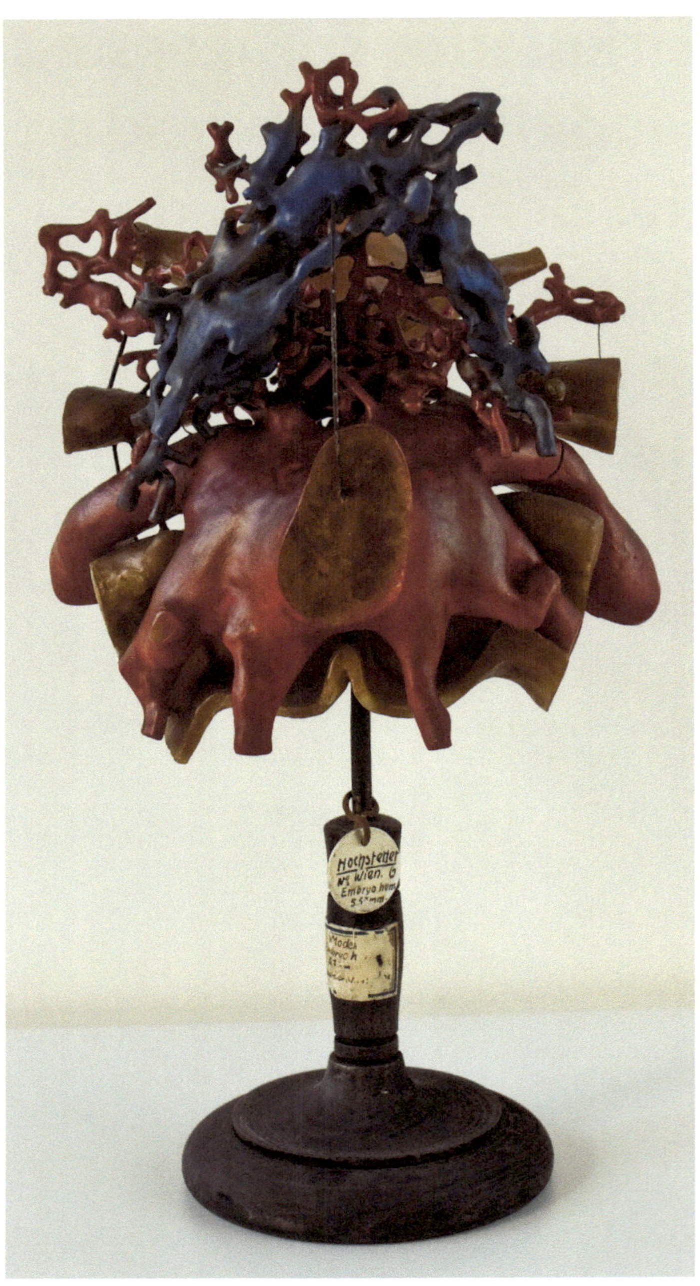

Abb. 7.1 Kallius-Vierling-Modell, Schilddrüsenentwicklung mit umliegenden Gefäßen, ohne Jahresangabe (um 1930). Das Wachsplattenrekonstruktionsmodell ist mit einem Metallstab in einem Holzfuß verankert, der den Vergrößerungsgrad und eine alte Ordnungsnummer trägt. Eine Zeichnung (Abb. 7.2) gibt Auskunft über den Entstehungshintergrund des Modells. Modellmaße: 23 cm × 23 cm × 16 cm, Wachs, farbig gefasst; Sockelmaße: 12 cm im Durchmesser, Holz, schwarz lasiert. Signatur WP 28, Standort: Institut für Anatomie und Zellbiologie Heidelberg. (Foto: Sara Doll; mit freundlicher Genehmigung des Universitätsklinikums Heidelberg, Institut für Anatomie und Zellbiologie Heidelberg)

In der Anatomischen Sammlung der Universität Heidelberg befindet sich heute ein handgefertigtes Modell aus Wachs, das die Entwicklung der Schilddrüse darstellt (◘ Abb. 7.1). Das Modell misst 24 cm × 24 cm × 11 cm, es handelt sich um ein Einzelstück einer Serie, hergestellt um 1930. Über das damals 17-teilige Ensemble, von dem heute noch 12 Teile erhalten sind, sollte gezeigt werden, wie sich die Schilddrüse in frühen Entwicklungswochen in Beziehung zu ihrer unmittelbaren Umgebung entwickelt. Über die Wachsplattenmodelle, die den oberen Teil des Embryos von vorne abbilden, wurde also argumentiert, wie die Schilddrüse in ihrer entwicklungsgeschichtlichen Wanderbewegung vom mundseitigen Abschnitt des Vorderdarms in Richtung Hals mit den umliegenden Strukturen in Beziehung steht und wie sie speziell mit den Blutgefäßen interagiert. Die schön gearbeiteten und kräftig kolorierten Wachsteile lassen den Plattenaufbau nur mehr bei genauem Hinsehen erahnen; sie sind mit Metallstäbchen verbunden, was ein freies Schweben der in Wachs gearbeiteten Strukturen suggeriert. Das Modell wurde, wie der Großteil der Modelle am Lehrstuhl von Erich Kallius (1867–1935), in Zusammenarbeit mit dessen künstlerisch-technischem Zeichner August Vierling (1872–1938) erstellt. Dem kunstvollen Modell liegt eine hochwertig gearbeitete kolorierte Zeichnung bei (◘ Abb. 7.2). Dort erfahren wir anhand eines kurzen Textes auf der Rückseite der Zeichnung, dass das Modell auf Basis des 5,57 mm großen Präparats, des in der Zenkerschen Lösung fixierten, in Paraffin eingebetteten und frontal geschnittenen Embryos No 6 des in Wien tätigen Anatomen Ferdinand Hochstetter (1861–1954), gefertigt wurde. Hochstetter hatte als Ordinarius am Zweiten

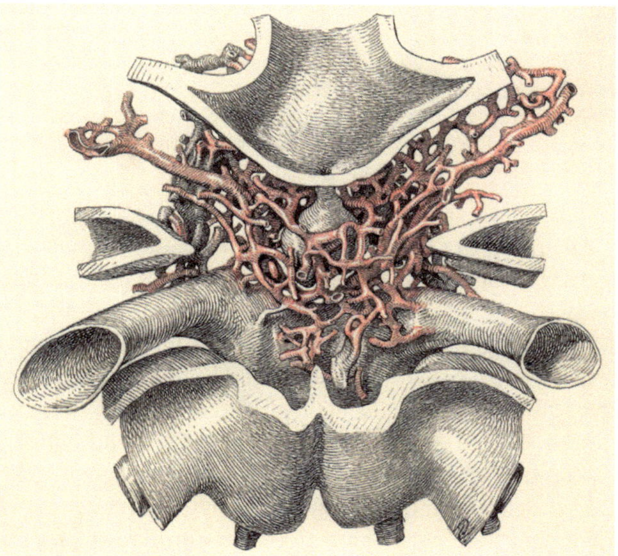

◘ **Abb. 7.2** Zeichnung des Modells zur Schilddrüsenentwicklung, ohne Jahr. Über den umseitigen Text („Schilddrüsenanlage mit Kapillaransatz umspannend. Tuberculum impar. Nach Plattenmodell von A. Vierling 300×. Gezeichn. bei 6/10 d. Modells = 180fachvergr.") wird erfahren, dass das Modell auf Basis der histologischen Schnitte des Embryos No 6 (5,57 mm SSL, 10.–11. Entwicklungswoche) von Ferdinand Hochstetter gefertigt wurde. Universitätsarchiv Heidelberg (UAH), Nachlass August Vierling, HeidHs-4132-I-A-b-9. (Foto: Sara Doll; mit freundlicher Genehmigung des Universitätsarchivs Heidelberg)

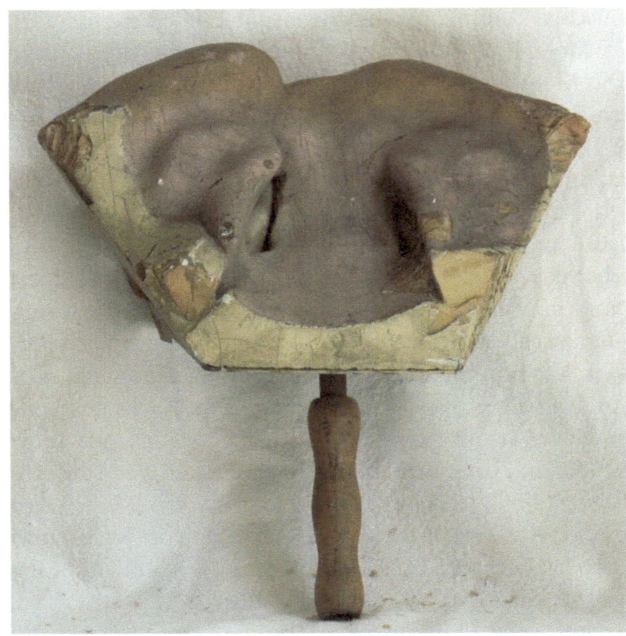

■ **Abb. 7.3** Wachsplattenmodell zur Entwicklung des Mundbereichs, ohne Jahr (ca. 1920–1930). Das Modell stellt den Mundbereich eines Embryos in starker Vergrößerung dar, um die Formveränderung dieses Bereichs in den ersten Entwicklungswochen des Menschen sehen und verstehen zu können. Hinweise auf die in der Modellproduktion verwendeten Präparate fehlen, doch ist davon auszugehen, dass das Modell ursprünglich entsprechend beschriftet war. An einigen Stellen ist das Modell beschädigt, wodurch sein Aufbau sichtbar wird: Das Modell ist aus Wachsplatten aufgebaut und anschließend lackiert. Der Griff an der Unterseite ermöglicht es, das Objekt von unterschiedlichen Seiten zu studieren, im Kollegium sowie im Hörsaal vorzuzeigen und Fotos davon zu machen. Maße: 30 cm × 20 cm, Höhe (mit Griff): 40 cm. Anatomisches Institut Wien. (Foto: Birgit Nemec; mit freundlicher Genehmigung des Anatomischen Instituts Wien)

Lehrstuhl für Anatomie der Universität Wien eine umfangreiche embryologische Sammlung angelegt. Auch hatte er zu dem Embryo No 6 in seiner Sammlung publiziert (Hochstetter 1919, S. 6). Auch in Wien wurden, wie an zahlreichen anatomischen Lehrstühlen, Modellserien etwa zur Entwicklung des Blinddarms und des Magens erstellt. Erstaunlicherweise handelt es sich dabei um rohe, große Gebilde aus geschichteten Wachsplatten, die an beschädigten Stellen sichtbar werden. Diese sind monochrom mit einem Farbanstrich in hellgrau oder rosé überzogen und haben selbstgefertigte, provisorisch wirkende Steher oder Griffe, manche tragen handgekritzelte Notizen (■ Abb. 7.3). Dieser Beitrag folgt der Spur, die durch Quellennachweise auf den Objekten gelegt wurden, und fragt nach den materiellen Zirkulationsprozessen und lokalen Zugängen, Grundhaltungen und Ansätzen – man könnte mit Daston und Galison von epistemischen Tugenden sprechen (Daston und Galison 2007), die mit anatomischem Modellieren verbunden waren.

Dass in der neueren Geschichte der Wissenschaften wertvolle, weil seltene Präparate unter Kollegen zirkulierten, stellte eine übliche Praxis dar. Wie Staffan Müller-Wille untersuchte, wurden bereits im 17. und 18. Jahrhundert „nicht nur mehr Dinge in

Sammlungen akkumuliert [...] sondern auch immer mehr Dinge unter Sammlungen bzw. Sammlern ausgetauscht." (Müller-Wille 2001 mit Referenz auf Pomian 1990). Nick Hopwood zeigte für die Embryologie, dass speziell in diesem Forschungsbereich auf Grund der begrenzten Verfügbarkeit von Untersuchungsmaterial der Austausch von histologischen Schnitten und Forschungsmodellen nachgerade erforderlich war (Hopwood 2002). Um seine histologischen und vergleichend embryologischen Interessen als Ordinarius in Heidelberg (1921–1935) verfolgen zu können, trat auch Erich Kallius in diesen Zirkulationsprozess ein. Sein Heidelberger Institut bezeichnete er in einem Geldgesuch an das Ministerium für Kultus als das „deutschlandweit schlechtest [sic] ausgestattete" Anatomische Institut.[1] Präparate, Fotos von Präparaten und von Modellen, zahlreiche davon aus Wien, dienten Kallius und Vierling als Vorlage für die Fertigung von Skizzen und Modellen.[2]

Mit Ferdinand Hochstetter verbanden Kallius neben gemeinsamen Forschungsinteressen Positionen in inneren Reformkämpfen der Anatomischen Gesellschaft.[3] Die Forscher standen in engerem Briefkontakt, sie agierten als Verbündete und teilten zudem weltanschaulich politische Ansichten.[4] Hochstetter war als Wissenschaftler etablierter, er hatte Einfluss innerhalb der Fachgesellschaft[5] und eine umfangreiche Sammlung an Forschungsmaterial, die auf seinen guten Kontakten zu den zahlreichen Kliniken der Stadt basierte – ehemalige Schüler versorgten ihn als Assistenz- und Oberärzte an gynäkologischen Abteilungen und Kliniken mit unversehrten, chirurgisch gewonnenen Embryonen (Hochstetter 1919, S. 4–6).[6] Zudem stand Hochstetters Lehrstuhl eine überdurchschnittliche technische Infrastruktur zur Verfügung, die der gut situierte Sohn eines Fabrikbesitzers zu einem gewissen Teil selbst finanziert hatte. In einem Schreiben bewundert Kallius Hochstetter beispielsweise für dessen herausragend guten, aber für Heidelberg in der Anschaffung zu teuren Aufnahmeapparat, mit dem aussagekräftige Fotos von Präparaten hergestellt werden konnten.[7] Doch zeigt der Vergleich der Wachsplattenmodelle an Kallius und Hochstetters Lehrstühlen zudem, wie lokale Tugenden des Modellierens Visualität und Haptik der Modelle beeinflussten.

Zum Zeitpunkt des Entstehens des eingangs abgebildeten Modells zur Entwicklung der Schilddrüse hatte August Vierling die visuelle Kultur des Heidelberger Lehrstuhls

---

1 Schreiben Kallius an das Ministerium für Unterricht, 16.10.1930, UAH, B-6414/2.

2 Vgl. Nachlass August Vierlings, wo die den Zeichnungen und Modellen zugrundeliegenden Materialien belegt sind, darunter Präparate Hochstetters (Auswahl: Hie 1, Ha 18, Peh 8, E 18, Pic 1, E5, No 3) und Fotos von Plattenmodellen Alfred Fischels (1868–1938; Embryologisches Institut Wien). UAH, Heid-Hs-4132 V A a-l; Heid-Hs-4132 V B a 1-3; Heid-HS 4132 I B a-b.

3 Siehe die Korrespondenz zwischen Hochstetter und Kallius im Nachlass Hochstetters, speziell aus dem Jahr 1932 in Josephinum; Sammlungen der Medizinischen Universität Wien, Archivaliensammlung (in Folge: MUW-AS).

4 Schreiben Ferdinand Hochstetter an Deutscher Mediziner-Verein, o. D., MUW-AS-2774-32. Schreiben Erich Kallius an Ferdinand Hochstetter, 20.04.1933, MUW-AS-2773; Kallius 1924; vgl. auch Grundmann 2008, S. 152–153 und 162.

5 Hochstetter stand der 1886 als Sektion der Deutschen Gesellschaft für Naturforscher gegründeten Anatomischen Gesellschaft 1920–1924 als Präsident vor und war später Ehrenpräsident.

6 Vgl. auch Hochstetter Ferdinand (1934) Mein Lebenslauf. Typoskript, 37 Seiten, 35. Kopie im Besitz der Verfasserin, die Katarina Noever für die freundliche Überlassung dankt.

7 Schreiben Kallius an Hochstetter, 22.05.1939, MUW-AS-2774-1.

bereits nachhaltig geprägt. Das Skizzieren im Forschungsalltag, die Modellfertigung mitsamt der zeichnerischen Vorstufen in Bleistift, Tusche und Wasserfarbe, die Analyse der Modelle mittels Röntgenbildern und das Weiterverarbeiten und Retuschieren von Fotografien oder die Übersetzung mancher Modelle in Publikationen – das alles wurde ab 1908, anders als in Wien, nicht von wissenschaftlichen Assistenten erledigt, sondern von einem Künstler mit einem festen Anstellungsverhältnis.[8] „Wir alle im Institut, vom Ältesten bis zum Jüngsten, haben bei ihm sehen gelernt", liest man in einem Nekrolog über Vierling (Hoepke 1976). Speziell Kallius, der eine starke künstlerische Neigung hatte, förderte Vierling, wie Nachlassmaterialien belegen, in dessen Methode eines eigenständigen künstlerischen Forschens (vgl. auch Doll 2017). Vierling exzerpierte Fachliteratur, untersuchte Präparate, Fotos von Präparaten und von Modellen mit visuellen Mitteln und setzte seine Schlussfolgerungen in Zeichnungen und Modellen um.[9] Über die Schilddrüse notierte er sich beispielsweise: „So etwas ähnliches spielt sich auch bei der Entwicklung der Schilddrüse ab, wie ich mir dieselbe vorstelle."[10] „Wenn er sich mit dem Mikroskop nicht genügend Klarheit verschaffen konnte, fertigte er Modelle an und ruhte nicht, bis ihm alle Einzelheiten verständlich waren", schreibt ein damaliger Kollege über ihn und ergänzte, sie wären häufig „viel schöner und vielseitiger" gewesen, als erwartet (Hoepke 1976). Die Modelle verschafften Vierling eine gewisse lokale Bekanntheit, zudem zeigte er sie 1934 auf der Anatomenversammlung in Würzburg. Eine in Zusammenarbeit mit Hermann Braus (1867–1924) entstandene Modellserie zur Gehirnentwicklung bei Friedrich Ziegler (Serie Nr. 4b) erreichte zudem die Öffentlichkeit weit über die Institutssammlung in Heidelberg hinaus.

Schönheit und Wahrheit stellten aus Sicht vieler Anatomen zu Beginn des 20. Jahrhunderts, wie Hopwood zeigte, unvereinbare Attribute dar (Hopwood 2007, S. 279). So auch am Lehrstuhl Hochstetters, wo jegliche Formen einer ästhetisch-künstlerischen Anreicherung der Auffassung von Wissenschaftlichkeit widersprachen. Vergleichsweise lange, noch um 1930, galt hier das Ideal der Naturtreue durch mechanische Objektivität und objektive Referenzsysteme als epistemische Tugend, was eine scharfe Trennlinie zwischen Wissenschaft und im weitesten Verständnis „öffentlichen" oder „künstlerischen" Bereichen implizierte (Daston und Galison 2007, S. 171–172).[11] Die Aufgabenbereiche der Anatomen auf der einen und der Zeichner und Handwerker auf der anderen Seite wurden strikt getrennt. Skizzen und Modelle erstellten die Anatomen selbst mit dem eingangs beschriebenen Ergebnis: sachliche, schmucklose, wenig beständige Modelle, die als Teile der Institutssammlung den Forschern selbst als Referenzsystem zur Verfügung standen und gelegentlich in der Lehre Einsatz fanden.[12] Es ist wichtig zu be-

7

8 Teilnachlass August Vierling, UAH, Heid-Hs-4132 I E a–b.

9 UAH, HeidHS 4132 I F b 1–15.

10 UAH, HS 4132 I Fe 2. Zur engen wissenschaftlichen Zusammenarbeit von Kallius und Vierling vgl. auch den Entwurf eines Vorwortes zu Kallius unveröffentlichtem Handbuch der vergleichenden Anatomie und die Entwicklung der menschlichen Zunge. UAH, Heid-Hs 4132 I F e 1–3.

11 Vgl. Daston und Galison, die die Geschichte der wissenschaftlichen Objektivität rekonstruiert und gezeigt haben, dass manche Anatomen noch in den späten 1920er-Jahren gegen das geschulte Urteil und für eine strikte mechanische Objektivität argumentierten.

12 Vgl. die umfangreichen fotografischen Studien und eigenhändigen Zeichnungen zur embryonalen Entwicklung im Teilnachlass Ferdinand Hochstetters, Josephinum. Sammlungen der Medizinischen Universität Wien, Bildarchiv, 3897–3900.

denken, dass eine künstlerische Formensprache, eine Schmückung und Ästhetisierung in Wien in anderen Bereichen etabliert und als verkaufsfördernd durchaus erwünscht war, denkt man etwa an die kunstvollen Illustrationen bekannter Künstler wie Anton Elfinger (1821–1864), Carl Heitzmann (1836–1896) oder Fritz Meixner, die Mitte des 19. Jahrhunderts Wien zu einem Zentrum der anatomischen Atlasproduktion gemacht hatten (Buklijas 2012). Hochstetter war zudem über seine familiären Netzwerke mit progressiven Kreisen in Kunst, Design und Handwerk durchaus verbunden.[13] Doch galten Forschungsmodelle für ihn nicht als Illustrationen eines Sachverhalts, sondern als wissenschaftlich-objektive Vergrößerungen von Präparaten, von technisch aufwändig hergestellten Schnitten eines Fragments eines Embryos, und damit für einen Zugang zum anatomischen Material, der individuellen Einfluss oder Ästhetisierung nicht erlaubte.

Als abschließende Überlegung könnte man die Frage stellen, was sich durch den Vergleich der zeitgleich hergestellten Modelle in Heidelberg und in Wien über Konzeptionen von Subjektivität und Gesellschaft lernen lässt. Sind die Modelle in Heidelberg und in Wien so unterschiedlich, da dem Modell Kallius' und Vierlings im Gegensatz zu Hochstetters fragmentierenden Blick ein ganzheitlich-rekonstruierendes Verständnis zugrunde liegt? Eine Rede von Kallius stützt diese Hypothese. Ihr ist zu entnehmen, dass es ihm in der anatomischen Darstellung auch um einen Kampf gegen Abstraktion und Defiguration ging, um ein Bewahren sehr klassischer, an der Antike angelehnter Vorstellungen von Proportion und Schönheit. Als Aufgabe der Anatomie erachtete er es, die bildende Kunst der 1910er- bis 1920er-Jahre vor dem Verlust dieser bürgerlichen Subjektkonzeption zu bewahren, davor, dass der Körper „zerfließt in wirren Linien" (Kallius 1924, S. 2). Michael Hau zeigte, dass diese Form der bildungsbürgerlichen Modernekritik unter Medizinern der 1920er- bis 1930er-Jahre verbreitet war und eine Reaktion auf das Wertevakuum der bürgerlichen Gesellschaft und eine wahrgenommene Krise des Subjekts darstellte, dem ein holistischer Blick und dessen ästhetische Komponenten (ein Verständnis von Anatomie als Kunst; klassische Vorstellungen von Schönheit) entgegengestellt werden sollten. Wie genau Hochstetter, überzeugt war, den Prozessen der Politisierung und Popularisierung des Körpers der 1920er-Jahre, Verfahren der Idealisierung und Synthese in der programmatischen Darstellung neuer Menschen, wie sie durch die sozialdemokratischen Zirkel des „Roten Wien" an Hochschulen und im Alltag beworben wurden, durch exakte wissenschaftliche Objektivität entgegnen zu müssen, wurde an anderer Stelle ausführlich gezeigt (Nemec 2015). Welche Vorstellungen von Norm, Subjektivität und Reform allerdings in Perspektiven in der Modellproduktion in Heidelberg einflossen, müsste in weiterführenden Arbeiten untersucht werden.

Literatur

Buklijas T (2012) The politics of Fin-de-Siècle anatomy. In: Mitchell GA, Jan S (Hrsg) The nationalization of scientific knowledge in the Habsburg Empire, 1848–1918. Palgrave Macmillan, Basingstoke, S 209–245

Daston L, Galison P (2007) Objectivity. Zone Books, New York

13 Ich danke Katarina Noever für die mündliche Auskunft zu ihrem Urgroßvater. 30.04.2014, Gesprächsnotiz bei der Verfasserin.

Doll S (2017) Wenn der Tod dem Leben dient – der Mensch als Lehrmittel. Springer, Heidelberg, S 120

Grundmann S (2008) Der Anatom Erich Kallius (1867–1935). Dissertation, Universität Greifswald

Hochstetter F (1919) Beiträge zur Entwicklungsgeschichte des menschlichen Gehirns, Bd 6. Deuticke, Wien

Hochstetter F (1934) Mein Lebenslauf. Typoskript, Privatbesitz Katarina Noever, Wien

Hoepke H (1976) Zum 100. Geburtstag von Erich Kallius. Ruperto Carola 29(42):116

Hopwood N (2002) Embryos in wax. Models from the Ziegler Studio. Whipple Museum of the History of Science, Cambridge

Hopwood N (2007) Artist versus Anatomist, Models against Dissection: Paul Zeiller of Munich and the Revolution of 1848. Med Hist 51(3):279–308

Kallius E (1924) Anatomie und bildende Kunst. Rede zur Jahresfeier der Universität Heidelberg am 22.11.1923. Bergmann, München

Müller-Wille S (2001) Carl von Linnés Herbarschrank. Zur epistemischen Funktion eines Sammlungsmöbels. In: te Heesen A, Spary E (Hrsg) Sammeln als Wissen. Das Sammeln und seine wissenschaftsgeschichtliche Bedeutung. Wallstein, Göttingen, S 22–38, 33

Nemec B (2015) Anatomical modernity in red Vienna: Julius Tandler's textbook for systematic anatomy and the politics of visual milieus. Sudhoffs Arch 99(1):44–72

Pomian K (1990) Collectors and curiosities. Paris and Venice, 1500–1800. Polity Press, Cambridge, S 28–41

Emil Eduard Hammers anatomische Modelle im kulturellen Kontext

Peter M. McIsaac

S. Doll, N. Widulin (Hrsg.), *Spiegel der Wirklichkeit*,
https://doi.org/10.1007/978-3-662-58693-8_8

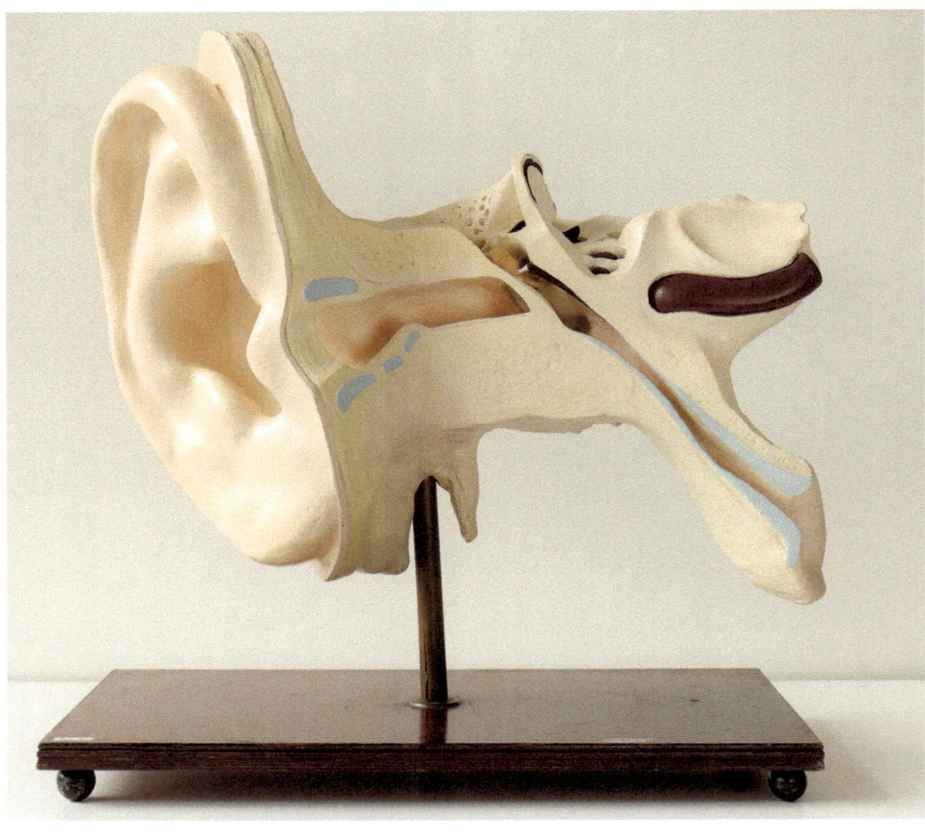

Abb. 8.1 Hammer-Bezold-Modell. Plastisches Modell des vergrößerten menschlichen Ohres. Das siebenfach vergrößerte Objekt ist durch eine Metallstange mit dem Sockel verbunden. Modellmaße: 60 cm × 62 cm × 30 cm, Gips, farbig gefasst; Sockelmaße: 69 cm × 39 cm × 5 cm, Holz, braun lackiert. Signatur MG 10, Standort: Institut für Anatomie und Zellbiologie Heidelberg. (Foto: Philip Benjamin; mit freundlicher Genehmigung des Universitätsklinikums Heidelberg, Institut für Anatomie und Zellbiologie Heidelberg)

Dieses Modell des menschlichen Ohres ist eines von zwei Ohrmodellen aus dem Atelier von Emil Eduard Hammer (1865–1938), die sich heute in der Anatomischen Sammlung der Universität Heidelberg befinden (Abb. 8.1). Das in Zusammenarbeit mit dem Otologen Friedrich Bezold (1842–1908) in farbigem Gips ausgeführte Modell steht drehbar auf einem Stativ, um die Gesamthohlräume des Ohres in siebenfacher Vergrößerung zu zeigen. Neben Darstellungen eines mit einzelnen Details versehenen Tympanums, der Hohlräume des Labyrinthes und des Hörnerven weist das Modell auch abnehmbare Teile auf, insbesondere die Pyramide und das Tegmen tympani. Wie später zu zeigen sein wird, war das Modell Teil einer Serie von Ohrmodellen, deren Konzeption eigens für bestimmte Ausstellungs- und Unterrichtszwecke ausgelegt war, und zwar als Einzelelement einer Gruppierung von Modellen, deren Gesamtbetrachtung bleibende Einsichten vermitteln sollte (Bezold 1908). Die Tatsache, dass Teile dieser Gruppierung in der Heidelberger Sammlung heute fehlen – dass alle als Einheit gekauft wurden, lässt sich archivarisch bestätigen – soll nicht darüber hinwegtäuschen, dass eine ganze Reihe von wissenschaftlichen, kulturellen und geschäftlichen Anlässen und Zielen die von Hammer signierten Modelle und dessen Status geprägt hat. Diese Anlässe und Ziele zu rekonstruieren und sie für eine Wertschätzung von Hammers Arbeit – der sich in Heidelberg befindenden Modelle inklusive – nützlich zu machen, ist das Ziel dieser Überlegungen.

Dabei gilt es festzustellen, dass relevante Aspekte von Hammers Tätigkeiten und Erfahrungen nicht allein auf rein medizinischem Gebiet zu suchen sind. Auch wenn Hammer ernsthafte Verbindungen zu medizinischen Fakultäten zunächst in München und später auch Chicago besaß und er viele seiner Modelle in Zusammenarbeit mit führenden Anatomen und Pathologen ausarbeitete, beschränkten sich seine Bemühungen nicht bloß auf die Herstellung und den Vertrieb von Präparaten für die „seriöse" medizinische Forschung und Lehre. Hammers Unternehmen war stets bestrebt, seine Modelle auch an eine breitere Öffentlichkeit durch populäre Zurschaustellungen zu bringen, sowohl aus kommerziellen als auch erzieherischen Gründen. Auf seine erste populäre Zurschaustellung, das Internationale Handels-Panoptikum (1894–1902), folgten mehrere Anatomie- und Gesundheitsausstellungen in den Jahren von 1906 bis 1932, die zeitgleich zur Belieferung seriös medizinischer Kontexte verliefen. Wie Bilder aus Ausstellungsführern und Verkaufskatalogen belegen, benutzte er hier fast ausschließlich Gegenstände aus seiner Produktion „professioneller" Präparate und Modelle. Aus der Tatsache heraus, dass im Fall Hammer populärer Schausteller, unermüdlicher Geschäftsmann und anerkannter Modelleur kaum zu trennen sind, ergibt sich die Notwendigkeit, seine Produktion vor diesem mehrdimensionalen Hintergrund zu analysieren.

Eine solche Herangehensweise schärft den Blick für Faktoren, die über die materielle Ausstattung hinaus zu dem Status und der Bedeutung von Hammers Modellen beigetragen haben. Wie zu zeigen sein wird, war Hammers langjährige Erfahrung als ausstellender Modelleur ein wesentlicher Faktor für die aus Bezolds Sicht gelungene Zusammenarbeit bei der Entwicklung der Ohrmodellreihe, denn die Entstehung der Modelle war einem Auftrag des 1906 gegründeten Deutschen Museums in München zu verdanken (Abb. 8.2).

Als Museum neuen Typs – Zeitgenossen wie Heinrich Pudor prägten Begriffe wie „lebendiges Museum" und „Gegenwartsmuseum", um die Relevanz solcher Darstel-

HAMMER'S ATELIERS FÜR WISSENSCHAFTL. PLASTIK. MÜNCHEN-CHICAGO ILL.

PLASTISCHE MODELLE DES MENSCHLICHEN OHRES

von Hofrat Professor Dr. Friedrich Bezold, München.

Diese Modelle wurden im Auftrage und für die Sammlungen des „Deutschen Museums von Meisterwerken der Naturwissenschaft und Technik" von E. E. Hammer ausgeführt. Dieselben sind ausführlich beschrieben im „Archiv für Ohrenheilkunde", Band 76.

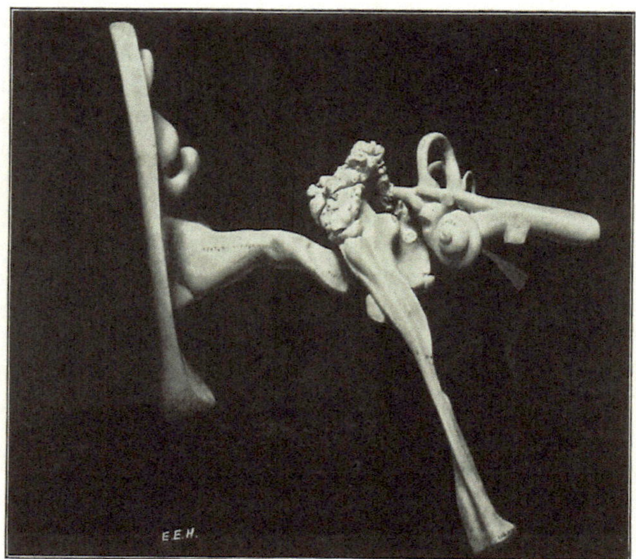

Korrosionspräparat: Modell A 7 (Vorderansicht)

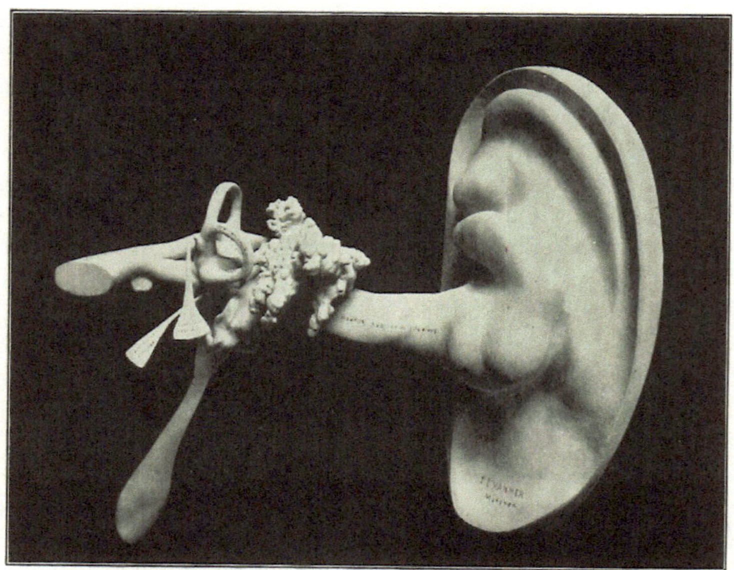

Korrosionspräparat: Modell A7 (Rückansicht)

Abb. 8.2 Seite aus Hammers Verkaufskatalog, die eines der vom Deutschen Museum in Auftrag gegebenen Ohrmodelle zeigt. Dieses Modell wurde in Heidelberg angeschafft, ist aber heute verschollen. (Foto: Katalog von Hammer's Atelier.-Ausgabe 1913, S.4, Institut für Medizingeschichte der Universität Bern, Signatur: IMG QS 18 A535)

lungen bei aktuellen Fragen zu betonen – setzte das Deutsche Museum Bezold und Hammer vor eine Aufgabe, die auch andere laienorientierte Ausstellungs- und Aufklärungsprojekte in den Jahren um 1900 auf unterschiedliche Weise zu bewältigen trachteten (Pudor 1910; te Heesen 2012; Nikolow 2015). Übergreifendes Ziel dieser z. T. unterschiedlichen Unterfangen war es, Laien aus allen Bildungskreisen anhand von innovativen Exponaten und Lehrmitteln zu wissenschaftlichen Einsichten zu verhelfen, ohne der Darstellung hochentwickelten Expertenwissens Abbruch zu tun. In Hammers Modellen, die immerhin jahrzehntelang zu den erfolgreichsten käuflichen medizinischen Lehrmitteln für den Unterricht angehender Ärzte zählten, steckt also weitaus mehr als nur eine Form legitimen anatomischen Wissens (Wagener 1929). Sie verkörpern vielmehr eine Sichtweise, die einer besonderen Konstellation von medizinischen, geschäftlichen und gesellschaftlichen Interessen entspringt und der es im Folgenden gilt, sie anhand der vielschichtigen Praktiken Emil Eduard Hammers nachzuzeichnen.

8.1 Ein vollständigeres Bild von Hammers Tätigkeiten und Errungenschaften

Das Leben und die Karriere Emil Eduard Hammers werden meist nur lückenhaft wiedergegeben, was zu einem entstellten Bild seiner Leistungen und Prioritäten verleiten kann. Zu den wichtigsten und bekanntesten Eckdaten zählt, dass er in einer Familie von erfolgreichen Wachsbildnern aufwuchs. Nach einem Studium an der Bayerischen Akademie der Künste übernahm Hammer 1887 die Werkstätten seiner Väter, um dann 1894 das „Internationale Handels-Panoptikum" zusammen mit einem Partner, dem Schausteller Carl Gabriel (1857–1931), und einem Sekretär", Ludwig Neumüller (Lebensdaten unbekannt), zu gründen (Rühlemann 2003). Neben Darstellungen exotischen und historischen Inhalts bot das populäre Wachsfigurenkabinett auch naturhistorische, anthropologische und anatomische Abteilungen an und festigte zunächst den Ruf Hammers als begabter Wachsbildner (Rühlemann 2003). Nachdem ein Brand die Schließung des Panoptikums aus feuerpolizeilichen Gründen veranlasst hatte, soll Hammer seine Wachsobjekte veräußert und sich danach hauptsächlich als anatomischer Präparator und Modelleur beschäftigt haben, zunächst an der Medizinischen Fakultät der Münchner Universität und dann zusätzlich am College of Medicine der Universität von Illinois, Chicago (Münz und Münz 1978). Zwei Ateliers betrieb er, eins jeweils in München und Chicago, letzteres hauptsächlich von seinem Sohn Adolf geleitet. Nicht zuletzt wegen der Anerkennung, die ihm 1913 zuteilwurde – in München bekam er den Titel „Universitätsplastiker", in Chicago durfte er sich „Professor" nennen –, wird der Eindruck in vielen Quellen erweckt, Hammer hätte sich anschließend vorwiegend am universitären Bereich orientiert (BayHStA, MK 11328; MNN 02.10.1935) und das Populäre zunehmend hinter sich gelassen (Nyhart 2004; Dimpfl 2017).

Die Wirklichkeit ist jedoch komplizierter, denn vieles deutet darauf hin, dass Hammer stets Präparator, Schausteller und Geschäftsmann war. Von allererster Wichtigkeit ist, dass Hammer von Anfang an durch die Verwendung aktueller sachkundiger Techniken der anatomischen Bildnerei bekannt wurde. Schon an der Bayerischen Akademie der Künste studierte Hammer unter dem Anatomen Nikolaus Rüdinger

(1832–1896) und dem Physiologen und Anthropologen Johannes Ranke (1836–1916), zwei medizinischen Autoritäten, die mit der anatomischen Modellierung und, im Fall von Ranke, auch mit wissenschaftlichen Sammlungspraktiken vertraut waren (MNN 01.10.1935 und 03.10.1935).[1] Zeitungsberichten zufolge soll er schon zu Panoptikumszeiten Zugang zur Münchner Anatomischen Anstalt gehabt haben, was die hohe Qualität seiner frühen Arbeit plausibel macht (MNN 01.10.1935 und 03.10.1935). Angesichts dieser Ausbildung ist seiner Behauptung Glauben zu schenken, seine Präparate seien nicht „minderwerthigen und veralteten Systemen und Illustrationen nachgeahmt", und sein Zugang zu führenden Vorbildern einer aktiven Forschungsstätte untermauert auch die Idee, dass er alles „soweit nöthig und möglich nur nach der Natur auf das Genauste ausgeführt" hat (Hammer und Gabriel o. J.).[2] Es steckt also mehr als bloße Rhetorik hinter Hammers Behauptung im Katalog des anatomischen Kabinetts im Panoptikum, er ziele besonders auf die Erzeugung von „wissenschaftlichem Werth" bei der Erzeugung seiner medizinischen Präparate (Hammer und Gabriel o. J.). Die Grundlagen von Hammers späterer medizinischer Anerkennung wurden nicht erst zu einem späteren Zeitpunkt erworben, sie sind schon Bestandteil seiner frühen Tätigkeit und auch seiner Selbstdarstellung.

Es ist jedoch wichtig, dass Hammer den wissenschaftlichen Wert seiner Ausführungen mit anderen Zielsetzungen verknüpfte. Für ihn war es von zentraler Bedeutung, dass seine Methode „dem Fachmann wie dem Laien die beste Gewähr für eine naturgetreue Wiedergabe und anatomische Richtigkeit der normalen und pathologischen Zustände des menschlichen Organismus" geboten hat (Hammer o. J.). Diese Aussage macht deutlich, dass es Hammer bereits in den frühen 1890er-Jahren um medizinische Darstellungen ging, die ein gemischtes Publikum, d. h. ein Publikum aus Experten und Laien, gleichermaßen ansprechen und belehren konnten. Aber auch wenn ein möglichst breites Publikum die Basis für eine wirksame Volksaufklärung war – und es gibt keine Anzeichen dafür, dass Hammer nicht an einer erfolgreichen Volksaufklärung gelegen war – , darf man nicht übersehen, dass das Panoptikum kommerziell betrachtet von hohen Besucherzahlen gelebt hat. Damals besonders pikante Themen wie Sexualität, Fortpflanzung und Geschlechtskrankheiten, die mit visuell beeindruckenden Exponaten und nackten Körperteilen dargestellt wurden, konnten auch ein großes Publikum anziehen, ohne dass Besucher unbedingt in erster Linie zu lernen suchten. Generell waren Panoptiken Orte der Belehrung und Unterhaltung und als solche suchten sie neben Lerneffekten auch Erregung, Reiz, Schaudern und Staunen in Besuchern auszulösen (Gille 2004; Oettermann 1992; Rühlemann 2003; Nyhart 2004; Hopwood 2007). Dies geschah durch zahlreiche, wechselnde Darbietungen sexualisierten, exotischen, gruseligen und aus heutiger Sicht oft sexistischen und rassistischen Inhalts in Wachs und auch live auf Bühnen in Form von „lebenden Spezialitäten, Abnormalitäten, Völkerraçentruppen, [und] wissenschaftlichen Vorträgen" (Hammer 1898). Neben „Freak

---

1 Rüdinger war insbesondere für einen renommierten Atlas des menschlichen Gehörorgans und ein aus acht Scheiben bestehendes, aufklappbares Ganzkörpermodell aus Papiermaché angesehen. Dieses Modell wurde auch von Hammer hergestellt und sowohl an medizinische Anstalten verkauft als auch in seinen populären Zurschaustellungen gezeigt (Müller 2004; Hammer 1913; Hammer 1915; Hammer 1926). Bis 1906 trat Ranke als medizinischer und anthropologischer Experte bei Vorstellungen von „Abnormitatäten" in Hammers Ausstellungen auf (MNN 1906).

2 Historische Texte werden mit Originalrechtschreibung zitiert.

Abb. 8.3 Auszug aus einem Album mit Fotos von einigen der bekanntesten Szenen aus Hammers Panoptikum. Das Album wurde wahrscheinlich 1936 von Karl Valentin angelegt. Münchner Stadtmuseum, Sammlung Puppentheater/Schaustellerei. (Mit freundlicher Genehmigung des Münchner Stadtmuseums)

Shows“ und Völkerschauen waren Wachsgruppen wie „Gorilla, Mädchen raubend“, „Das Alpdrücken“ und gruselige Szenen aus der Folterkammer besonders prominent (Abb. 8.3; Rühlemann 2003; Gille 2004).

8.2 Erfolgsrezepte und Hammers ökonomische Strategien

Dass Hammer diese Form der öffentlichen Zurschaustellung nicht erfunden hat, ist aus mehreren Gründen entscheidend. Zum einen waren das Erfolgsrezept und die Methoden zur Aufrechterhaltung eines positiven Status von Panoptiken lange vor 1894 gut etabliert und allein deshalb ein erprobtes Geschäftsmodell. „Das allgemeine Interesse und die Sympathien, welche man den Panoptiken in allen grösseren Städten entgegenbringt", schrieb Hammer, „veranlasste mich, auch auf dem hiesigen, so verkehrsreichen Platze ein derartiges Unternehmen ins Leben zu rufen." (Hammer 1898). Es waren vor allen anderen die Berliner Schausteller Louis (1828–1908) und Gustav Castan (1836–1899), die für das besondere Aus- und Ansehen der Panoptiken in Deutschland gesorgt hatten. Mit ihrem „Panopticum" – die aus dem Altgriechischen abgeleitete Wortneuschöpfung sollte „Allesschau" bedeuten – entwickelten die Brüder ab 1869 eine Form von Wachskabinett, das bis in Erster Weltkrieg hinein zu den Hauptsehenswürdigkeiten Berlins gezählt hat (Letkemann 1973; Friederici 2009). Allein an einem Tag konnten 5000 Besucher gezählt werden (Zimmerman 2001). Castans Form der Zurschaustellung und der entsprechende Erfolg haben Vorstellungen so stark geprägt, dass das ursprüngliche Markenzeichen „Panopticum" zur Gattungsbezeichnung wurde.

Hammer scheint vieles aus dem Geschäftsmodell von Castan übernommen zu haben. Wie Castan hatte Hammer eine formelle Ausbildung in der künstlerischen und auch der anatomischen Wachsbildnerei, die die Qualität seiner Arbeiten legitimieren ließ (Micklich 1994; Zimmerman 2001). Wie Castan, der ein Mitbegründer der Berliner Gesellschaft für Anthropologie, Ethnologie und Urgeschichte war, war Hammer prominentes Mitglied der Münchner Anthropologischen Gesellschaft (Dreesbach 2005). Wie Castan sorgte er dafür, dass Völkerschauen als prominente Gäste und anthropologische Versuchsobjekte auch in seinem Panoptikum regelmäßig auftraten, und wie Abbildungen in seinen Katalogen immer wieder zeigen, ließ er keinen Zweifel daran, dass seine Abteilung für Ethnologie und Anthropologie mit zahlreichen Büsten sämtlicher „Menschenraçen der Erde" ausgestattet war – genauso wie in Berlin (Hammer o. J.). Und wie in Berlin, wo Castan die offene Unterstützung und Legitimierung von führenden Anthropologen wie Rudolf Virchow (1821–1902) genoss, zahlte sich die Zusammenarbeit mit Münchner Anthropologen aus in Bezug auf seinen öffentlichen Ruf (Wiegand 2003; Dreesbach 2005; Micklich 1994; Zimmerman 2001). Wie Sonja Wiegand aus dem Bayrischen Kurier am 23.9.1897 zitiert: „Daß die sichtliche Bemühung des Panoptikums, allen Ständen und den verschiedenartigen ‚Geschmäckern' etwas Gutes darzubieten, allseitige Anerkennung findet" soll dadurch bewiesen sein, „daß die Münchener Anthropologische Gesellschaft wiederholt die Spezialitäten des Panoptikums im Museum selbst offizieller Besuche würdigte" (Wiegand 2003).

Bis zu einem gewissen Punkt hatte die Orientierung an Castans Muster durchaus ihre praktischen und finanziellen Beweggründe. Hammer war genauso auf wissenschaftliche Legitimierung angewiesen wie Castan, nicht nur wegen des Anscheins einer bürgerlichen Anständigkeit. Behördliche Erlaubnisse und andere Vorteile wie eine Befreiung von der Lustbarkeitssteuer – diese betrug bis zu 40 % der Bruttoeinnahmen einer Schaustellung – hingen von den Zeugnissen einflussreicher Wissenschaftler ab (Dreesbach 2005). Anders als die meisten populären Zurschaustellungen war Hammers Panoptikum allerdings auch Musterwarensammlung und Verkaufsstelle, die die Aufmerksamkeit wissenschaftlicher Experten und anderer populärer Schausteller gezielt auf sich zu lenken suchte. „Monstre-Ausstellung ceroplastischer Kunstwerke aller Art – zur Schau und zum Verkauf" heißt es im ersten Satz des mit Preisen versehenen Katalogs, unmittelbar gefolgt von einer Auflistung bemerkenswerter Kategorien: „Portraits aller Mornarchen [sic.] und berühmten Personen. Chromoplastische Colossalgruppen. Historische Tableaux. Genregruppen u. Ereignisse des Tages. Schreckens- und Folterkammer. Grossartiges Anthropologisches Museum. Ethnologische und zoologische Sammlungen. [...] Anatomische Präparate und wissenschaftliche Arbeiten aller Art für höhere Schulen, Universitäten und Museen" (Hammer o. J.). Diese Auswahl an Kategorien ist keineswegs zufällig, denn sie lassen sich bei den meisten Panoptiken Hammers Zeit mit nur wenig Variation wiederfinden.

Paradoxerweise ist es gerade die Formelhaftigkeit der Darbietungen, die in Hammers Räumen vor Augen geführt werden sollte, denn seine Leistung bestand in einer meisterhaften Beherrschung einer ganzen Gattung, die aus einem Standardrepertoire, ja einer erkennbaren Ikonografie bestand, wie er ausdrücklich darauf hinwies: „Uebernahme der Ausführung completer Museums, Panoptikums, Dioramas und Panoramas ... in der denkbar kürzesten Zeit" (Hammer und Gabriel o. J.). Hatte Hammer schon vor 1894 Panoptiken und Museen mit einzelnen Stücken beliefert, zeigte er mit der Eröffnung des Handels-Panoptikums, dass sich die ganze Reihe ikonografischer Szenen in meisterhafter Ausführung in seinem Sortiment befand: zerlegbare anatomische Venusfiguren und zahlreiche pathologische Exponate; die Schreckens- und Folterkammer; typologische Büsten aller Menschenrassen; „Abnormalitäten" wie der „Haarmensch" Krao und die tätowierte „La belle Irene" und frappierende Tableaus wie „Gorilla, ein Mädchen raubend" und „Das Alpdrücken" (Der Komet 1890). Somit war das Handels-Panoptikum zugleich Attraktion und Geste der verkaufskräftigen bildhauerischen Autorität, eine Kombination, die aus Hammers feinem Gespür für die ausstellungstechnischen Trends der Zeit auf mehrfache Weise finanziell und kulturell gespeist wurde.

8.3 Nach dem Panoptikum ist vor dem Panoptikum

Anders als oft berichtet worden ist, gingen Hammers schaustellerische Bemühungen mit der Schließung des Panoptikums 1902 nicht zu Ende. Nachdem das Panoptikum zeitweise ab 1902 als Wanderausstellung zu sehen war (persönliche Mitteilung H. Eßler 2018), zeigte Hammer ab 1906 in München seine „anatomisch-pathologische Ausstellung Volks-Krankheiten" (zeitweise auch als „Hammer's medizinisches Volks-Museum" benannt (StdAM, DE-1992-ZA-11322, 12.04.1906). Darauf folgte 1914 bis 1917 „Hammer's anatomische Original-Ausstellung ‚Der Mensch' verbunden mit Kriegsmuseum", die später in die AnaHygA (Anatomisch-Hygienische Ausstellung) 1926–1933 (unterbrochen 1930–1931) umorganisiert und aktualisiert wurde (StAM, Polizeidirektion; BayHStA, Plakatsammlung 22387). Angesichts dieser über sein ganzes Leben verteilten Ausstellungsversuche war Hammer offensichtlich überzeugt von dem Potential, ja sogar der Notwendigkeit, sich direkt an die breite Öffentlichkeit wenden zu müssen.

Hammers Anpassung an die jeweiligen ausstellungstechnischen Trends der Zeit lässt sich an vielen Punkten erkennen. Während die Ausstellungstitel und einzelne Exponate eine Umwandlung des Panoptikums in immer konzentriertere anatomisch-pathologische und gesundheitspolitische Darbietungen feststellen lassen, sind jedoch Reste der früheren Inhalte und Strategien noch lange Zeit erkennbar. Bis 1907 war die Abteilung „Anthropologie, Ethnologie und Abnormitäten" noch prominenter Bestandteil, mit den Büsten menschlicher Rassen, einst aufgetretenen Attraktionen wie Krao und la belle Irene und sogar Gorillamodellen aus dem alten Panoptikum noch aufzufinden (Hammer 1906; Rühlemann 2003). Bis Ende des Erster Weltkrieges konnte Hammer wie im Panoptikum auch nicht darauf verzichten, Hungerkünstler, „Abnormitäten" wie die „Panther-Dame" sowie Illusionstheater und spektakulär nachgestellte Schlachtszenen aus dem Erster Weltkrieg auftreten zu lassen (StdtAM, DE-1992-ZA-11322, 06.06.1916; MNN 06.12.1906). Wie er sowohl 1906 wie auch 1916 an die Polizeidirektion schrieb, sähe er sich wirtschaftlich bedroht und zur Schließung seines Museums veranlasst, falls sein Gesuch, Attraktionen wie Hungerkünstler engagieren zu dürfen, nicht umgehend genehmigt würde (StdtAM, DE-1992-ZA-11322, 22.11.1906 und 6.6.1916). Bei Hammer ging es bis Ende des Erster Weltkrieges immer noch darum, wie zu Zeiten des Panoptikums, „das Neueste" anzubieten.

Was unter „dem Neuesten" zu verstehen war, kann man an Hammers jeweiligen Schwerpunkten besonders gut ablesen. Im Kontext anderer öffentlicher Laienausstellungen der Zeit ist zunächst aufschlussreich, dass Hammers Ausstellung 1906–1907 zeitweise einen Hinweis auf „Volkskrankheiten" im Titel enthielt. Dass Hammer sich hierbei an den Erfolg der 1903 von Karl August Lingner (1861–1916) organisierten Ausstellung „Volkskrankheiten und ihre Bekämpfung" in Dresden anschließen wollte, verrät nicht nur der Titel, sondern auch die Tatsache, dass statistische Kurven und Tabellen, wie sie 1903 von Lingners Team eigens entwickelt wurden, ebenfalls in Hammers Ausstellung zu finden waren. Wie Hammer in einem von ihm verlorenen Gerichtsverfahren wegen Urheberrechtsverletzungen 1907 zugab, hatte er die Kurven und Tabellen direkt kopieren lassen (BayHStA, MK 19513 Gutachten). Für die nächste Zurschaustellung, „Hammer's anatomische Original-Ausstellung ‚Der Mensch' verbunden mit Kriegsmuseum," hat sich Hammer offensichtlich vom erfolgreichsten Teil der Internationalen Hygiene-Ausstellung 1911 – „Der Mensch" – und Wanderausstellungen wie „Verwundetenversorgung im Kriege" inspirieren lassen, wie nicht nur der Titel, sondern auch manche Inhalte zeigen (Osten 2005; Vogel 2003; Hammer 1915).[3] Und auf ähnliche Weise versuchte Hammer mit seiner ab 1926 zu sehenden AnaHygA wohl von der Bekanntheit der auch sperrig betitelten, aber mit 7,5 Mio. Besuchern sehr erfolgreichen „GeSoLei-Ausstellung" (Gesundheit, Sozialfürsorge, Leibesübung) des gleichen Jahres in Düsseldorf zu profitieren. Wie in der GeSoLei stand im Mittelpunkt der AnaHygA nicht nur wieder „Der Mensch", sondern auch durchsichtige Präparate, wie sie der Pathologe Werner Spalteholz (1861–1940) ab 1911 in Hygieneausstellungen berühmt gemacht hatte (Hammer 1931; persönliche Mitteilung H. Eßler 2018). Auch wenn Hammer die Schwerpunkte seiner Ausstellungen im Laufe der Jahre veränderte, schreckte er anscheinend nie davor zurück, seine Unternehmen gezielt mit anderen verwechseln zu lassen. Wichtig war eher, stets den Eindruck zu erwecken, er stünde den Ausstellungstrends der Zeit mit Nichts nach.

---

3 Wie die „Verwundetenversorgung im Kriege" zeigte Hammer auch Inhalte wie Kriegswunden, die Effekte von Dumdum-Geschossen und Prothesen (Hammer 1915).

Dabei blieb auch das Prinzip unverändert, seine Ausstellungen als Ort für Belehrung und für den Verkauf zu gestalten. In Ausstellungsführern aus den Jahren 1906 und 1916 sind halbseitige Hinweise auf käuflich erwerbbare Lehrmittel in seinen Räumen zu finden, auch in den Polizeiakten aufbewahrte Besucherkommentare weisen mit Irritation darauf hin, dass neben dem erzieherischen Charakter der Installationen der verkäufliche nicht zu übersehen war (Hammer 1906, 1916; StAM, Polizeidirektion). Führer der AnaHygA wurden sogar noch deutlicher in Bezug auf die Verkaufsfunktion, indem Titel und Absichten der Ausstellung eingeleitet wurden wie folgt: „Führer durch die AnaHygA, antom. hygien. Lehrmittel-Ausstellung zur Hebung der Gesundheitspflege. Volkstümlich verfasst und herausgegeben von Universitätsplastiker Emil Ed. Hammer, München. Alle Lehrmittel, Modelle und Präparate sind verkäuflich (Preisverzeichnisse für Universitäten, wissenschaftliche Institute und Schulen durch das Sekretariat)" (Hammer 1931). Die geschäftlichen Dimensionen der AnaHygA waren für den Hamburger Stadtarzt Fritz Trendtel (Lebensdaten unbekannt) jedenfalls so dominant, dass ein Spannungsverhältnis zwischen belehrendem Zweck und Gewinnorientierung für ihn bestand. Während die plastischen Darstellungen „mit mehr oder minder gutem Willen gearbeitet" waren, wie Trendtel bei einem Besuch der Ausstellung 1933 in Hamburg beobachtete, machte die fehlende Beschriftung der Exponate die Verwendung eines zusätzlich kostenden Katalogs notwendig und ließ die generelle Aufstellung fragwürdig erscheinen (Trendtel 1933). Aber selbst wenn die Integration von Kommerz und Laienbildung manche Besucher offenbar abgestoßen hat, scheint sie Hammer in seinen Lehrmitteln und Zurschaustellungen nie in Frage gestellt zu haben.

8.4 Die Bedeutung von Hammers Tätigkeiten für die Ohrmodelle

Was diese Hintergründe für ein besseres Verständnis von Hammers Ohrmodellen unabdingbar macht, ist der Punkt, dass ihre Anfertigung von Hammers anderen Ansätzen nicht zu trennen ist. Diesen Ansätzen zufolge war kein Widerspruch zu erkennen in einem Objekt, das anatomischer Korrektheit, fasslicher, packender Darstellung und kommerziellem Potenzial gleichermaßen gerecht werden konnte. Natürlich war nicht jedes Modell oder Präparat für solche Zwecke gleichermaßen geeignet. Allerdings konnten Darstellungen entwickelt werden, die diese Ansprüche erfüllten, und diese waren es, die Aufnahme in Hammers Reihen finden konnten. Entscheidend ist jedoch, dass die gleichen Modelle und Präparate auch effektiv für die medizinische Dokumentation und Lehre sein konnten und dass auch viele Mediziner zu diesem historischen Zeitpunkt keine großen Schwierigkeiten hatten bei der Verwendung von Modellen, die für ein Laienpublikum besonders attraktiv waren.

Einer dieser Ärzte war der führende Otologe Friedrich Bezold (1842–1908). Bezold hatte sich 1866 in München niedergelassen und praktizierte zunächst als praktischer Arzt und Augenarzt. Dann wandte er sich im Laufe der Jahre der Ohrenheilkunde immer mehr zu, bis er Ende des 19. Jahrhunderts zu den bahnbrechenden Wissenschaftlern zählte, die der Otologie zur eigenen Spezialität verholfen haben (Politzer 1913; Eulner 1970). Während Bezold Durchbrüche auf fast allen Gebieten der Ohrenheilkunde verbuchen konnte, waren es seine Beiträge zur systematischen und topographischen Anatomie des Ohres und der gründlichen Erklärung des physiologischen Aufbaus des

Mittelohres, die ihm als besonders geeignet erschienen für die Entwicklung gut fasslicher, aber dennoch präziser und detailreicher Ohrmodelle (Politzer 1913; Eulner 1970).

Als Bezold dann vom 1906 in München gegründeten Deutschen Museum von Meisterwerken für Naturwissenschaft und Technik tatsächlich aufgefordert wurde, „Darstellungen der Form und Funktion des Gehörorgans" zur Verfügung zu stellen, erwies sich die Entwicklung solcher Modelle jedoch als schwierig (Bezold 1908). Zu schaffen machten Bezold nicht zuletzt die Anforderungen, „welche für den Besuch eines aus allen Bevölkerungsschichten sich zusammensetzenden Publikums zu stellen sind" (Bezold 1908, betont im Original). Bezolds Kommentar ist insofern bemerkenswert, da die Gründungsidee des Deutschen Museums neue Prioritäten bei der musealen Vermittlung wissenschaftlicher Inhalte setzte. Von zentraler Wichtigkeit war das Ziel, authentische Originalobjekte aus dem Bereich der Naturwissenschaften und Technik so zu inszenieren, dass keine besonderen Vorkenntnisse für Wissensaneignung notwendig waren (Dienel 1998; Hashagen et al. 2003). So sollten Museen dieser Art – das Deutsche Hygiene-Museum in Dresden entstand zu späterer Zeit aus ähnlichen Bemühungen – einen Bezug zu gesellschaftlich relevanten Entwicklungen bekommen, die aufgrund der Dynamik der sich entfaltenden Moderne immer breitere Bevölkerungsgruppen einschlossen (Fraenkel 1930; Brecht 1999; te Heesen 2012). Diese oft weniger Gebildeten sollten in den neuen Museen nicht mehr ausgeklammert sein wie in früheren, elitären Museums- und Ausstellungsformen, sondern ihre Bedürfnisse und Betrachtungsweisen sollten sogar soweit wie möglich den Ausschlag für die neue Darstellungsweise geben. Sie sollte, so die Vorstellung von Kritikern wie Heinrich Pudor, fesselnde Themen so vor Auge führen, dass die Inhalte Interesse wecken und „lebendig" erscheinen (Pudor 1910; te Heesen 2012). Eine solche lebendige Darstellungsweise konnte Unterhaltung, Heiterkeit und Schlagkraft einsetzen und sich auch an den Schaufenstern von Warenhäusern, an der Werbung oder gelegentlich am Kino orientieren (Pudor 1910; te Heesen 2012). Welche Methode auch immer in Frage kam, nicht selten mussten ganz neue Exponate und Ausstellungstechniken auf den Plan gerufen werden.

So zum Beispiel in Bezolds Fall. Wie er betonte, konnte kein herkömmliches Ohrmodell eine passende Perspektive vermitteln, was eine Suche nach unerhörten Sichtweisen notwendig machte (Bezold 1908). Die Erarbeitung dieser Sichtweisen war insofern nicht leicht, da es dabei nicht nur um Fachkenntnisse und Konzepte ging, sondern auch um Können und Erfahrung bei der Konstruktion von ausstellungstechnisch zugänglichen Präparaten. Letzteres fand er in Hammers sachkundiger Hand. Wie Bezold schreibt: „Für die Darstellung der plastischen Modelle haben wir in dem akademischen Bildhauer Hammer, der mit der Wiedergabe anatomischer Präparate seit Jahren vertraut ist, eine geeignete Kraft gefunden." (Bezold 1908). An Hammer schreibend wurde Bezold sogar deutlicher: „Die im Laufe dieses Winters unter meiner stetigen Leitung [...] aus Ihren Händen hervorgegangenen Ohrmodelle sind vollkommen nach meinen Wünschen ausgefallen und geben in Ihrer gegenseitigen Ergänzung einen vollbefriedigenden Einblick in den ganzen Bau des Gehörorgans und seine topografisch-anatomischen Lageverhältnisse." (Bezold an Hammer, 03.03.1908). Während Bezold sich klar als medizinische Autorität bezeichnete, ist sein Lob für Hammers Begabung und die „gegenseitige Ergänzung" seines Vorhabens nicht zu übersehen.

Bemerkenswert an Bezolds Aussagen ist insbesondere ihre Datierung, denn daraus ist zu erkennen, dass die wichtigste Phase der Zusammenarbeit mit Hammer schon vor der Erscheinung von Bezolds entsprechendem Artikel 1908 und Bezolds untererwartetem Tod im selben Jahr stattgefunden hatte. Wie oben gezeigt wurde, war Hammer genau zu diesem Zeitpunkt intensiv beschäftigt mit den Wiederbelebungsversuchen seines Panoptikums in Form seines anatomischen Volksmuseums und dem verbundenen Vertrieb seiner Modelle. Als Münchner Zeitgenosse musste Bezold dies auch gewusst haben. Laut dem Erzähler Hans Reiser und dem Komiker Karl Valentin war die Breitenwirkung des Panoptikums so stark, dass Hammer noch in den 1930er-Jahren unweigerlich damit assoziiert wurde (Dimpfl 2017). Unmöglich also zu denken, dass Hammers langjährige, von Bezold geschätzte Vertrautheit mit der anatomischen Modellierung, keine Verbindung zu seiner Erfahrung mit populären Ausstellungen hatte. Vielmehr hatte Hammers Fähigkeit, „die außerordentlich komplizierten und schwierigen hier vorliegenden Formverhältnisse in befriedigender Weise zum plastischen Ausdruck" innerhalb einiger Monate bringen zu können, genau hier ihre Quelle (Bezold 1908).[4] Angesichts der Notwendigkeit von visueller Schlagkraft und klaren Botschaften für die neue museale Darstellungsmethode war die Panoptikumserfahrung Hammers sogar von Vorteil.

Dass die für Laien entwickelten Sichtweisen sich auch für den Unterricht angehender Ärzte bewährten, ist einer der faszinierendsten Aspekte der Ohrmodelle. Aufschlussreich in dieser Hinsicht ist die Bestandsaufnahme zum Unterricht in der Laryngologie, Rhinologie und Otologie, die der HNO-Arzt Oskar Wagener (1878–1942) 1929 veröffentlichte. Für Wagener war die Frage des guten Unterrichts in der HNO-Kunde nicht zuletzt von hoher Bedeutung, weil er das Niveau seiner Methodik und Ausstattung als Indiz für die Ausgereiftheit und Legitimität des relativ jungen Spezialfachs hielt (Wagener 1929). Bei der erstaunlichen Fülle an Herstellern, die mit ihren Lehrmitteln, Präparaten und verwandten Materialien den Markt damals fluteten und deren Produkte nicht immer von Wagener gutgeheißen wurden, ist zunächst bemerkenswert, dass alle von Hammer vertriebenen Ohrmodelle – einige hatte er nach veröffentlichten Forschungsergebnissen ohne offizielle Beteiligung eines Arztes ausgearbeitet – von Wagener positiv eingeschätzt wurden (Wagener 1929).[5]

Es waren aber drei Bezoldsche Modelle, die für Wagener besonders hervorragten, und zwar wegen genau der gleichen Eigenschaften, die in Bezolds Augen die Modelle für ein aus allen Bildungskreisen bestehendes Publikum geeignet machten. In Wageners Worten: „Bei der Herstellung dieser drei Modelle war für Bezold der Gesichtspunkt maßgebend, Nachbildungen zu schaffen, welche möglichst mit einem Blick für den Betrachter die volle Übersicht über das ganze Organ zu geben imstande waren. Aus diesem Grunde wurde auf eine Zusammensetzung aus verschiedenen Stücken, welche mehr oder weniger kompliziert zusammengefügt und nur nacheinander zu zerlegen sind, wie dies bei sonstigen Modellen der Fall ist, verzichtet." (Wagener 1929, Betonung wie im Original). In seinem eigenen Bericht betont Bezold, dass diese Art von Anschaulichkeit und eine einfache Zusammensetzung notwendig waren, weil sie die Darstellung mit den körperlichen Vorstel-

4 Die Tatsache, dass sich auch andere Mediziner wie der Kehlkopfspezialist Hans Neumayer und Augenarzt Karl Schlösser Hammers Fertigkeiten bei der Erledigung ihrer vom Deutschen Museum auferlegten Aufgaben bedienten, erhärtet den Eindruck von Hammers Vielseitigkeit bei der Entwicklung von neuen laienorientierten Darstellungsweisen (Hammer 1913).

5 Hierbei handelt es sich um eine Reihe von Modellen nach der Arbeit von George L. Streeter, einem in den USA tätigen Embryologen, der die Entwicklung des Labyrinths in Föten anhand von Präparaten dargestellt hatte (Streeter 1906; Hammer 1913; Wagener 1929).

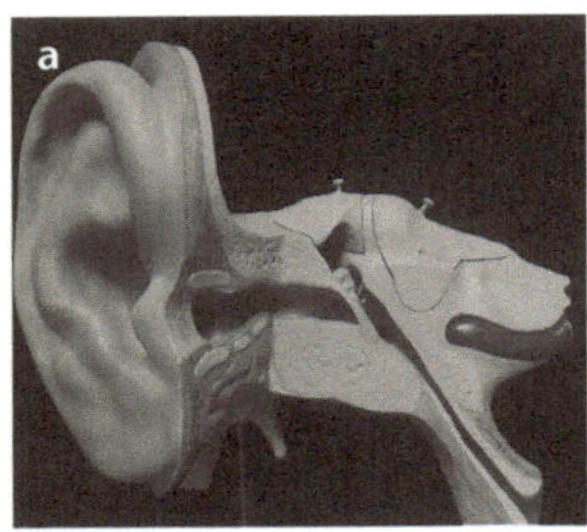

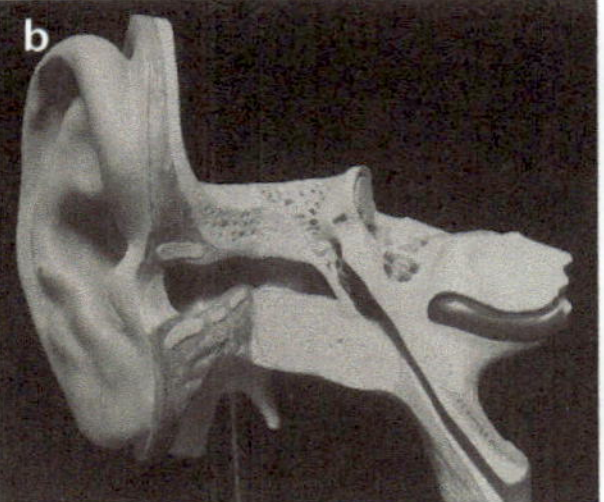

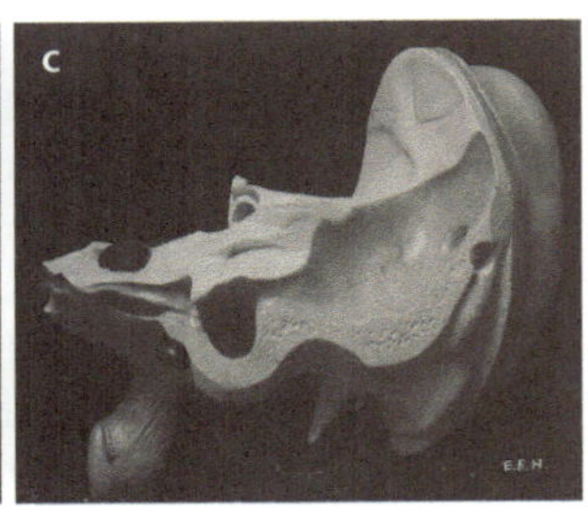

Abb. 8.4 Fotos von der Rück- und Vorderseite des Bezoldschen Modells des Gehörorgans aus Werbematerialien, die Hammer der Heidelberger Anatomischen Sammlung 1908 zukommen ließ. Universitätsarchiv Heidelberg, Akte K-IV/1-78/10. (Mit freundlicher Genehmigung des Universitätsarchivs Heidelberg)

lungen verbinden ließen, über die die meisten Laienbesucher verfügen würden (Bezold 1908). Hier könnte man von der Findung einer Sichtweise sprechen, die Körperwissen auf eindringliche und leichte Weise konsumierbar macht.[6] Interessanterweise war es jedenfalls diese Beschaffenheit, die diese Modelle laut Wagener zu den meist gebrauchten, käuflichen otologischen Modellen in Deutschland gemacht haben soll (Wagener 1929).

Diesbezüglich sind aber zwei weitere Aspekte zu erläutern, die zum Erfolg der Modelle unter Sachkundigen beitrugen. Zum einen wurde eine Darstellungsweise bewusst erarbeitet, deren Aufzeigen der „Form- und Lageverhältnisse für die funktionell wichtigen Hohlräume, sowie für die Schallleitungskette jeder wissenschaftlichen Anforderung genügen" musste (Bezold 1908). Dazu gehörte eine Strategie, die besonders für Sachkundige ausgedacht wurde, aber die für alle Betrachter Gültigkeit haben sollte: Anstatt eines komplexen Zerlegungsprozesses wurde eine Gruppierung von Modellen gestaltet, die als Einheit zusammen wirken sollten. Wie Bezold schreibt: „Um die für den Einblick in die drei Systeme von Hohlräumen, aus denen das Gehörorgan besteht, notwendige sukzessive Zerlegung zu vermeiden, habe ich das Gesamtorgan nicht einmal, sondern zweimal [...] darstellen lassen. Beide Modelle sind nebeneinander gestellt und sollen behufs gegenseitiger Ergänzung gleichzeitig betrachtet werden." (Bezold 1908; s. auch Wagener 1929) (Abb. 8.4).

Kern dieses Ansatzes war also der Gedanke, dass alles mit einem Blick und ohne ein zeitlich in die Länge gezogenes Auseinandernehmen erkennbar werden sollte. Für den Mediziner wie für den Laien ging es also um eine Sichtweise, die ein eindringliches und leichtes Aufnehmen des Körperwissens – eine gewisse Konsumierbarkeit – auf einmal ermöglicht, ohne die Wissenschaftlichkeit dieses Wissens jedoch zu kompromittieren. Dass dies gelingen konnte, scheint der professionelle Markt für Präparate und Lehrmittel bestätigt zu haben (Wagener 1929).

Dass die Modelle als Gruppierung erworben werden sollten, war nicht nur eine konzeptuelle Frage, denn der gleichzeitige Kauf mehrerer Modelle konnte den Preis erheblich senken. Wie Hammers Korrespondenz mit dem Heidelberger Anatomen Max

6 Diesbezüglich wäre es interessant zu fragen, inwiefern diese Konsumierbarkeit Verbindungen zur Reklame bzw. reklameähnlichen Effekten hätte, wie Walter Benjamin dies als Basis für den Erfolg der neuen Methoden der wissenschaftlichen Popularisierung in seinem Essay „Jahrmarkt des Essens" diagnostiziert hatte (Benjamin 1980; Nikolow 2015).

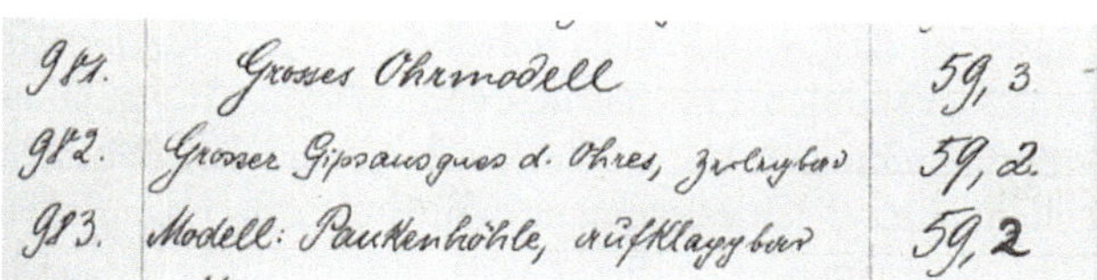

981.	Grosses Ohrmodell	59,3
982.	Grosser Gipsausguss d. Ohres, zerlegbar	59,2.
983.	Modell: Paukenhöhle, aufklappbar	59,2

Abb. 8.5 Auszug aus dem Sammlungsbuch der Anatomischen Sammlung der Universität Heidelberg. Zu sehen sind die Einträge bezüglich Hammers Modelle. (Foto: Sara Doll, Institut für Anatomie und Zellbiologie, Universitätsklinikum Heidelberg; mit freundlicher Genehmigung)

Fürbringer (1846–1920) zeigt, konnten sich erste Angebote für ein einziges Ohrmodell auf einer Höhe von 600 Mark bewegen, was trotz Fürbringers Interesse deutlich zu teuer für sein Institut war (UAH, Hammer an Fürbringer, 14.05.1908 und 19.05.1908). Nach einigem Hin und Her war es Fürbringer gelungen, ein ganz anderes Ergebnis zu erzielen, und zwar den Erwerb von allen Modellen für einen Gesamtpreis von 540 Mark (UAH, Hammer an Fürbringer, 22.06.1908). Fürbringers Vereinbarung scheint mit Angeboten übereinzustimmen, die Hammer generell für seine ganze Kollektion von Ohrmodellen erstellte (UAH, Hammer Bestellschein), was vielleicht auch erklärt, warum es Fürbringer nicht gelang, einen sogar noch größeren Preisnachlass auszuhandeln (UAH, Hammer an Fürbringer, 22.06.1908). Wichtiger als die Ersparnis an sich, ist aber wohl die Tatsache, dass Fürbringers Bereitschaft, alle Bezoldschen Modelle auf einmal zu beziehen, Heidelberg in die Lage versetzte, Bezolds Konzept in der Lehre und Forschung folgen zu können. Wie die entsprechenden Einträge im Heidelberger Sammlungsbuch belegen, wurden sie tatsächlich zum gleichen Zeitpunkt angenommen und zusammen aufgestellt in der dortigen Aanatomischen Sammlung (Abb. 8.5).

Wie die Heidelberger Verhandlungen klar machen, bestand Hammers Rolle nicht nur in der Ausführung und Herstellung der Modelle, sondern auch in der Vermarktung und dem Vertrieb. Wie Bezold Hammer in einem Brief ausdrücklich mitteilte, war Hammers Geschicklichkeit bei der Ausführung der Modelle so groß, dass es Hammer „natürlich auch gestattet“ war, „dieselben als meine Modelle im Handel zu bezeichnen“ (Bezold an Hammer, 03.03.1908). Schon vor Bezolds Tod im Oktober 1908 war Hammer also ein wesentlicher Faktor für den Verkaufserfolg der Bezoldschen Modelle, was in den darauf folgenden Jahren nur zunahm, als Hammers unablässige Vermarktungsarbeit immer stärker zu spüren war. Nach seiner Ernennung zum Universitätsplastiker im Jahr 1913 brachte Hammer besondere reich illustrierte Verkaufskataloge von seinen Präparaten in Umlauf, die die Präsentation der gleichen Modelle in illustrierten Ausstellungsführern und den populären Zurschaustellungen ab 1915 ergänzten (Hammer 1913, 1915, 1931). Obwohl es unklar ist, ob Heidelberger Mediziner bei einer Ausstellung während einer Fachtagung in der Heidelberger Stadthalle die Möglichkeit wahrnahmen, Hammers Modelle persönlich in Augenschein zu nehmen, gehört sein Verkaufskatalog zur wesentlichen Dokumentation der Ohrmodelle in Heidelberg.

Dass Hammers Modelle zeitgleich Teilhabe an herrschenden populären Ausstellungstrends des frühen 20. Jahrhunderts hatten, stand damals jedoch nicht im Widerspruch zu ihrer professionellen Qualität und ihrem erzieherischen Nutzen. Wie in diesem Aufsatz gezeigt wurde, lässt eine Rekonstruktion der medizinischen, kommerziellen und kulturellen Belange hinter Hammers erfolgreichsten Modellen eine Konstellation zutage treten, in der die professionelle Medizin und eine Reihe laienorientierter

Ausstellungs- und Aufklärungsprojekte im frühen 20. Jahrhundert in gegenseitigem Austausch miteinander standen. Eine befruchtende Wirkung der popularisierenden Impulse seitens der professionellen Medizin lässt sich anhand von Hammers Ohrmodellen durchaus feststellen, ohne gleich verleugnen zu müssen, dass Hammers Erfahrungen als Schausteller und Geschäftsmann zu dieser Wirkung auch beigetragen haben. Noch zu hinterfragen ist aber, inwiefern die Anwendung ähnlicher Strategien in Hammers eigenen Zurschaustellungen auch an Orten wie dem Deutschen Museum für Meisterwerke der Naturwissenschaft und Technik in München ebenso positiv gewirkt haben könnte.

8.5 Archivalische Quellen

8

- BayHStA = Bayerisches Hauptstaatsarchiv:
  - BayHStA, MK 19513 (1907) Gutachten der Bayerischen Sachverständigen-Kammer; Hammer, Emil, Bildhauer in München, Strafverfahren wegen Nachdrucks.
  - Plakatsammlung, Kultur- und Werbeplakate bis 1945, 22387. Darin: Ausstellung von Emil Eduard Hammer zu kriegsbedingten Schussverletzungen während des Ersten Weltkriegs in München.
  - BayHStA, MK 11328.
  - BayHStA, Plakatsammlung 22387.
- StAM = Staatsarchiv München:
  - StAM, Polizeidirektion München, 1051.
- StdAM = Stadtarchiv München:
  - StdAM, DE-1992-ZA-11322. Darin: Schreiben von Hammer an die Polizeidirektion vom 12.04.1906, 22.11.1906, 06.06.1916.
  - StdAM, DE-1992-POL-0384, Medizinisches Volksmuseum. Darin: Hammer EE (1906) Hammer's anatomisch-pathologische Austellung Volks-Krankeiten. Hammer, München.
  - StdAM, DE-1992-POL-0385, Hammers Anatomische Ausstellungen.
  - StdAM, DE-1992-ZS-0158-3, Hammers anatomische Originalausstellung, 1916. Darin: Hammer EE (1916) Hammer's anatomische Original-Ausstellung, verbunden mit Kriegs-Museum, 1916. Hammer, München.
- UAH = Universitätsarchiv Heidelberg:
  - UAH, Akte K-IV/1-78/10: Hammer Bestellschein 1908; Emil Eduard Hammer an Max Fürbringer, 14.05.1908 (mit Bemerkung Fürbringers auf der Rückseite, 17.05.1908); Emil Eduard Hammer an Max Fürbringer, 19.05.1908; Emil Eduard Hammer an Max Fürbringer, 03.06.1908; Emil Eduard Hammer an Max Fürbringer, 22.06.1908.

Literatur

Benjamin W (1980) Jahrmarkt des Essens. In: Tiedemann R, Schweppenhauser H, Adorno TW, Scholem G (Hrsg) Gesammelte Schriften IV, 1. Rolf. Suhrkamp, Frankfurt am Main, S 527–532

Bezold F (1908) Drei plastische Modelle des menschlichen Gehörorgans. Arch Ohrenheilkunde 78: 262–264

Brecht C (1999) Das Publikum belehren-die Wissenschaft zelebrieren. Bakterien in der Ausstellung „Volkskrankheiten und ihre Bekämpfung 1903". In: Gradmann C, Schlick T (Hrsg) Strategien der Kausalität. Konzepte der Krankheitsverursachung im 19. und 20. Jahrhundert. Centaurus-Verlagsgesellschaft, Pfaffenweiler, S 53–76

Der Komet, Fachzeitung für Schausteller und Marktkaufleute (1890) S 298

Dienel H-L (1998) Das Deutsche Museum und seine Geschichte. Oldenbourg, München

Dimpfl M (2017) Karl Valentin. Biografie. dtv, München

Dreesbach A (2005) Gezähmte Wilde. Die Zurschaustellung „exotischer" Menschen in Deutschland 1870–1940. Campus, Frankfurt am Main

Eulner H-H (1970) Die Entwicklung der medizinischen Spezialfächer an den Universitäten des deutschen Sprachgebietes. Enke, Stuttgart

Fraenkel M (1930) Hygiene-Ausstellung, eine Hochschule für jedermann! Versuch einer geschichtlich-soziologischen Ableitung. In: Zerkaulen H (Hrsg) Das Deutsche Hygiene-Museum. Festschrift zur Eröffnung des Museums und der Internationalen Hygiene-Ausstellung Dresden 1930. Wolfgang Jess, Dresden, S 15–23

Friederici A (2009) Castan's Panopticum. Ein Medium wird besichtigt. Karl-Robert Schütze, Berlin

Gille K (2004) 125 Jahre zwischen Wachs und Wirklichkeit. Hamburgs Panoptikum und seine Geschichte. Panoptikum Gebr. Faerer, Hamburg

Hammer EE (1898) Illustrierter Führer durch das Internationale-Handels-Panoptikum München. Hammer's Internationales Handels-Panoptikum, München

Hammer EE (1906) Hammer's anatomisch-pathologische Ausstellung Volks-Krankheiten. Hammer, München

Hammer EE (1913) Hammer's Ateliers. Wissenschaftlich und künstlerisch ausgeführte plastisch-anatomische Original-Modelle und Präparate für den Unterricht und Studium. Hammer, München

Hammer EE (1915) Illustrierter Führer durch Hammer's anatomische Original-Ausstellung „Der Mensch". Hammer, München

Hammer EE (1916) Hammer's anatomische Original-Ausstellung, verbunden mit Kriegs-Museum, 1916. Hammer, München

Hammer EE (1926) Illustrierte Führer durch die „Anahyga": Deutsche anatomisch-hygienische Ausstellung Der Mensch. Zur Hebung der Gesundheitspflege. April u. Mai 1926 im Weißen Saal d. Polizeipräsidium in München. Anahyga Gesellschaft, München

Hammer EE (1931) Anahyga Deutsche anatomisch-hygienische Ausstellung „Der Mensch". Anahyga Gesellschaft, München

Hammer EE. (o. J.) Führer durch die anatomische Abtheilung. München: Hammer's Internationales Handels-Panoptikum und anthropologisches Museum

Hammer, EE, Carl Gabriel. (o. J.) Illustirter Katalog der Kunstanstalt u. Kunsthandlung. Hammer's Internationales Handels-Panoptikum und anthropologisches Museum, München

Hashagen U, Blumtritt O, Trischler H (Hrsg) (2003) Circa 1903: Artefakte in der Gründungszeit des Deutschen Museums. Deutsches Museum, München

te Heesen A (2012) Theorien des Museums. Zur Einführung. Junius, Hamburg

Hopwood N (2007) Artist versus anatomist, models against dissection: Paul Zeiller of Munich and the revolution of 1848. Med Hist 51:279–308

Letkemann P (1973) Das Berliner Panoptikum: Namen, Häuser und Schicksale. In: Mitteilungen des Vereins für die Geschichte Berlins, Bd 69, S 319–320

Micklich R (1994) Louis Castan und seine Verbindungen zu Rudolf Virchow. Historische Aspekte des Berliner Panoptikums. In: Hahn S, Ambatielos D (Hrsg) Wachs- Moulagen und Modelle: Internationales Kolloquium, 26. und 27. Februar 1993. Verlag des Deutschen Hygiene-Museums, Dresden, S 155–162

Müller I (2004) Ausgewählte Abbildungen aus Werken der ehemaligen Deutschen Ärztebibliothek. In: Schätze aus der Berliner Ärzte-Bibliothek – Rückführung eines deutschen Buchbestandes aus Georgien. Online-Dokument, Ruhruniversitätsbibliothek Bochum. http://www.ub.ruhr-uni-bochum.de/DigiBib/Aktuelles/Schaetze.html. Zugegriffen am 17.10.2018

Münchner Neueste Nachrichten (MNN) (1906) Ohne Titel, 20.12.1906

Münchner Neueste Nachrichten (MNN) (1935a) Ohne Titel, 01.10.1935

Münchner Neueste Nachrichten (MNN) (1935b) Ohne Titel, 03.10.1935

Münchner Neueste Nachrichten (MNN) (1935c) Ein Helfer der Wissenschaft, 02.10.1935

Münz E, Münz E (Hrsg) (1978) Geschriebenes von und an Karl Valentin. Eine Materialiensammlung 1903 bis 1948. Süddeutscher Verlag, München
Nikolow S (2015) „Wissenschaftliche Stillleben" des Körpers im 20. Jahrhundert. Erkenne Dich selbst! Strategien der Sichtbarmachung des Körpers im 20. Jahrhundert. Böhlau, Köln, S 11–46
Nyhart LK (2004) Science, art and authenticity in natural history displays. In: de Chadarevian S, Hopwood N (Hrsg) Models. The third dimension of science. Stanford University Press, Stanford, S 307–338
Oettermann S (1992) Alles-Schau: Wachsfigurenkabinette und Panoptiken. In: Kosok L, Jamin M (Hrsg) Viel Vergnügen: öffentliche Lustbarkeiten im Ruhrgebiet der Jahrhundertwende. Pomp, Essen, S 36–56
Osten P (2005) Zwischen Volksbelehrung und Vergnügungspark. Dtsch Ärztebl 102(45):A3085–A3088
Politzer A (1913) Geschichte der Ohrenheilkunde. Band II. Von 1850–1911. Verlag von Ferdinand Enke, Stuttgart
Pudor H (1910) Museumschulen. Museumskunde 6:248–253
Rühlemann M (2003) Das Internationale Handels-Panoptikum – ein Massenmedium der Exotik. In: Dreesbach A, Zedelmaier H (Hrsg) „Gleich hinterm Hofbräuhaus waschechte Amazonen." Exotik in München um 1900. Dölling und Galitz, München, S 46–52
Streeter GL (1906) On the developement of the membranous labyrynth and the acoustic and facial nerves in the human embryo. Am J Anat 6:139-165
Trendtel F (1933) Gesundheitsausstellungen, wie sie nicht sein sollen! Mitteilungen Ärzte Zahnärzte Groß-Hamburgs 9:120
Vogel K (2003) Das Deutsche Hygiene-Museum Dresden: 1911 bis 1990. Sandstein, Dresden
Wagener O (1929) Unterricht in der Laryngologie, Rhinologie und Otologie. Methoden, Hilfsmittel, Prüfung. In: Amersbach VK et al (Hrsg) Die Krankheiten der Luftwege und der Mundhöhle. Julius Springer, Berlin, S 1308–1309
Wiegand S (2003) Ein „sehr wertvolles Material für exakte wissenschaftliche Unternehmungen. Das Interesse der Münchner Anthropologischen Gesellschaft an ‚nie gesehenen Körperverhältnissen". In: Dreesbach A, Zedelmaier H (Hrsg) „Gleich hinterm Hofbräuhaus waschechte Amazonen." Exotik in München um 1900. Dölling und Galitz, München, S 117–120
Zimmerman A (2001) Anthropology and antihumanism in imperial Germany. Chicago University Press, Chicago

Die Heidelberger Moulagen

Inhaltsverzeichnis

Die Heidelberger Lepramoulage MW 24 von Stéphan Littre aus Paris – Ein bemerkenswerter Fall

Sara Doll und Johanna Lang

S. Doll, N. Widulin (Hrsg.), *Spiegel der Wirklichkeit*,
https://doi.org/10.1007/978-3-662-58693-8_9

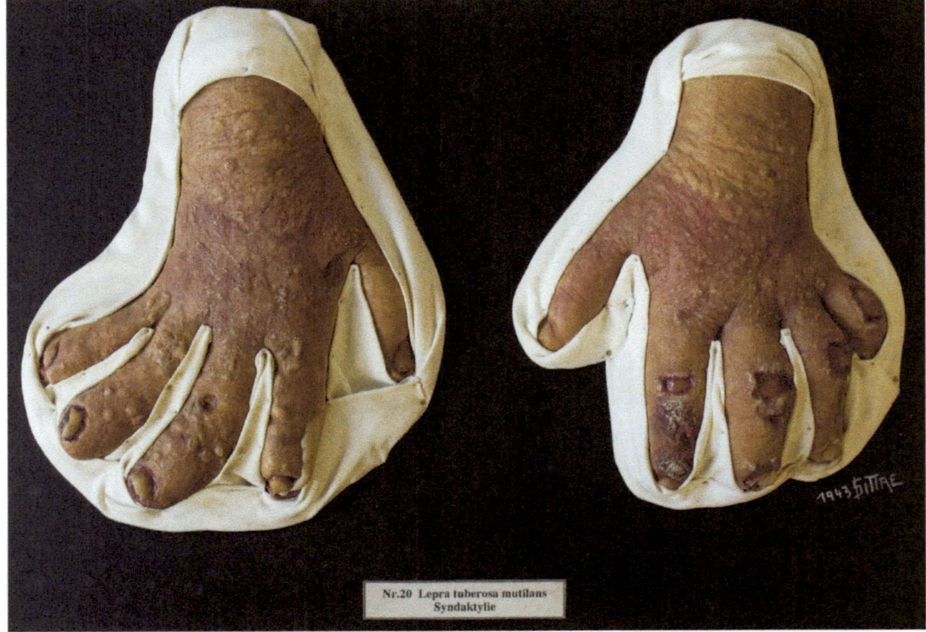

Abb. 9.1 Lepra tuberosa mutilans, Stéphan Littre, Paris 1943. Objektmaß *links*: 23 cm × 19 cm × 4 cm, vermutlich Fett-Harz-Wachs-Mischung, farbig bemalt, Textil, Metall. Objektmaß *rechts*: 18 cm × 10 cm × 9 cm, vermutlich Fett-Harz-Wachs-Mischung, farbig bemalt, Textil, Metall. Sockelmaß: 38 cm × 17 cm × 5 cm, Holz, schwarz bemalt, Papier mit Schreibmaschinenaufschrift. Signatur MW 24, Standort: Institut für Anatomie und Zellbiologie Heidelberg. (Foto: Sara Doll; mit freundlicher Genehmigung des Universitätsklinikums Heidelberg, Institut für Anatomie und Zellbiologie Heidelberg)

9.1 Die Moulagensammlung der Heidelberger Universitäts-Hautklinik

S. Doll

In den beginnenden 1980er-Jahren wurde die Heidelberger Hautklinik saniert und dabei fanden sich 46 Moulagen im Dachgeschoss des Bettenhauses wieder. Diese eindrucksvollen und sehr realistisch aussehenden Hautabdrücke aus Wachs wurden in den Jahren 1994 und 1995 restauriert und zum Teil in einem wiederhergerichteten Treppenzugang ausgestellt (Festschrift 2008). Die Objekte, darunter auch die hier vorgestellte Moulage (■ Abb. 9.1), wurden von unterschiedlichen Künstlern erstellt und sind uneinheitlich gut erhalten. Im Jahr 2013 zog die Hautklinik in einen Neubau, die Moulagensammlung sollte bis auf wenige Ausnahmen nicht wieder ausgestellt werden. Der Großteil dieser mobilen Kunstwerke wurde an das Institut für Anatomie und Zellbiologie abgegeben.

Auch im Deutschen Hygiene-Museum in Dresden befinden sich Moulagen aus Heidelberg. Im Jahr 2006 wurden 14 Modelle aus dem Institute of Public Health (einstmals Heidelberger Institut für Tropenhygiene und öffentliches Gesundheitswesen) an das renommierte Dresdener Museum abgegeben. Die Objekte wurden bereits durch Helmut Jusatz (1907–1991), der ab 1962 Abteilungsleiter war, in die Lehre integriert. Wie lange sie ihm Dienste leisteten und ob beide Sammlungen ehemals zusammengehörig waren, ist leider nicht bekannt.

Die Hautklinik erwarb bereits im beginnenden 20. Jahrhundert Moulagen für Lehrzwecke.

Der Mediziner Siegfried Bettmann (1869–1939) arbeitete seit 1894 für die Universität. Er betreute zu dieser Zeit bereits, durch seinen Vorgesetzten und Direktor der medizinischen Klinik Wilhelm Erb (1840–1921) beauftragt, die dermatologischen und venerologischen Patienten. Ab dem 15.10.1904 erhielt er einen Lehrauftrag für die Dermatologie (UAH, RA 6811). Sicherlich auch, um moderne Lehrmittel zu verwenden, versuchte er zwei Jahr später, Mittel für die „Einrichtung einer Moulagensammlung für den Dermatologischen Unterricht“ zu erhalten. Es ist nicht überliefert, welche Moulagen in der Gründungszeit der Hautklinik durch Bettmann im Jahr 1906 erworben wurden. Es existierten weder eine Inventarliste, Namen von Herstellern, Krankheitsbilder noch sonstige Dokumente wie Kaufquittungen, Hinweise auf Schenkungen oder gar Übergabeprotokolle. Im Oktober 1906 erhielt der Engere Senat die Zusage des Ministerium der Justiz, des Kultes und des Unterrichts, aus den allgemeinen Universitätsmitteln Mittel für die Modelle anzukaufen (UAH, RA 6270, 19.10.1906). Im November wurde dies konkretisiert und der Dermatologe durfte sich über 400 Mark in Form eines außerordentlichen Zuschusses freuen (UAH, RA 6270, 28.11.1906). Wenige Monate später musste es bereits Moulagen – oder zumindest Zusagen für die Lieferung solcher – für die Ausbildung der Studierenden gegeben haben, denn Bettmann beantragte aus dem „Requisiten Fond“ der Universität die Anschaffung eines Schranks, um die neu erworbenen Lehrmittel dort unterbringen zu können (UAH, RA 6270, 17.05.1907). Dem wurde stattgegeben und so bekam er weitere 145 Mark für den Kauf zugebilligt (UAH, RA 6270, 13.07.1907).

Im Jahr 1908 wurde die Heidelberger Hautklinik gegründet, deren erster Direktor, der nun zum außerplanmäßigen Professor ernannte, Bettmann wurde.

Die ältesten gegenwärtig noch vorhandenen Moulagen stammen aus der Hand des Berliner Mouleurs Fritz Kolbow (1873–1946). Nach einer Station in Dresden eröffnete Kolbow im Jahr 1922 sein „Atelier für Medizinische Lehrmittel Berlin: Fritz Kolbow", seine Signatur oder Firmenmarke findet sich auch auf den hiesigen fünf Moulagen wieder. Die Modelle wurden also definitiv nach 1922 erworben und präsentieren unter anderem die Hautveränderungen der Borkenflechte sowie der Pocken- und Windpockenerkrankung.

Im gleichen Zeitraum und etwas später entstand im Hygiene-Museum Dresden die Moulagenserie zu den unterschiedlichen oberflächlichen Auswirkungen der Syphilis auf den menschlichen Körper. Insgesamt sechs Modelle weist die Sammlung zu diesem Themenkomplex auf. Weitere Krankheitsbilder wie die Ruhr, Typhus, Milzbrand, Röteln, Skorbut oder Tuberkulose sollten die Palette der Moulagen, die in der Heidelberger Hautklinik Verwendung fanden, ergänzen.

Die meisten Moulagen, insgesamt 17 Stück, wurden von dem französischen Mouleur Stéphan Littre (1893–1969) angefertigt, der als letzter Künstler in Paris Wachsmodelle herstellte. Sie alle zeigen Auswirkungen der Lepra in verschiedenen Ausprägungen und an verschiedenen Körperpartien.

Die vorliegende zweiteilige Moulage mit der Heidelberger Inventarnummer MW 24 vermittelt dem vielleicht schaudernden Betrachter einen detailgetreuen Eindruck des Händepaars eines jungen, erst 17-jährigen Mannes aus Kalkutta/Indien (▫ Abb. 9.1). Er litt unter „Lepra tuberosa mutilans", einer knollenartigen Veränderung der Haut, hervorgerufen durch die bakterielle Infektionskrankheit.

In der Pariser Hautklinik des Hôpital Saint-Louis wurden die dargestellten Hautareale des indischen Patienten partiell abgeformt, die in Wachs gegossenen und kolorierten Duplikate eingerahmt durch weißes Tuch auf einem Brett befestigt.

Seine Erkrankung wurde erstmals im Jahr 1894 in einer Veröffentlichung von François Henri Hallopeau (1842–1919) im „Bulletin de la Société française de Dermatologie et de Syphiligraphie" beschrieben, doch die hier vorliegenden Objekte entstanden erst 7 Jahre nach der Veröffentlichung. Sie demonstrieren die schrecklichen Folgen für den „Aussätzigen": Er litt unter blasigen Auftreibungen der verfärbten Haut, die Finger verbreiterten sich laut Begleittext „keulen- oder glockenklöppelähnlich", sie wirken zum Teil krallenartig deformiert und tragen Eiterblasen, die den beiden Moulagen ein fast entstelltes Aussehen verleihen.

Lepra, eine nerven- und gefäßschädigende Infektionserkrankung, führt unbehandelt zu der charakteristischen Knoten- und Schuppenbildung der Haut sowie zu Gefühllosigkeit für äußere Reize wie Wärme oder Kälte, aber auch Schmerz. Die Erkrankung endete – vor der Einführung wirksamer Therapien – oft mit dem Tod, meist nach chronischem Siechtum nicht durch die Lepra selber, sondern infolge Entzündungen, die z. B. durch Unfälle induziert wurden.

Erstellt wurden diese sowie 16 weitere in Heidelberg vorhandene Moulagen über die drastischen Folgen der Lepra von Stéphan Littre (1893–1969), der als letzter Mouleur für das Pariser Museum Wachsmodelle anfertigte.

Die Objekte sind die Kopie einer Doppelmoulage mit der Nummer 1217 aus dem Museum des Hôpital Saint-Louis in Paris. Das Museum war der Hautklinik angegliedert, die bereits seit dem Beginn des 19. Jahrhunderts als Spezialklinik ihre angehenden Ärzte mithilfe dieser beeindruckenden Wachsabdrücke unterrichtete. Schon ab 1867

Abb. 9.2 Stéphan Littre, das Foto wurde in den 1960er-Jahren auf einer Tagung der Plastischen Chirurgen aufgenommen. (Mit freundlicher Genehmigung von Le service des Archives de l'AP-HP, 826 W_Musée des moulages de l'Hôpital Saint-Louis Paris et de la Bibliothèque Henri Feulard, 826W244, Congrès de chirurgie plastique)

erstellte Jules Pierre François Baretta (1834–1923) Moulagen von erkrankten Hautpartien ausgewählter Patienten der Klinik. Seit dem Jahr 1885 gab es sogar ein eigenes Gebäude für die rasch gewachsene Lehrsammlung. Dies war sicherlich auch dringend notwendig, denn bis zum Jahr 1889 wurden bereits beträchtliche 2345 Objekte verzeichnet (Schnalke 1986, S. 69–72). Die Pariser Sammlung wurde Impulsgeber und ein Zentrum der bald immer populärer werdenden Moulagentechnik weltweit.

Neben Baretta waren u. a. Alfred Fournier (1832–1914) und Louis Niclet (1867–1924) mit der Herstellung von Moulagen im Museum beschäftigt, bevor Stéphan Littre als junger Mann in den Dienst der Klinik trat. In seiner Militärakte wird Littre als Mann mit „länglichem Gesicht, hoch fliehender Stirn, hellbraunen Haaren, grau-blauen Augen, einer graden Nase und 1 Meter 77 Zentimeter groß" beschrieben (Abb. 9.2).[1] Im Musterungsbescheid von 1913 als schwächlich klassifiziert, musste er dennoch im Erster Weltkrieg in der Gebirgsartillerie und in der schweren Artillerie in Lourdes dienen. Als Unteroffizier wurde ihm bei der Entlassung ein gutes Führungszeugnis ausgestellt. Mit welcher Tätigkeit er bis zum Beginn seiner Einstellung im Museum im Jahr 1928 seinen Lebensunterhalt bestritt, ist nicht überliefert. In seinem ersten Arbeitsjahr wurden jedoch 16 durch ihn erstellte Moulagen bekundet.[2] Im Zweiter Weltkrieg kämpfte Littre in der Flugabwehr gegen die deutschen Truppen, ab 1940 war er Reservist. In den Kriegsjahren gab es Probleme bei der Herstellung der kostbaren Moulagen, denn es herrschte Knappheit an Gips und Wachs – Materialien, die unbedingt in der Produktion benötigt wurden.

1 Stadtarchiv Paris, Quelle: généalogiques complémentaires, Recrutement militaire de la Seine, sous-série D4R1 des registres matricules militaires.

2 Information basiert auf Kataloginformation: ► http://www.biusante.parisdescartes.fr/histoire/images/index.php (zugegriffen 15. Oktober 2018).

Trotz dieser sicherlich prekären Lage für den Künstler arbeitete er weiter. Es wurde ihm im Rahmen seines Arbeitsvertrags das Recht eingeräumt, als anatomischer Mouleur weitere Arbeiten auszuführen.[3] Im Artikel 2 bekam er, im Rahmen dieses Vertrages, das exklusive Recht eingeräumt, nicht nur für das Museum und die Ausstellung, sondern auch im Namen des Museums für andere Fakultäten, Schulen, Mediziner oder auch Privatpersonen Arbeiten auszuführen. Dies bezog sich nicht nur auf die Vervielfältigung von Moulagen, sondern auch auf die Fertigung von Gesichtsprothesen, sog. Epithesen, die er wahrscheinlich in Zusammenarbeit mit der hiesigen Hals-Nasen-Ohren-Klinik ausführte.

Auf welchem Weg die Heidelberger Lepramoulagen von Littre ihren Weg an den Neckar fanden, ist jedoch bis heute unklar. Es existieren keine An- oder Verkaufsbelege weder in Heidelberg noch in Paris, noch konnte zum Beispiel ein Diebstahl im Museum verzeichnet oder ein Briefwechsel gefunden werden, der einen Austausch dokumentieren würde. Allerdings wurde im Jahr 2018 bekannt, dass zu Beginn des 20. Jahrhunderts Moulagen aus Paris nach Argentinien verkauft wurden, sodass ein regulärer Verkauf nach Heidelberg nicht ausgeschlossen werden kann (Nocito und Berra 2018).

Bis Juli 1965 arbeitete Stéphan Littre im Pariser Museum.[4] Dort fertigte er bis zu seiner Pensionierung fast 400 Moulagen an. Ein weiterer Grund seiner Entlassung im hohen Alter von 70 Jahren könnte auch der Brillianz der Farbfotografie geschuldet sein. Fotos, Dias und gesunkene Druckkosten für farbig ausgestattete Lehrbücher versetzten einem einstmals berühmten Handwerk den Todesstoß und machten die Verwendung der Moulagen im Unterricht entbehrlich.

9.2 Technologische und restauratorische Betrachtungen über die Moulage „Lepra tuberosa mutilans" von Stéphan Littre, Paris 1943

J. Lang

Auf den ersten Blick zeigt das Heidelberger Sammlungsstück den für Moulagen klassischen Materialverbund und technologischen Aufbau: Im Zentrum zwei dreidimensionale Bildwerke aus Wachs, die mit einem textilen Gewebe eingefasst und auf einem schwarz bemalten Holzbrett befestigt sind (▣ Abb. 9.1). Bei der näheren Auseinandersetzung treten jedoch einige Unterschiede zu andernorts überlieferten Exemplaren zutage, welche es in den nachstehenden Abschnitten aufzuzeigen und zu hinterfragen gilt. Das heutige Aussehen der Wachsarbeit wird von den Spuren einer in der Vergangenheit unsachgemäß durchgeführten Restaurierung dominiert. In diesem Zusammenhang ereilte sie wiederum abermals das gleiche Schicksal wie viele Moulagen aus anderen Sammlungen und auch hiervon soll im Folgenden die Rede sein.

---

3 Le service des Archives de l'AP-HP-826 W_Musée des moulages de l'Hôpital Saint-Louis et de la Bibliothèque Henri Feulard, Personnel du musée, 826 W27, Vertrag Littré.

4 Le service des Archives de l'AP-HP-826 W_Musée des moulages de l'Hôpital Saint-Louis et de la Bibliothèque Henri Feulard, Personnel du musée, 826 W27, Vertrag Littré.

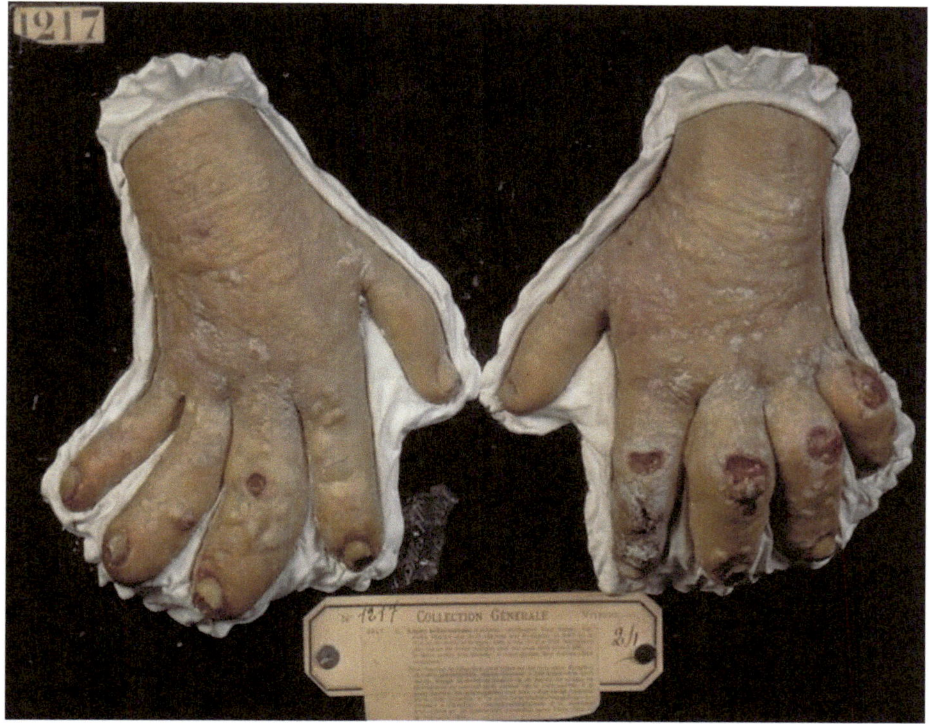

Abb. 9.3 Moulage „Lèpre tuberculeuse mutilante", Jules Baretta, Paris 1887. Musée des moulages de l'Hôpital Saint-Louis Paris. (Foto: François Marin/AP-HP; mit freundlicher Genehmigung des Musée des moulages de l'Hôpital Saint-Louis Paris)

9.2.1 Technologische Besonderheiten

Außergewöhnlich ist bereits der Entstehungsprozess der Handdarstellungen. Im Regelfall entstanden Moulagen durch Ausgießen einer Gipsform mit Wachs, die direkt am erkrankten menschlichen Körper abgenommen wurde.[5] Eine solche originale Abformung liegt den Heidelberger Exemplaren nicht zugrunde. Gemäß einer Aufschrift auf der Rückseite des zugehörigen Trägerbrettes handelt es sich vielmehr um die Kopien zweier Erstabgüsse, welche im Museum des Hôpital Saint-Louis in Paris erhalten sind (Abb. 9.3).[6]

Spuren des Werkprozesses geben Auskunft über die Fertigungsweise dieser Kopien. Zahlreiche kleine runde Löcher in der Oberfläche der Handmoulagen zeigen auf, dass ihre Herstellung im Gussverfahren erfolgte. Sie stammen von Lufteinschlüssen, wie sie sich beim raschen Ausgießen flüssiger Substanzen in besonders großer Zahl bilden (Abb. 9.4).

5 Zur Definition und Herstellung von Moulagen vgl. insbes. Schnalke 1995.

6 Der Hinweis ist in Französisch verfasst und lautet „Copie de la pièce n°1217 du Musée de l'Hôpital St-Louis de Paris".

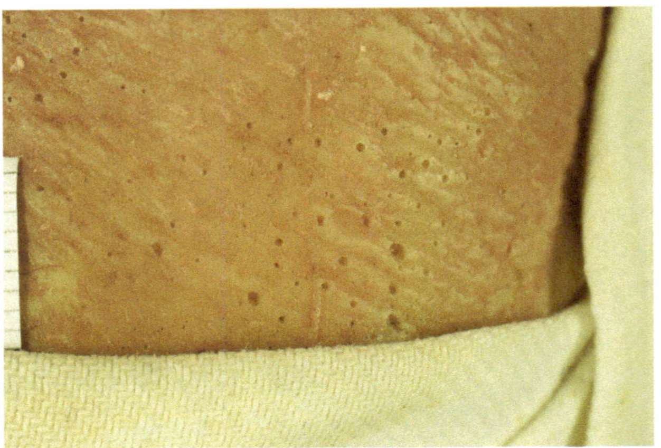

Abb. 9.4 Mikroskopaufnahme von „Lepra tuberosa mutilans", Stéphan Littre, Paris 1943. (Foto: Johanna Lang; mit freundlicher Genehmigung des Universitätsklinikum Heidelberg, Institut für Anatomie und Zellbiologie)

9

Feine erhabene Linien, die entlang den Fingern bis zum Armansatz verlaufen, zeugen von der Verwendung mehrteiliger Gussformen (vgl. Abb. 9.4). Es handelt sich um sog. Gussnähte, an denen die wohl aus Gips gefertigten Formteile einst zusammengefügt waren. Nach dem Ausgießen mit einer Wachsschmelze und deren Erhärten wurde die Form entlang dieser Fügestellen wieder getrennt, um die Handmoulage mit ihrer dreidimensionalen Gestalt und den vielen Hinterschneidungen unbeschadet herausnehmen zu können. Die Ausführung stark plastischer Details, wie der verhornten und aufgewölbten Fingernägel, erfolgte erst danach in einem separaten Arbeitsschritt durch freihändiges Modellieren. Auch dies lässt sich vermittels der Gussnähte belegen, die unter den aufmodellierten Fingernägeln fortlaufen.

Ungewiss ist, ob für den Guss der Heidelberger Stücke neue Gipsformen von den Wachsarbeiten in Paris abgenommen wurden oder ob die Formen dieser Erstabgüsse aufbewahrt worden und erneut zum Einsatz gekommen waren. Schriftliche Hinweise auf die Schaffensweise Littres konnten in den bislang bekannten überlieferten Quellen nicht ausfindig gemacht werden.[7] Allein die Moulagen im Museum des Hôpital Saint-Louis selbst scheinen hierüber noch Auskunft geben zu können, deren vergleichende Untersuchung daher wünschenswert ist. Eventuell sind an ihnen Reste von Gips oder einer anderen Abformmasse vorzufinden, die für erstere Verfahrensweise sprechen würden. In diesem Fall hätte sich der letzte Pariser Mouleur der vorhandenen Wachsarbeiten bedient, um Duplikate herzustellen. Oder es liegen Gussnähte an den exakt gleichen Positionen wie an dem Heidelberger Exemplar vor, was für die Wiederverwendung derselben Form spräche.

Eine weitere Besonderheit der Heidelberger Lepramoulage ist deren Materialzusammensetzung. Zwar ist diese nicht eindeutig bekannt, da bislang keine naturwissenschaftliche Analyse durchgeführt wurde. Eine solche erfolgte jedoch an der Moulage „Lepra mutilans mixta" (DHMD 2006/44), die heute am Deutschen Hygiene-Museum Dresden vorliegt und bei der es sich gleichfalls um eine von Stéphan Littre hergestellte

7 Vgl. hierzu die in den ersten Passagen dieses Beitrags angeführten Quellen zu Stéphan Littre, in welchen sich keine Information zu dessen Arbeitsweise befindet.

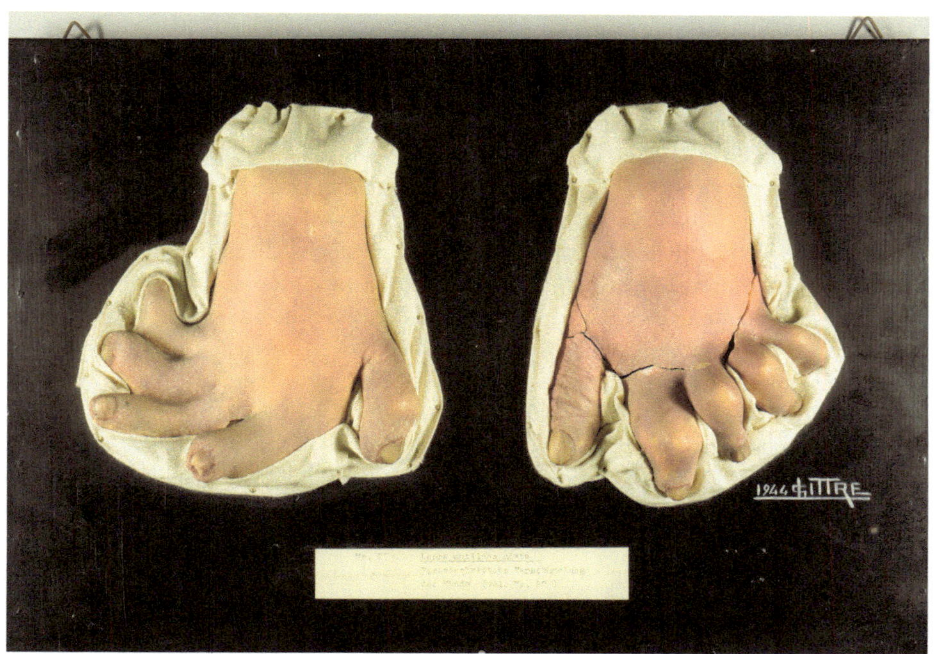

Abb. 9.5 Moulage „Lepra mutilans mixta", Stéphan Littre, Paris 1944. DHMD 2004/66. (Foto: Johanna Lang; mit freundlicher Genehmigung des Deutschen Hygiene-Museums Dresden)

Kopie eines französischen Erstabgusses zweier Hände handelt (Abb. 9.5).[8] Im Abstand von nur einem Jahr entstanden, dürfte sich die Materialzusammensetzung dieser beiden Sammlungsstücke ähneln. Dafür spricht auch deren übereinstimmende Konsistenz, die außergewöhnlich hart und spröde ist.

Als Hauptbestandteil des Dresdner Exemplars ließ sich mittels Materialanalyse Talg nachweisen (vgl. Dietemann et al. 2010, S. 67). Diese durch Ausschmelzen des inneren Fettgewebes insbesondere von Rindern und Schafen gewonnene Substanz besteht aus mit Glycerin veresterten Fettsäuren (v. a. Palmitin-, Stearin- und Ölsäure) und zählt somit chemisch gesehen zur Stoffgruppe der Fette (vgl. Neumüller 1977, S. 3458). Was Stéphan Littre zum Einsatz von Talg bewogen hat, lässt sich aus heutiger Sicht nur mutmaßen. Vor allem ist denkbar, dass der gemeinhin für die Herstellung von Moulagen bevorzugt eingesetzte Rohstoff Wachs in der vom Krieg gezeichneten Entstehungszeit der Lepramoulagen nicht zur Verfügung stand. Technische Absichten scheinen indes zunächst weniger wahrscheinlich. Zwar wird die Zugabe von Talg bereits in frühen Rezepten zur Ausführung keroplastischer Arbeiten empfohlen, allerdings lediglich in

8 Die Materialanalyse erfolgte durch Dr. Patrick Dietemann und Ursula Baumer (beide Doerner Institut München) sowie durch Prof. Dr. Christoph Herm (Archäometrielabor der Hochschule für Bildende Künste Dresden) während des Projektes „Wachsmoulagen. Wertvolles Kunsthandwerk vom Aussterben bedroht", das von 2008–2010 im Rahmen des Förderprogramms KUR (Konservierung und Restaurierung von mobilem Kulturgut) von der Bundeskulturstiftung und der Kulturstiftung der Länder am Deutschen Hygiene-Museum Dresden durchgeführt wurde.

kleinen Mengen und sofern es eine für die Formgebung mittels Modellieren verwendete Ausgangsmasse plastischer zu machen galt (vgl. Duhamel du Monceau 1762, S. 92; Uhlenhuth 1879, S. 29). Nur vereinzelte Quellen erwähnen die Zugabe des tierischen Fettes zu wächsernen Gussmassen, um diese zäher zu machen und sie dadurch besser in dünnen Schichten ausgießen zu können (vgl. Wichelhausen 1798 [2010], S. 103–105). Tatsächlich lassen sich an den Dresdner wie auch an den Heidelberger Bildwerken drei übereinanderliegende Gussschichten erkennen, die jeweils ca. 1 mm stark sind. Demnach ist eine solch gezielte Materialauswahl nicht gänzlich auszuschließen.

Als Nebenkomponente wurde in dem Dresdner Sammlungsstück Dammarharz analysiert (vgl. Dietemann et al. 2010, S. 67). Dieses hauptsächlich in Sumatra von diversen Bäumen aus der Familie der Flügelfruchtgewächse gewonnene Harz findet bis heute in den unterschiedlichsten Kunsttechniken Verwendung, v. a. aber wurde und wird es in gelöster Form als Firnis auf Gemälde aufgebracht (vgl. u. a. Doerner 1994, S. 88–89). Dass es auch bei der Herstellung von Moulagen zum Einsatz kam, ist durch die Literatur und anderweitige Materialanalysen belegt.[9] Als vorteilhaft galt hier, dass sich feinste Strukturen der menschlichen Haut in einer mit Harz versetzten wächsernen Gussmasse deutlicher abzeichnen (vgl. Walther-Hecker 2010, S. 156). Zudem werden Bienenwachs und andere verhältnismäßig weiche Wachssorten durch die Zugabe von Harz härter, was sich v. a. bei hohlen Wachsabgüssen positiv auf deren Stabilität auswirkt (vgl. u. a. Sedna 1919, S. 181). Gerade letzteres könnte die Anwesenheit von Dammarharz in der Littreschen Moulage erklären, da Talg noch weicher als etwa Bienenwachs ist und die im Gussverfahren gefertigten Hände tatsächlich im Inneren hohl sind.

Unverständlich ist vor diesem Hintergrund das Vorkommen von Tricresylphosphat (TCP) im Materialverbund der Dresdner Moulage (vgl. Dietemann et al. 2010, S. 67). Diese heute als gesundheitsschädlich eingestufte chemische Verbindung kam in der ersten Hälfte des 20. Jahrhunderts häufig als Zusatz in der Kunststoffproduktion zum Einsatz und hat die Funktion eines Weichmachers (vgl. Braun 2013, S. 220–221). Den Chemikern zufolge ist von einer vorsätzlichen Zugabe durch den Mouleur auszugehen, der damit die Eigenschaften seiner Gussmasse anpassen wollte (vgl. Dietemann et al. 2010, S. 68). Um dies zu verifizieren, sind jedoch weitere Nachforschungen, Analysen und auch Versuche erforderlich. Eventuell erhöht sich die Härte von Fett selbst bei geringen Mengen an Harz, was die Zugabe eines Weichmachers erklären würde. Oder der von Littre verarbeitete Talg war doch zunächst einem anderen Zweck zugedacht und hierfür bereits von anderer Hand mit dem Phosphatsäureester versetzt worden.

Neben diesen organischen Komponenten wurden bei der Materialanalyse noch die anorganischen Verbindungen Bleihydroxidcarbonat (Bleiweiß) sowie Calciumcarbonat (Kalk) und Bariumsulfat (Schwerspat) nachgewiesen (vgl. Dietemann et al. 2010, S. 71, 73). Alle drei Substanzen finden in historischen Rezepten für die Herstellung keroplastischer Arbeiten Erwähnung, so dass die französische Moulage in diesem Zusammenhang keine Ausnahme darstellt. Insbesondere letzteren zwei wurde das Verfestigen der wächsernen Erzeug-

9 So erfolgte der Nachweis von Dammarharz in einer von E. Kürschner-Ziegfeld hergestellten Moulage aus dem Krankenhaus Dresden-Friedrichstadt (heute als Dauerleihgabe im Deutschen Hygiene-Museum) sowie in frühen Moulagen aus der Lehrmittelproduktion des Deutschen Hygiene-Museums; vgl. Dietemann et al. 2010, S. 66–67. In der Literatur wird die Zugabe von Dammarharz bei der Herstellung von Wachsmoulagen insbesondere erwähnt durch Stoiber 2005, S. 73.

nisse nachgesagt, ferner kamen sie als Streckmittel zum Einsatz (vgl. Schmidt 1853, S. 166; Sedna 1919, S. 182). Vor allem aber dienten diese anorganischen Zusätze zum Einfärben wächserner Gussmassen beziehungsweise verliehen sie diesen den **„Eindruck der fleischähnlichen Konsistenz"**, wie sie insbesondere für die Nachbildung hautsichtiger menschlicher Körperteile gewünscht war (Walther-Hecker 1988 [Walther-Hecker 2010], S. 156).

Basierend auf den soeben dargelegten Ergebnissen einer Spurensuche kann die im Heidelberger Universitätsklinikum überlieferte Moulage von Stéphan Littre als ungewöhnliches Exemplar bezeichnet werden. Wie auch ihr Pendant am Deutschen Hygiene-Museum in Dresden unterscheidet sie sich von den klassischen Moulagen hinsichtlich ihrer Materialzusammensetzung und durch den zugrundeliegenden Formgebungsprozess. Die Ursachen für diese Andersartigkeit konnten im Rahmen der hier vorgestellten erstmaligen technologischen Auseinandersetzung nicht ermittelt werden. Stattdessen liefert der vorliegende Beitrag diverse Denkanstöße, die zukünftige Recherchen zu dem französischen Mouleur sowie eine technologische Untersuchung der übrigen in Heidelberg und Dresden vorhandenen Littreschen Arbeiten anregen sollen. Die noch immer andauernde Forschung zur Geschichte der Moulagen sowie zur Arbeitsweise der Mouleure ließe sich auf diese Weise mit Sicherheit um weitere Puzzlestücke ergänzen.

9.2.2 Frühere Eingriffe in das Original

Im Folgenden sei der Blick auf den Erhaltungszustand der Heidelberger Moulage gerichtet, der in vielerlei Hinsicht zu denken gibt. Zwar ist der Zusammenhalt der diversen Objektkomponenten und Materialien weitestgehend intakt und stabil, der zukünftige Fortbestand des Sammlungsstückes somit nicht akut in Gefahr. Jedoch wurde im Jahre 1995 eine unsachgemäße Restaurierung durchgeführt, deren Spuren das heutige Aussehen der Moulage stark beeinträchtigen. Von diesen damaligen Maßnahmen soll nachstehend die Rede sein. Es gilt das Ausmaß und die Auswirkungen des Eingriffs zu benennen, da sie die Notwendigkeit einer fachmännischen restauratorischen Bearbeitung auch und gerade von universitärem Sammlungsgut trefflich vor Augen führen.

Aufgrund ihres beinahe neuwertigen und massigen Aussehens fallen zunächst die Textileinfassung und das Trägerbrett auf. Im Verbund mit den detailliert ausgearbeiteten Handabgüssen, die sich durch Materialalterung und Gebrauchsspuren zudem als historisches Sammlungsgut ausweisen, geben sie kein stimmiges Gesamtbild ab. Dass dies das Ergebnis einer jüngeren Überarbeitung ist, geht aus einer abermaligen Spurensuche an der Moulage und deren vergleichenden Untersuchung mit dem Dresdner Pendant klar hervor.

Ungenutzte Einstichlöcher entlang den Rändern der Heidelberger Handabgüsse zeugen von einer älteren mit Nadeln befestigten Textileinfassung, die im Zuge der „Restaurierung" gegen ein neues Gewebe ersetzt wurde. Demgegenüber hat sich an den Dresdner Exemplaren das entstehungszeitliche Textil erhalten. Dieses ist in lockerer Leinwandbindung gewebt und konnte dadurch mit feinen, die Körperform aufnehmenden Falten dezent um die Hände gelegt werden. Die neue Einfassung der Heidelberger Moulage verhält sich indes aufgrund ihrer engmaschigen Fischgradbindung steif. Sie musste demnach mit viel Volumen drapiert werden, was das Einbringen unzähliger Nadeln an anderen Stellen nach sich zog. Durch den hierbei ausgeübten Druck brachen an den Einstichlöchern oftmals kleine Stücke der Fett-Harz-Mischung aus, die zu jener Zeit bereits hart beziehungsweise spröde war.

Doch sind nicht nur diese Schäden und ein veränderter Gesamteindruck der Moulage als Folgen des damaligen Eingriffes zu beklagen. Dass sich dieser mindestens ebenso gravierend auf das dargestellte Krankheitsbild auswirkte, zeigen die aus der Entstehungszeit überlieferte Beschreibung sowie der in Frankreich erhaltene Erstabguss unmissverständlich auf. Ersterer zufolge sind die Hände des „moulagierten" Lepraerkrankten v. a. durch eine Verformung der Finger gezeichnet: Eine keulenförmige Schwellung zeigen die Finger seiner rechten Hand, welche sich zudem in fächerartiger Anordnung zum Ellbogen nach außen verbogen haben.[10] Die Finger der linken Hand stehen indes mit dem Mittelknochen auf und erinnern somit an Krallen, wie es häufig im Zusammenhang mit Lepra infolge einer Schädigung des peripheren Nervensystems vorkommt.[11] An beiden Händen schließlich erscheinen die unteren Fingerglieder infolge der Schwellung miteinander verwachsen zu sein. Dies geht auch aus dem Zusatz **„syndactilie"** in der Krankheitsbeschreibung hervor, die eben eine solche anatomische Fehlbildung bezeichnet.[12] An der Pariser Moulage lassen sich all diese Phänomene eindeutig ablesen (vgl. ◘ Abb. 9.3). Dagegen sind sie an dem Heidelberger Exemplar beinahe vollständig von der neuen Textileinfassung verdeckt, das im Zuge der damaligen Überarbeitung folglich seinem Inhalt und damit zugleich seiner ursprünglichen aber auch heute wieder relevanten Funktion als medizinisches Lehrmittel beraubt wurde (vgl. ◘ Abb. 9.1).

Die „Restaurierung" des Trägerbrettes scheint nur beim ersten Hinsehen nicht ganz so umfassend und folgenreich ausgefallen zu sein. Zwar wurde die originale Holzkonstruktion belassen, wie ein auf der Brettunterseite vorhandener Adressstempel von Littre sowie die Beschreibung der dargestellten Krankheit bezeugen. Jedoch erhielten sämtliche Sichtflächen einen neuen satten Anstrich mit schwarzer Farbe, deren wasserunlösliches Auftrocknen und stumpfes Aussehen für den Einsatz moderner Acryldispersion sprechen. die ursprüngliche Gesamtwirkung der Moulage wird durch diesen Neuanstrich verfälscht, wie ein Abgleich mit dem nicht überarbeiteten Sammlungsstück in Dresden zeigt. Dessen Trägerbrett ist mit einer zurückhaltenden dünnen Schicht eines tiefschwarz glänzenden Farbmittels bedeckt, was die hellen Abbilder der Hände besser zur Geltung bringt und dem Werkstück insgesamt eine hochwertige Anmutung verleiht. Doch war damit nicht genug, wie ein genauer Blick auf die Signatur des Mouleurs Stéphan Littre belegt: Sie musste im Zuge der Überarbeitung weichen und wurde mehr schlecht als recht imitiert (◘ Abb. 9.6 und 9.7).

Dass auch die Abgüsse selbst eine Überarbeitung erfuhren, verwundert angesichts der bisherigen Ausführungen nicht. So wurden der einst auf ca. halber Länge gebrochene rechte Mittel- und Ringfinger durch das Aufschmelzen von Wachs wieder verbunden und dabei die angrenzende originale Oberfläche mit erweicht. Eine farbliche Überarbeitung fand an zahlreichen Wundmalen statt: Hier wurden pastose gelbe

10 Vgl. Krankheitsbeschreibung in französischer Sprache auf der Rückseite des Trägerbrettes der Heidelberger Moulage.

11 Vgl. ebd. Zum Auftreten der sog. Krallenhand im Zusammenhang mit Lepra generell vgl. u. a. Jopling 1978, S. 23, 38, 67 ff. Es sei an dieser Stelle darauf hingewiesen, dass im vorliegenden Beitrag nicht auf die unterschiedlichen Ausprägungen der Lepra und deren jeweils spezifischen Erscheinungsformen eingegangen werden kann. Die Auseinandersetzung mit dieser äußerst komplexen Thematik sei medizinischem Fachpersonal überlassen.

12 Vgl. Krankheitsbeschreibung auf Rückseite des Trägerbrettes.

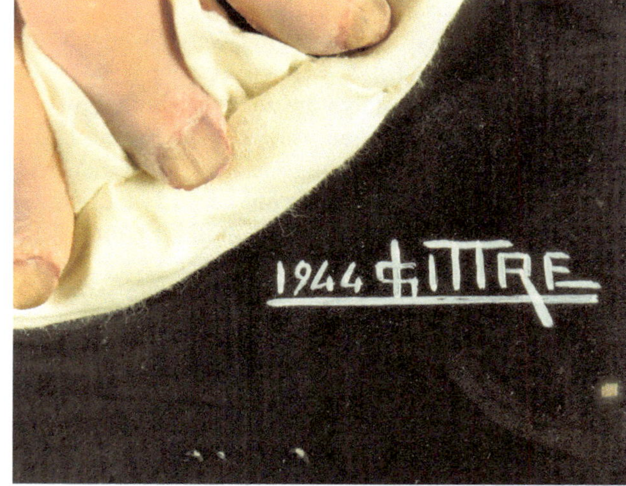

Abb. 9.6 Originale Signatur an Moulage „Lepra mutilans mixta“, Stéphan Littre, Paris 1944. DHMD 2004/66. (Foto: Johanna Lang; mit freundlicher Genehmigung des Deutschen Hygiene-Museums Dresden)

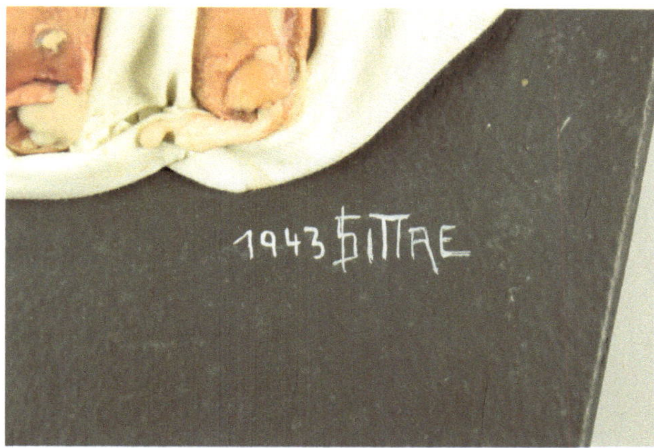

Abb. 9.7 Imitierte Signatur an Moulage „Lepra tuberosa mutilans“, Stéphan Littre, Paris 1943. MW 24, Standort: Institut für Anatomie und Zellbiologie. (Foto: Johanna Lang; mit freundlicher Genehmigung des Universitätsklinikum Heidelberg, Institut für Anatomie und Zellbiologie)

Farbtupfer über eine zurückhaltende weiße Binnenmalerei aus der Entstehungszeit aufgesetzt und die dunkelrote Lasur entlang den Fingernägeln vielerorts mit einem hellroten deckenden Farbton nachgezogen.

Zusammenfassend lässt sich die Überarbeitung der in Heidelberg überlieferten Moulage von Stéphan Littre als unsachgemäß und laienhaft beurteilen, deren Reichweite und Umsetzung in keinster Weise dem heutigen Vorgehen in der Restaurierung entspricht. Vielmehr wurden sämtliche restaurierungsethischen Grundsätze missachtet beziehungsweise ignoriert, obwohl diese zum damaligen Zeitpunkt längst etabliert waren.[13] Offenbar traf dies vorrangig auf das museale Umfeld zu. In den Alltag der

13 Ihre schriftliche Niederlegung und Veröffentlichung erfolgte in diversen Grundsatzpapieren, von denen hier nur eine kleine Auswahl genannt werden kann: Charta von Venedig (= Internationale Charta über die Konservierung und Restaurierung von Denkmälern und Ensembles) 1964/89; European Confederation of Conservator-Restorer's Organisations (ECCO): Professional Guidelines, 2002 sowie Verband der Restauratoren e.V. (VdR): Ehrenkodex der Restauratoren, 1986.

universitären Sammlungen erhielt das Wissen um die fachgerechte Restaurierungspraxis dagegen erst in der jüngsten Vergangenheit Einzug, wobei die Moulagen von Beginn an mit im Fokus standen, respektive in gewisser Weise eine Vorreiterrolle spielten. Maßgeblich durch das zuvor genannte Projekt zum Erhalt von Moulagen am Deutschen Hygiene-Museum angestoßen, nahmen sich zahlreiche Universitäten ihrer Kollektionen an. Sie erkannten u. a. die Gefahren beziehungsweise Schäden, welche von einem schlechten Umgang mit ihrem Sammlungsgut ausgingen und führten Vorkehrungen zur Optimierung der Aufbewahrungs- und Ausstellungssituation sowie der Handhabung durch.[14] Auch widmen sich Institute weltweit verstärkt der Erfassung ihrer Moulagenbestände, da bereits eine solche schriftliche Fixierung zur Wertschätzung und folglich zum Erhalt beitragen kann. Einen Meilenstein legte in dieser Richtung das Berliner Medizinhistorische Museum mit der Entwicklung des internationalen Portals für Moulagen und medizinische Wachsmodelle: ▶ www.moulagen.de. Dieses Webportal ermöglicht es jedweder Institution, mit ihrer Moulagensammlung kostenlos vorstellig zu werden. Diese und noch zahlreiche weitere Bemühungen können gar nicht genug gewürdigt werden. Dass sie für den dauerhaften Fortbestand des außergewöhnlichen Bildmediums Moulage als Kulturgut und medizinisches Lehrmittel gleichermaßen unabdingbar sind, bringt das im vorliegenden Beitrag dargelegte Fallbeispiel unmissverständlich zum Ausdruck.

9.3 Archivalische Quellen

- UAH = Universitätsarchiv Heidelberg:
  - UAH, RA 6811, 14.07.1904, Ministerium an Senat.
  - UAH, RA 6270, 17.05.1907, Bettmann an Senat.
  - UAH, RA 6270, 13.07.1907, Ministerium an Senat.
  - UAH, RA 6270, 19.10.1906, Ministerium an Senat.
  - UAH, RA 6270, 28.11.1906, Ministerium an Senat.

Literatur

Braun D (2013) Kleine Geschichte der Kunststoffe. Carl Hanser, München, S 220–221

Dietemann P, Baumer U, Herm C (2010) Wachs und Wachsmoulagen. Materialien, Eigenschaften, Alterung. In: Lang J, Mühlenberend S, Roeßiger S (Hrsg) Körper in Wachs. Moulagen in Forschung und Restaurierung, Bd 3. Sandstein, Dresden, S 67

Doerner M (1994) Malmaterial und seine Verwendung im Bilde, 18. Aufl. Enke, Stuttgart, S 88–89

Duhamel du Monceau H-L (1762) Descriptions des Arts et Métiers faites ou approuvées pour Messieurs de l'Académie Royale des Sciences, Bd 2. Art du Cirier, Paris, S 92

Hautklinik Heidelberg (Hrsg) (2008) Festschrift 100 Jahre Hautklinik. Hautklinik, Heidelberg, S 31–33

14 Als Beispiele hierfür seien die Projekte zur Deponierung und Restaurierung der Moulagen an den Universitäts-Hautkliniken Freiburg, Bonn und Würzburg genannt; vgl. Faber M: Führung durch das Moulagendepot im Rahmen des vierten Treffens des Arbeitskreises Moulagen in Freiburg i. Br. am 04.07.2015; Hamm H u. Nolte K: Die Moulagensammlung in der Hautklinik Würzburg, Führung im Rahmen der Veranstaltung „Insight-Lab: Methoden der Bild- und Objektanalyse" am 11.–13.01.2018 im Martin von Wagner Museum Würzburg; vgl. Zahn 2017.

Jopling WH (1978) Handbook of leprosy, 2. Aufl. Wm Heinemann, Medical Books Ltd, London, S 23, 38, 67 ff

Neumüller O-A (1977) Römpps Chemie-Lexikon. T-Z, Bd 6, 7. Aufl. Franckh'sche Verlagshandlung, Stuttgart, S 3458

Nocito AL, Berra HH (2018) Moulages: art and history of medicine. Am J Dermatopathol 408: 605–609

Schmidt CH (1853) Die Wachs-Industrie und -Kunst oder die technische und artistische Benutzung und Behandlung des Wachses. B. Fr. Voigt, Weimar, S 166

Schnalke T (1986) Moulagen in der Dermatologie. Geschichte und Technik. Dissertation, Universität Marburg

Schnalke T (1995) Diseases in wax: the history of the medical moulage. Quintessence Publishing Co Inc, USA

Sedna L (1919) Das Wachs und seine technische Verwendung. In: Hartleben A (Hrsg) Chemisch-technische Bibliothek, Bd 132, 3. Aufl. A Hartleben's Verlag, Wien/Leipzig, S 182

Stoiber E (2005) Chronik der Moulagensammlung und der angegliederten Epithesenabteilung am Universitäts-Spital Zürich von 1956 bis 2000. Zollinger, Adliswil, S 73

Uhlenhuth E (1879) Vollständige Anleitung zum Formen und Gießen nebst genauer Beschreibung aller in den Künsten und Gewerben dafür angewandten Materialien, als Gips, Wachs, Schwefel, Leim, Harz, Guttapercha, Ton, Lehm, Sand und deren Behandlung behufs Darstellung von Gipsfiguren, Stukkatur-, Ton-, Zement-, Steingut- etc. Waren, sowie der beim Guss von Statuen, Glocken, und in der Messing-, Zink-, Blei- und Eisengießerei vorkommenden Gegenstände. U Hartleben's Verlag, Wien, S 29

Walther-Hecker E (2010) Moulagen und Wachsmodelle 1945–1980 in Dresden. In: Lang J, Mühlenberend S, Roeßiger S (Hrsg) Körper in Wachs. Moulagen in Forschung und Restaurierung. Sandstein, Dresden, S 156

Wichelhausen E (1798) Ideen über die beste Anwendung der Wachsbildnerei, nebst Nachrichten von den anatomischen Wachspräparaten in Florenz und deren Verfertigung für Künstler, Kunstliebhaber und Anthropologen. Frankfurt am Main S 103–105 (Reprint 2010)

Zahn B (2017) Die Moulagensammlung der Klinik und Poliklinik für Dermatologie und Allergologie der Rheinischen Friedrich-Wilhelms-Universität Bonn. Dissertation an der Fakultät Medizin der Universität Bonn

Die Präsenz des Abwesenden – Lepra im plastischen Modell

Henrik Eßler

S. Doll, N. Widulin (Hrsg.), *Spiegel der Wirklichkeit*,
https://doi.org/10.1007/978-3-662-58693-8_10

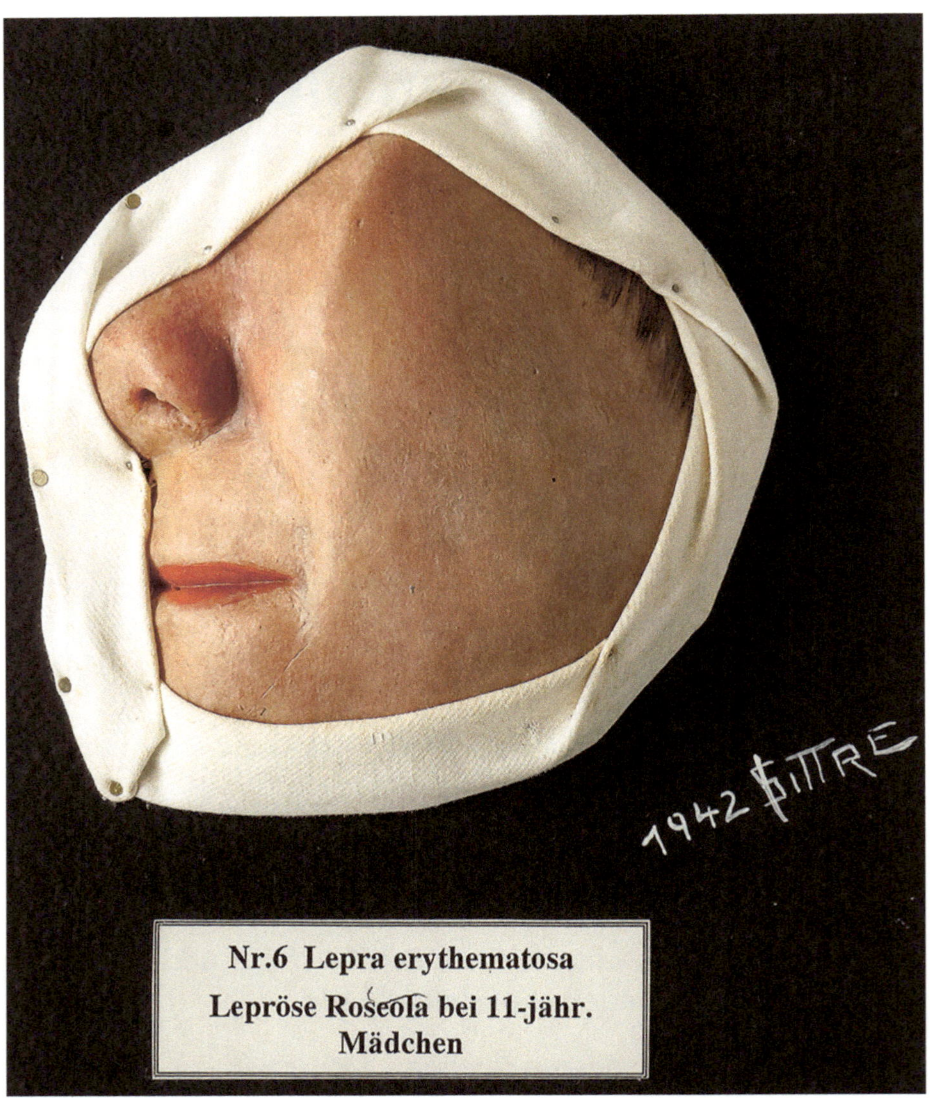

10

Abb. 10.1 Lepra erythematosa eines 11-jährigen Mädchens, Stéphan Littre, Paris 1942, Kopie einer Moulage des Museums am Hôpital Saint-Louis, Paris. Modellmaße: 13 cm × 13 cm × 4 cm, Wachs, farbig gefasst, Textil, Metall. Sockelmaße: 20 cm × 23 cm × 3 cm, Holz, schwarz lackiert. Signatur MW 21, Standort: Institut für Anatomie und Zellbiologie Heidelberg. (Foto: Philip Benjamin; mit freundlicher Genehmigung des Universitätsklinikums Heidelberg, Institut für Anatomie und Zellbiologie Heidelberg)

Es ist auf den ersten Blick ein unscheinbares Bild: eine gelbliche Wangenpartie, die Nase leicht gerötet, der in sattem Rot leuchtende Mund gespannt zusammengekniffen. Am Rande ragt noch der Haaransatz ins Bild, doch das eigentliche Antlitz bleibt verborgen. Augen und Ohren sind bereits außerhalb des Ausschnitts, der von einem zarten Stoffeinband umrahmt wird. Es handelt sich um eine sog. Moulage: eine in Wachs gegossene Plastik, welche direkt vom Patienten abgeformt wurde. Neben den oft drastischen Krankheitsbildern vergleichbarer Stücke wirkt diese geradezu unspektakulär. Erst die Bildunterschrift, angebracht auf der tiefschwarzen Holzplatte, weckt die Neugierde des Betrachters: „Lepra erythematosa", heißt es auf dem Etikett, diagnostiziert bei einem „11-jähr. Mädchen" (◘ Abb. 10.1).

Lepra – eine Krankheit, die zugleich exotisch und furchteinflößend, aber auch abseitig und unreal erscheint. War der „biblische Aussatz" noch in der frühen Neuzeit auch in Mitteleuropa eine präsente Plage, galt die Seuche bereits im 19. Jahrhundert als weitgehend ausgerottet. Wie die handschriftliche Signatur der Moulage verrät, wurde diese jedoch erst 1942 angefertigt. Zu einem Zeitpunkt also, an dem die Lepra im medizinischen Alltag längst keine Rolle mehr spielte. Wie aber fand die junge Patientin mit dieser Diagnose nach Heidelberg?

10.1 Von Paris nach Heidelberg

Das Wachsmodell ist nur eines von insgesamt 17 im heutigen Bestand der Heidelberger Hautklinik, das verschiedene Symptome der Lepra repräsentiert. Die Nummerierung der Objekte weist darauf hin, dass es sich ursprünglich um mindestens 32 Darstellungen dieser Krankheit gehandelt haben muss. Sie alle wurden in den frühen 1940er-Jahren von Stéphan Littre (1893–1969), gefertigt, der die Wachsobjekte handschriftlich signierte. Seit 1928 war der Franzose in Paris als Mouleur am Hôpital Saint-Louis tätig, wo er noch bis 1965 die weltbekannte Sammlung erweiterte.

Umso erstaunlicher erscheint die Tatsache, dass seine Moulagen in den ersten Jahren des Zweiter Weltkriegs in einer deutschen Klinik auftauchen. Auf welchem Weg die Objekte nach Heidelberg gekommen sind, kann nur spekuliert werden. Bekannt ist jedoch, dass es sich in allen Fällen um Kopien von Moulagen aus der Pariser Sammlung handelt, welche zum Teil bereits deutlich älteren Datums waren. So etwa im Fall des 11-jährigen Mädchens, deren Gesichtsabformung sich auch im Musée des Moulages in der französischen Hauptstadt erhalten hat.[1]

Die ausführliche Beschriftung der dortigen Originalmoulage verrät weitere Details zu ihrer Herstellung. So fertigte Littre die ursprüngliche Wachsnachbildung bereits 1931 unter der Leitung des Hautarztes Henri Gougerot (1881–1955), der 1928 den Lehrstuhl für klinische Dermatologie am Hôpital Saint-Louis übernommen hatte. Aber auch über die junge Patientin ist anhand der Aufschriften mehr zu erfahren, etwa ihre Herkunft aus Martinique. Die Karibikinsel gehörte als Teil der französischen Antillen bereits seit dem 17. Jahrhundert zum Kolonialgebiet der französischen Krone und ist heute ein Überseedepartement.

1 Vgl. Collection Musée des moulages de l'Hôpital Saint-Louis, Face gauche, No. 3327, vitrine 24 (Lèpre). (► http://www.biusante.parisdescartes.fr/histmed/image?STLCGE03327).

10.2 Lepra in Europa?

Wenngleich über die weitere Krankengeschichte der Patientin nichts bekannt ist, verweist ihre Behandlung in Paris auf eine Tatsache, die abseits der medizinischen Fachwelt kaum öffentliches Interesse hervorbrachte: Noch in den 1930er-Jahren nämlich wurden nicht nur in Frankreich, sondern auch im Deutschen Reich kontinuierlich Fälle von Lepraerkrankungen gemeldet.[2] Nicht wenige davon in Hamburg, das als größter deutscher Überseehafen mit einer gewissen Berechtigung als „Tor zur Welt" bezeichnet werden durfte. Dort nannte Bernhard Nocht (1857–1945), Direktor des Instituts für Schiffs- und Tropenkrankheiten, schon 1909 eine „nicht unerhebliche Zahl der Leprakranken an und für sich, mit denen wir in Hamburg zu tun haben" (StAHH, 352-3, III L 1 Bd. 3, 09.02.1909).

Während diese Zahl in der ersten Hälfte des 20. Jahrhunderts jedoch zwischen etwa fünf und zehn Fällen jährlich relativ konstant blieb (vgl. StAHH, 352-3, III L 1, Bd. 3–4), hatte das Forschungsinteresse mit der öffentlichen Wahrnehmung der Lepra zusehends abgenommen. Das 1930 erschienene Lehrbuch Victor Klingmüllers (1870–1942) markierte gewissermaßen einen vorübergehenden Schlusspunkt in der wissenschaftlichen Auseinandersetzung mit der Seuche in Deutschland (Klingmüller 1930). Nur wenige Mediziner beschäftigten sich darüber hinaus mit der Lepra, wie die geringe Zahl publizierter Forschungsergebnisse verdeutlicht. Die Erkrankten hingegen fristeten ein Dasein im Verborgenen, abseits der Öffentlichkeit in einigen wenigen Isolierstationen deutscher Kliniken.[3]

10.3 Die Präsenz des Abwesenden

In visueller Hinsicht deutlich präsenter war die Lepra insbesondere in Form von Wachsmoulagen. Fast jede dermatologische Sammlung umfasste in der ersten Hälfte des 20. Jahrhunderts einen nennenswerten Anteil von Lepradarstellungen. Insbesondere die in Fritz Kolbows (1873–1946)[4] „Pathoplastischem Institut" bzw. seinem späteren „Atelier für Medizinische Lehrmittel" in Berlin in Serie gefertigten Moulagen zeugen in diversen medizinischen und musealen Sammlungen bis heute vom regen Interesse an den Bildern der Krankheit. Gerade für kleinere Institutionen bot sich ein Ankauf der über verschiedene Lehrmittelanstalten vertriebenen Modelle an, um ihre Sammlungen zu ergänzen.[5] Selbst größere Kliniken, die nicht selten eigene Mouleure beschäftigten, griffen auf diese Angebote zurück. Immerhin war die Anfertigung einer Lepramoulage durchaus eine besondere Herausforderung, die von der Erfüllung verschiedener Vorbedingungen abhängig war.

2 Im Deutschen Reich wurden seit der Verabschiedung des Reichsseuchengesetzes im Jahr 1900 solche Vorkommnisse zentral registriert. Vgl. Gesetz betreffend die Bekämpfung gemeingefährlicher Krankheiten (Reichsseuchengesetz), Deutsches Reichsgesetzblatt (RBGBL) 1900, 24, S. 306–317. Die Ausführungsbestimmungen in Bezug auf die Lepra wurden 1904 ergänzt und 1913 angepasst. Vgl. RGBL 1904, S. 67 sowie RBGBL 1913, S. 572.

3 Zum Umgang mit Leprapatientinnen und -patienten in der ersten Hälfte des 20. Jahrhunderts vgl. Eßler 2016.

4 Zur Moulagenfertigung Fritz Kolbows vgl. Schnalke 2010, S. 19–40 sowie ▶ Abschn. 9.1.

5 Moulagen Kolbows wurden beispielsweise von der Schropp'schen Lehrmittelanstalt sowie vom renommierten Medicinischen Waarenhaus in Berlin angeboten.

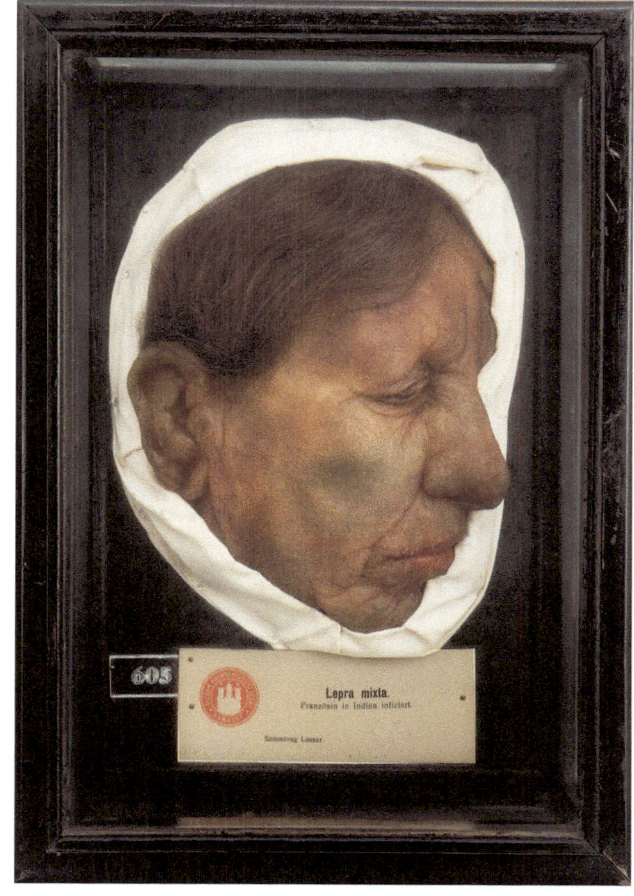

Abb. 10.2 Moulage „Lepra mixta" aus der Sammlung Lassar, angefertigt um 1900 von Heinrich Kasten. Medizinhistorisches Museum Hamburg, Inv.-Nr. 10133. (Foto: Karin Plessing/Reinhard Scheiblich; mit freundlicher Genehmigung des Medizinhistorischen Museums Hamburg)

Anders als der Begriff des Modells vermuten lässt, stellen Moulagen keine idealtypischen Normbilder dar. Als Abformung eines realen Patienten sollen sie vielmehr dessen individuelles Krankheitsbild reproduzieren. Wenngleich Moulagen als Teil einer Sammlung sehr wohl Modellcharakter erlangen (vgl. Asschenfeldt und Zare 2015, S. 103–1115), indem sie charakteristische Symptome einer Krankheit definieren, ist ihre Herstellung zunächst an das Vorhandensein des einzelnen Körpers des Patienten gebunden. Eben dieser war im Falle der Lepra jedoch weitgehend abwesend. Nicht selten setzte der Aufbau einer entsprechenden Sammlung daher auch eine Reise in entlegenere Gebiete voraus. So etwa im Fall des Dermatologen Oscar Lassar, der in Berlin (1849–1907) seit 1884 eine renommierte Privatklinik für Haut- und Geschlechtskranke aufgebaut hatte (vgl. Scholz 2008, S. 605–608). Für Lehr- und Forschungszwecke ließ er sich ab 1889 durch den Bildhauer Heinrich Kasten (1842–1921) eine der größten Moulagensammlungen in Europa anfertigen (vgl. Photinos 1907, S. 131–157) (Abb. 10.2).

Bei einem Vortrag der Berliner Dermatologischen Gesellschaft hatte Lassar schon 1896 beklagt, dass „bei der großen Seltenheit der Krankheit" der Mehrzahl der deutschen Ärzte jede Möglichkeit fehle, „sich eine genügende Anschauung zu verschaffen, wie denn eigentlich ein Leprakranker aussieht." (Lassar 1896, S. 46–47) Mit der Baltischen Gesellschaft zur Bekämpfung der Lepra in Livland und Estland habe er daher ein „freundwilliges Uebereinkommen getroffen", in den dortigen Leprosorien eine Reihe von „naturgetreuen Abdrücken" anfertigen zu lassen. Dies habe sein Modelleur Heinrich Kasten in „unerschrockener, opferwilliger Weise" übernommen (Lassar 1896, S. 47).

Die Einrichtung eines Lepraheims im ostpreußischen Memel (vgl. Bechler 2009, S. 81–95; Eßler 2014, S. 53–62) erlaubte Lassar ab 1899 eine Intensivierung der Forschungstätigkeit und die Erweiterung seiner Moulagensammlung. 1902 gestattete ihm das Kultusministerium, die dortigen Patienten zu untersuchen und „eine Anzahl von Moulagen und Diapositiven anfertigen zu lassen" (GStAPK, I. HA Rep. 76 Kultusministerium, VIII B, Nr. 3882). 24 Stücke wurden in diesem Zusammenhang angefertigt. Zwei Jahre später ließ Lassar im Rahmen eines Bestrahlungsversuchs von seinem „Präparator (…) Herrn Kasten getreue Abbildungen anfertigen […], um den Vergleich vor und nach der Behandlung zu ermöglichen" (GStAPK, I. HA Rep. 76 Kultusministerium, VIII B, Nr. 3878).

Die Sammlung Lassars gehörte nicht bloß zu den zahlenmäßig umfangreichsten in Deutschland, sondern auch zu den facettenreichsten ihrer Art. Der ohnehin vielseitig orientierte Mediziner war stets daran interessiert, eine große Bandbreite von Krankheiten mit der Sammlung abzudecken. Noch dazu repräsentierten die Objekte in materieller Form die Leistungsfähigkeit seines therapeutischen Spektrums (vgl. Eßler 2017, S. 92–101). Interessant ist jedoch, dass auch in kleineren, deutlich später angelegten Lehr- und Forschungssammlungen die Lepra angesichts ihrer geringen Verbreitung überproportional zahlreich in Form von Moulagen vertreten ist.

10.4 Im Modell – das Typische und das Besondere

So auch in der Hautklinik der Universität Heidelberg: Die Diagnosen der heute erhaltenen 46 Moulagen verweisen auf ein Grundprinzip, nach welchem zahlreiche klinische Sammlungen zusammengestellt wurden.[6] Die zwischen 1906 und den 1950er-Jahren angeschafften Darstellungen zeigen einerseits typische Lehrbeispiele häufiger Infektionskrankheiten, etwa der Syphilis, der Tuberkulose oder einer Herpeserkrankung. Andererseits sind insbesondere außergewöhnliche Krankheitsbilder vertreten – ein Schema, das der Berliner Dermatologe Edmund Lesser (1895–1918) bereits zeitgenössisch reflektierte: „Die Vortheile, welche eine Moulagensammlung gewährt, beruhen darauf, dass einerseits die typischen Krankheitsbilder, andererseits aber die nur selten vorkommenden Krankheiten fixiert werden können." (GStAPK, I. HA, Rep 76 Kultusministerium, Va Sekt. 2, Tit. X, Nr. 41 Bd. 1). In die gleiche Kerbe schlug einige Jahrzehnte später sein Göttinger Kollege Erhard Riecke (1869–1939): „Neben dem unterrichtlichen Wert besitzen aber die Moulagen ganz besonders auch wissenschaftlichen Wert, indem durch solches Verfahren besonders seltene und für die Forschung interessante Krankheitsbilder festgehalten werden und im wissenschaftlichen Austausch als Grundlage der Diskussion dienen." (GStAPK, Va Nr. 10114).

6 Zur Geschichte und Zusammensetzung der Heidelberger Sammlung vgl. Universitäts-Hautklinik Heidelberg 2008, S. 31–33 sowie ▶ Abschn. 9.1.

Auch in kleineren dermatologischen Sammlungen wie etwa in Erlangen oder Kiel lassen sich dementsprechend nennenswerte Bestände von Lepramoulagen finden (vgl. Euler 2000; Emmerling 2013). Hergestellt wurden die meisten dieser Objekte von freiberuflich arbeitenden Moulagenbildnern. Neben Fritz Kolbow sind hier für den deutschsprachigen Raum auch Alfons Kröner (gest. 1937) in Breslau (Sticherling und Euler 1999, S. 674–678) und der Freiburger Mouleur Otto Vogelbacher (1869–1943) (Barlag 1992) zu nennen. Beide hinterließen ihre Spuren in zahlreichen Kliniken bis über die Grenzen des Deutschen Reiches hinaus. Kröner konnte dabei auf die Vielfalt von Krankheitsbildern in der Breslauer Hautklinik zurückgreifen, die unter Albert Neisser (1855–1916) zu einem europäischen Zentrum der Dermatologie geworden war. Von diversen dort abgeformten Fällen verkaufte Kröner Kopien an weitere Interessenten. Vogelbacher hingegen wurde auch andernorts tätig, stellte bis zu seiner Festanstellung in der Freiburger Hautklinik Moulagen beispielsweise in Bonn her (vgl. Zahn 2017, S. 49–52). Nach seinem altersbedingten Ausscheiden 1935 fertigte er auch Kopien von Objekten der Freiburger Sammlung für die Universitätskliniken in Tübingen, Münster und Würzburg.[7] Weite Verbreitung fanden schließlich auch Modelle aus der Serienfertigung des Deutschen Hygiene-Museums in Dresden, das diese noch bis in die 1980er-Jahre auf der Basis von Fritz Kolbows Originalabformungen vertrieb (vgl. Mühlenberend 2010, S. 27–39).

Demgegenüber konnten die namhaften Kliniken in den europäischen Hauptstädten bereits frühzeitig ihre eigenen Mouleure mit der Dokumentation seltener Fälle beauftragen. Dies gilt u. a. für Wien, wo Carl Henning (1860–1917) diverse Lepramoulagen schuf. Der Mediziner und Mouleur ließ sich für besonders gefährliche Abformungen zusätzlich entlohnen, wie etwa im Falle einiger Pockeninfektionen.[8] Für die Dokumentation der Pellagra, einer typischen „Krankheit der warmen Länder" (Scheube 1910, S. 591–612), die durch Mangel eines Vitamins aus dem B-Komplex ausgelöst wird und mit Hautveränderungen einhergeht, wurde Henning nach Südtirol und dessen Umgebung entsandt, wo die Erkrankung weit verbreitet war. Seine Moulagen sind unter anderem in Innsbruck zu finden, wo sich Ludwig Merk (1862–1925) und Johann-Heinrich Rille (1864–1956) intensiv mit der Pellagra beschäftigten.[9] Die bereits vorhandenen Lepramoulagen der Züricher Sammlung wiederum ergänzte die Mouleurin Elsbeth Stoiber auf ihren Reisen durch Indien noch in den 1950er- und 1960er-Jahren mit zusätzlichen Nachbildungen (vgl. Stoiber 2005, S. 21, 85–86).

Wenig überraschend ist die Präsenz von Lepranachbildungen in den speziell tropenmedizinisch ausgerichteten Institutionen, von denen im deutschsprachigen Raum nur wenige existierten.[10] Eine durchaus bemerkenswerte Sammlungstätigkeit entfaltete der Tropenarzt Gottlieb Olpp (1872–1950) am Deutschen Institut für Ärztliche Mission

7 Mehrere für das Freiburger Hygiene-Institut und das Hamburger Institut für Schiffs- und Tropenkrankheiten hergestellte Moulagen bezeugen zudem seine Beschäftigung mit dieser Thematik.

8 Österreichisches Staatsarchiv (ÖStA), AVA Unterricht UM, 883 Universität Wien, Sign. 4G, Fasz. 846, 22.04.1909, Kultusministerium an Statthalterei.

9 Laut Merk entstanden die in mehreren Arbeiten und Atlanten dargestellten Moulagen in „am 15. und 16. Juni 1905 von Dr. Henning aus Wien auf meine Veranlassung und unter meiner Oberaufsicht im Pellagrosorium zu Roveroto" (Merk 1909, S. 98).

10 Beispielsweise am Deutschen Institut für Ärztliche Mission in Tübingen, am Hamburger Institut für Schiffs- und Tropenkrankheiten oder im Freiburger Hygiene-Institut.

Abb. 10.3 Lehrmittelsaal des Deutschen Instituts für Ärztliche Mission, um 1920. (Bild: Landeskirchliches Archiv Stuttgart, K 31 Nr. 178; mit freundlicher Genehmigung)

in Tübingen (DIFÄM) (vgl. Simkin 2016, S. 223–230). Die 1909 gegründete Einrichtung hatte in erster Linie die tropenmedizinische Ausbildung künftiger Missionsärzte zum Ziel. Zwar stand mit dem Tropengenesungsheim ab 1916 ein eigenes Krankenhaus zur Verfügung, dessen Patientinnen und Patienten in die Lehre eingebunden werden konnten. Auch Olpp, zugleich Oberarzt der Klinik, setzte jedoch großen Wert auf eine vielfältige Lehrmittelsammlung. Schon beim Bau des Instituts war ein eigener als „Museum" bezeichneter Raum für diese Materialien vorgesehen. Die spätere Bezeichnung als „Lehrmittelsaal" verdeutlicht jedoch, dass der Zugang weitgehend auf interne Nutzer beschränkt blieb (Abb. 10.3). Neben Bildtafeln, Präparaten und Instrumenten machten Wachsmoulagen einen wichtigen Kernbestand aus, der bis in die 1930er-Jahre erweitert wurde. Ebenso wie in Heidelberg wurden dazu v. a. Produkte bekannter Lehrmittelhersteller angekauft.

Eine Dissertation aus dem Jahr 1936, die sich gezielt der Tübinger Lehrmittelsammlung widmet, schildert eindrücklich deren enge Einbindung in das Lehrkonzept des Instituts. Insbesondere für die Lepra kommt darin die Bedeutung der Moulagen als Anschauungsmaterial zur Geltung. „Das Krankheitsbild der Lepra ist außerordentlich vielgestaltig", schildert der Autor: „Diese Mannigfaltigkeit kommt auch in der Sammlung zum Ausdruck: Lepröse Veränderungen sind allein auf 18 Moulagen dargestellt. Ferner auf mehr als 30 Abbildungen und auf einigen Diapositiven. Hier soll nur auf die Moulagen näher eingegangen werden, welche den bildlichen Darstellungen als Lehrmittel

Abb. 10.4 Blick ins „Museum" des Hamburger Instituts für Schiffs- und Tropenkrankheiten, 1920er-Jahre. (Aus Gesundheitsbehörde Hamburg 1928)

zweifellos überlegen sind." (Brunn 1936, S. 37–38). In der folgenden Beschreibung verweisen die expliziten Unterscheidungen der Krankheitsbilder von „Negern" und „Weißen" auf die eng mit der Lepra verknüpften rassistischen Diskurse.

10.5 Sammlungsobjekte als materielle Botschafter

Die vermutlich umfangreichsten Bestände beherbergte das Hamburger Institut für Schiffs- und Tropenkrankheiten (jetzt Bernhard-Nocht-Institut). In seinem repräsentativen Gebäude oberhalb der Landungsbrücken verfügte das Institut ab 1914 nicht nur über eine vielfältige Lehr- und Forschungssammlung, sondern öffnete auch ein für Laien zugängliches „Museum" der Tropenhygiene, welches maßgeblich von Friedrich Fülleborn (1866–1933) betreut wurde (Abb. 10.4). „Es gibt anhand von Abbildungen, Fieberkurven, Modellen und Moulagen einen Überblick über die wichtigsten Tropenkrankheiten und ihre Bekämpfung", schilderte Bernhard Nocht 1928 (Nocht 1928, S. 218). Von der einstmals stolzen Objektsammlung künden jedoch nur noch rudimentäre Überbleibsel, wie etwa fünf Moulagen von Tropenkrankheiten im Medizinhistorischen Museum Hamburg.[11] Hergestellt wurde der Großteil der erhaltenen Wachsbilder von Max Broyer (1893–1970), der als Mouleur am Hamburger Allgemeinen Krankenhaus St. Georg seit 1921 die Arbeit seines Vorgängers Heinrich Kas-

11 Sammlung des Medizinhistorischen Museums Hamburg, Inv.-Nr. 09553, 09599, 10158, 10172, 14068.

ten fortgesetzt hatte.[12] Die Originalbeschriftungen deuten darauf hin, dass allein die Wachsmodellsammlung des Instituts über 600 Stücke umfasst haben muss.[13]

Einen Anlass zur wesentlichen Erweiterung oder sogar zur Neuanlage solcher Sammlungen gaben nicht selten Ausstellungen oder Kongresse, auf denen die Institutionen sich mit ihrem wissenschaftlichen Programm präsentierten. Bernhard Nocht nannte explizit die Internationalen Hygiene-Ausstellungen in Dresden 1911[14] und 1930 sowie die große „GeSoLei" in Düsseldorf 1926 als Termine, zu denen die Sammlung des Hamburger Tropeninstituts erweitert wurde (vgl. Nocht 1941, S. 1–6). Nicht zuletzt der Erfolg der ersten Hygiene-Ausstellung gab letztlich den Anstoß, ein öffentliches Museum in den Neubau des Instituts zu integrieren. Für die Tübinger Sammlung hingegen stellte die Ausrichtung der IX. Tagung der Deutschen Tropenmedizinischen Gesellschaft 1929 einen Anlass zur Ergänzung des Bestands dar (vgl. von Brunn 1936, S. 9). Solche Veranstaltungen fanden in der Regel in direkter Nähe, teilweise sogar innerhalb der Sammlungsräume statt, so dass die Objekte in ihrer performativen Anordnung eine wichtige Repräsentationsfunktion übernahmen: In materieller Form vertraten sie nicht bloß das einzelne Institut, sondern die Fachdisziplin der Tropenmedizin als solche und darüber hinaus deren deutsche Vertreter im internationalen Wettbewerb.

10.6 Kolonialrevisionismus und Medizin

Wie keine andere medizinische Fachdisziplin war die Tropenheilkunde in Deutschland geradezu konstitutiv mit dem Kolonialgedanken verknüpft. Der Verlust der deutschen „Schutzgebiete" in Afrika, welche nach dem Erster Weltkrieg in die Mandatsverwaltung des Völkerbundes übergingen, wurde von zahlreichen Vertretern des Fachs als existenzielle Bedrohung wahrgenommen (vgl. Wulf 1994, S. 5). Entsprechend deutlich wurden der „Raub unserer Kolonien" und die Ausgrenzung deutscher Wissenschaftler bereits in der Weimarer Republik kritisiert (vgl. Wulf 1994, S. 5–12). Spätestens mit der Machtübernahme der NSDAP wurde die verbreitete Gewissheit der Wiedererlangung von einer geradezu euphorischen Stimmung abgelöst. „Das Tropeninstitut steht vor neuen großen Aufgaben bei der bevorstehenden Zurückerlangung unserer Kolonien" (Mühlens 1941, S. 11), verkündete etwa Peter Mühlens anlässlich der Tagung der Tropenmedizinischen Gesellschaft 1940 in Hamburg.

---

12 Auch Kasten hatte möglicherweise bereits Moulagen für das Tropeninstitut gefertigt. Nachweislich war er zudem für das Koloniaal Instituut Amsterdam tätig, in dessen Diensten er 1913 unter der Leitung Wilhelm Schüffners (1867–1949) und Wilhelm-Anraham Kuenens (1873–1951) rund 90 Moulagen in Sumatra, der damaligen Kolonie „Niederländisch-Indien", anfertigte. Vgl. Schriftliche Mitteilung Laurens de Rooy, Kurator am Museum Vrolik, 08.02.2012.

13 Erhalten sind die Nummern 547 („Pestfurunkel"), 598 und 599 („Framboesie"), 602 („Ulcus tropicum"), 604 („Venerisches Granulom").

14 Einem Bericht Fülleborns zufolge wurden 1911 u. a. Moulagen der „Orientbeule", der „Framboesie" und ca. 20 Moulagen anderer „tropischer Hautaffektionen", dazu diverse Aquarelle, Fotografien, Modelle, Diagramme und Kurven gezeigt. „Zum Schluß möchte ich bemerken, daß die Lehrsammlung des Instituts infolge der Ausstellung so wesentlich bereichert worden ist, daß demgegenüber die Summe von M 900.- verschwindend klein erscheint", so Fülleborn. StAHH, 111-1.

Zu den Vorkämpfern für die „Rückgabe unserer gestohlenen Kolonien“ (StAHH, 361-5 II, Gb25, 23.04.1939) gehörte auch der Hamburger Dermatologe Paul Mulzer (1880–1947). Auf der Tagung, die den vielsagenden Titel „Koloniale Gesundheitsführung in Afrika“ trug, berichtete er über seine Forschungen zur Lepra und deren Bedeutung für die zukünftigen deutschen Überseegebiete (vgl. Jordan und Mulzer 1941, S. 269–271). Der bekennende Nationalsozialist war 1924 Leiter der Universitäts-Hautklinik Eppendorf geworden und hatte sich in den 1930er-Jahren verstärkt mit der Lepraforschung beschäftigt. Überaus erstaunlich erscheint angesichts dessen, dass sich ausgerechnet in der ab 1926 neu angelegten Moulagensammlung der Klinik keine Darstellungen dieser Krankheit finden. Möglicherweise begründet jedoch gerade die Nähe zum Forschungsgegenstand in diesem Fall das Fehlen der Moulagen. Anders als die überwiegende Zahl der Universitätsstandorte verfügte die Hansestadt nämlich über reale Patienten, die für Untersuchungen zur Verfügung standen.

10.7 Leprapatienten – „Wertvolles Krankengut" und Einzelschicksale

Bereits seit Jahren waren kontinuierlich mehrere Leprakranke in einem abgesicherten Pavillon auf dem Gelände des Eppendorfer Krankenhauses untergebracht. 1938 beklagte Mulzer in einem Schreiben an die Führerkanzlei in Berlin die Zustände in den begrenzten Räumlichkeiten (StAHH, 352-3, III L 1 Bd. 4, 04.08.1938). Belegt war die Station häufig mit Rückwanderern aus Brasilien, die den überwiegenden Teil der in Hamburg registrierten Leprakranken ausmachten. Mit dem Beginn des Zweiter Weltkriegs verstärkte sich die ohnehin „starke Rückwanderung von Deutschen aus lepraverseuchten Gegenden“, wie Mulzer 1939 konstatierte (StAHH, 361-5 II, Gb25, 17.08.1939). Wenngleich Mulzer sich vordergründig um das Wohlergehen seiner Patienten bemühte, machte er keinen Hehl daraus, welche Bedeutung er diesen als Forschungsgrundlage zumaß: „Insbesondere gehört aber zur Leprabekämpfung Leprakenntnis durch den Arzt, wie sie nicht aus Büchern erworben werden kann. Auch die wenigen in Deutschland befindlichen Leprakranken bilden ein wertvolles Krankengut, das für die Lehre nutzbar gemacht werden muß, wie das z. B. in Hamburg als der gegebenen Sammelstelle dafür im Rahmen des Universitätsunterrichts bereits seit langem der Fall ist.“ (Mulzer u. Jordan 1941, S. 270).

Unter dem Eindruck der neuen Kolonialpläne bekam die Beschäftigung mit der Lepra eine zusätzliche Perspektive, welche die Konkurrenz unter den beteiligten Institutionen befeuerte. Während der Memeler Amtsarzt Kurt Schneider dem dortigen Lepraheim „eine bedeutende Aufgabe in der Ausbildung der zukünftigen Kolonialärzte“ (Schneider 1943, S. 39) beimaß, sah Mulzer Hamburg mit seiner „Übersee- und Kolonial-Universität“ als Zentrum der zukünftigen Lepraforschung und plante den Aufbau eines eigenen Leprosoriums in der Hansestadt (StAHH, 361-5 II, Gb25, 17.08.1939). Dass er sich damit nicht nur Freunde machte, liegt auf der Hand: Während Gesundheitssenator Friedrich Ofterdinger (1896–1946) den Neubau als „überhaupt nicht nötig“ empfand, sahen die Hamburger Tropenmediziner ihre wissenschaftliche Einflusssphäre bedroht (StAHH, 361-5 II, Gb25, 11.01.1940).

Die divergierende Interessenlage verdeutlicht das Beispiel eines deutschen Auswanderers, der sich in Brasilien mit der Lepra infiziert hatte. Im Januar 1937 wandte sich das Auswärtige Amt (StAHH, 352-3, III L 1 Bd. 4, 09.02.1937) an die Hamburger Behörden, ob der Patient „nicht nach Deutschland geschafft werden könnte". Besonders auch, da man „annehmen möchte, dass sich deutsche Mediziner für den Fall interessieren werden, auch wäre vielleicht noch die Möglichkeit einer Heilung gegeben" (StAHH, 352-3, III L 1 Bd. 4, 27.01.1937). Alle Bemühungen, ihn in einer brasilianischen Heilanstalt unterzubringen, seien leider erfolglos geblieben, da die beteiligten Bundesstaaten eine Aufnahme verweigerten.

Die Haltung der brasilianischen Stellen unterschied sich kaum von der bis dahin in Deutschland vorherrschenden. Lange Zeit wollte man keineswegs freiwillig Leprakranke aufnehmen. Neben der Ansteckungsgefahren waren es v. a. die Unterbringungs- und Behandlungskosten, denen die lokalen Behörden aus dem Weg gehen wollten. Auf eine Anfrage, ob es in Hamburg eine spezielle Lepraabteilung geben würde, hatte Bernhard Nocht 1909 geäußert: „Die Einrichtung und der Betrieb einer solchen Abteilung würde dem Staate große Kosten verursachen und uns außerdem voraussichtlich von außerhalb in größerer Zahl Leprakranke zuführen, die wir unter Umständen nicht oder nur unter Schwierigkeiten wieder los werden könnten." (StAHH, 352-3, III L 1 Bd. 3, 05.10.1909).

Im Falle des brasilianischen Patienten deutete sich nun ein unerwarteter Gesinnungswandel an, indem ein regelrechter Kampf um seine Behandlung entbrannte: Während sich das Tropeninstitut als prädestiniert für diese Aufgabe erachtete, forderte Mulzer mit Blick auf sein geplantes Forschungsinstitut gar die gezielte Aufnahme weiterer Patienten, andernfalls werde Berlin über kurz oder lang das ganze „Krankengut wegnehmen" (StAHH, 361-5 II, Gb25, 19.04.1940). Waren seine Bemühungen um eine bessere Unterbringung der Patienten noch ungehört geblieben, hatte dieses Argument größeres Gewicht. Vor dem Hintergrund persönlicher und politischer Intrigen war am Ende der 1930er-Jahre ein Machtkampf zwischen Hamburger und Berliner Vertretern um die Vorherrschaft in der Tropenmedizin entbrannt. In der Folge wurde die bis dahin eher randständige Tropenmedizinische Abteilung der Militärärztlichen Akademie in der Reichshauptstadt deutlich ausgebaut (vgl. Wulf 1994, S. 84–86, 129–140). Die 1940 verbreitete Nachricht, in Berlin sei ebenfalls die Einrichtung eines Leprainstituts geplant, stimmte Senator Ofterdinger offenbar um. Statt eines Provisoriums in Eppendorf sollte nun „die Erbauung des Heimes in großzügiger Weise von der Gesundheitsverwaltung" durchgeführt werden, ließ dieser verlautbaren (StAHH, 361-5 II Gb25, 28.08.1940). Die geplante Umsetzung im Rahmen des Neubaus der Universitätskliniken kam jedoch nicht mehr zustande.

Die Auseinandersetzung spiegelt die sich wandelnde Beurteilung der Lepra aus politischer und wissenschaftlicher Sicht wider. War der Krankheit nach dem Ende des Erster Weltkrieges zunächst kaum noch gesundheitspolitische Relevanz beigemessen worden, rückte sie im „Dritten Reich" wieder in den Fokus. Auf diese Weise lässt sich auch die Anschaffung von Lepramoulagen für die Heidelberger Hautklinik nachvollziehen. Dort hatte unter der Leitung Walther Schönfelds 1935 sein früherer Greifswalder Mitarbeiter Willy Leipold (1893–1973) eine Stellung als Oberarzt angenommen.[15] Der Dermatologe hatte sich neben sozialhygienischen Fragen frühzeitig mit der Lepra befasst. Auch Leipold war Mitglied zahlreicher nationalsozialistischer Organisationen, wenngleich er ideologisch weniger in Erscheinung trat als beispielsweise Mulzer (vgl. Kapp 2011, S. 68–69; Bauer 2006, S. 805–806).

---

15 Zu Leipold vgl. UAH, B-6531/1, PA 10383, UAH, PA 1050 und UAH PA 4788. Für die grundlegenden Archiv- und Literaturrecherchen danke ich an dieser Stelle Dr. Sara Doll.

Eine direkte Beteiligung Leipolds an der Erwerbung der Lepradarstellungen lässt sich nicht nachweisen, jedoch läge die inhaltliche Verknüpfung mit seiner Lehr- und Forschungstätigkeit nahe. An der vergleichsweise kleinen Klinik in Heidelberg dürfte es nur in Ausnahmefällen möglich gewesen sein, für den Anschauungsunterricht auf reale Leprapatienten zurückzugreifen. Im Wintersemester 1941/1942 übernahm Leipold zunächst eine Lehrstuhlvertretung in Straßburg, bevor er 1943 endgültig an die dortige Reichsuniversität berufen wurde. Denkbar ist, dass er in diesem Zusammenhang Kontakte ins besetzte Paris knüpfte, um Kopien der dortigen Moulagen für die Heidelberger Klinik anfertigen zu lassen. Weitere Nachforschungen über die Fertigungsumstände scheitern jedoch auch daran, dass eine unsachgemäße Überarbeitung der Objekte Anfang der 1990er-Jahre möglicherweise noch erhaltene Spuren verwischte. Dabei wurde die Färbung des Wachskörpers erneuert und die Trägerplatte mitsamt der Beschriftungen gewechselt. Selbst die handschriftliche Signatur Littres wurde in diesem Zuge nachempfunden (s. auch ▶ Abschn. 9.2).

10.8 Exotik und Krankheit, Faszination und Bedrohung

Wie die Beispiele der Hygieneausstellungen gezeigt haben, lässt sich die repräsentative Anordnung von Lehr- und Anschauungsobjekten aus der Tropenmedizin auch als eine visuelle bzw. materielle Bekräftigung der deutschen Kolonialbestrebungen in der Zwischenkriegszeit verdeutlichen. Nicht selten wurde die Leistungsfähigkeit der deutschen Tropenheilkunde mit Blick auf die Tätigkeit in den ehemaligen Schutzgebieten in den Vordergrund gestellt, um mehr oder weniger direkt die „Wiedererlangung der deutschen Kolonien" zu fordern. Schon 1930 formulierte Erich Martini (1880–1960), Mitarbeiter beim Hamburger Tropeninstitut, dass die deutsche Wissenschaft „mehr zur Sanierung der Tropen geleistet hat, […] als die irgendeines anderen Landes, obgleich wir selbst von den tropischen Gebieten ausgeschlossen" sind (Weinert 2017, S. 149).

Mit Nachdruck hatte dementsprechend die Reichsregierung schon 1925 darauf gedrängt, sich an der Internationalen Missionsausstellung in Rom zu beteiligen. Das Auswärtige Amt und das Reichsministerium des Innern erklärten sich gar zur Gewährung „erheblicher Mittel" bereit (vgl. Wulf 1994, S. 71). In den 1930er-Jahren wurde das Hamburger Tropeninstitut derart häufig zur Teilnahme an verschiedenen Kolonialausstellung gedrängt, dass dessen Mitarbeiter zunehmend den damit verbundenen Aufwand kritisierten. Zudem werde der eigene Museumsbestand zerrissen, befürchtete Direktor Peter Mühlens (1874–1943) bezüglich einer Anfrage im Jahr 1935 (StAHH, 371-8 II, SXIX, B 1 1 230). Um eine als Wanderausstellung konzipierte „Tropenschau" zu verwirklichen, einigten sich die Vertreter des Instituts, des Erziehungsministeriums und des Propagandaministeriums darauf, von den wichtigsten Exponaten für diese Zwecke Kopien anzufertigen (◘ Abb. 10.5). An der Bereitstellung der notwendigen Mittel beteiligte sich schließlich auch die Hamburger Behörde für Handel, Schifffahrt und Gewerbe, so dass die Teilnahme an der Leipziger Frühjahrsmesse 1937 realisiert werden konnte.[16] Das Beispiel verdeutlicht, dass die Anfertigung der Exponate und ihre jewei-

16 Nachdem der Hamburger Senat zunächst 5000 RM in Aussicht gestellt hatte, beteiligte sich die Behörde für Handel, Schifffahrt und Gewerbe mit insgesamt 11.500 RM. Vgl. StAHH, 371-8 II, SXIX, B 11 230.

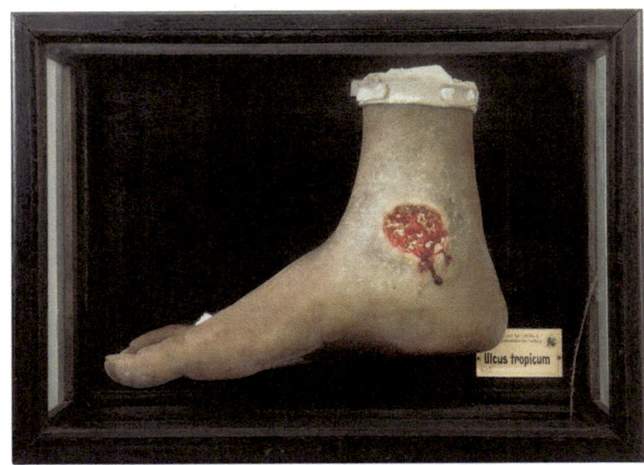

Abb. 10.5 Moulage „Ulcus tropicum" aus der Sammlung des Instituts für Schiffs- und Tropenkrankheiten, angefertigt 1926 von Max Broyer. Medizinhistorisches Museum Hamburg, Inv.-Nr. 10158. (Foto: Karin Plessing/Reinhard Scheiblich; mit freundlicher Genehmigung des Medizinhistorischen Museums Hamburg)

lige räumliche Anordnung durchaus auf eine öffentliche Zielgruppe ausgerichtet waren. Die Vielzahl der kolonialpolitischen und wirtschaftlichen Interessen kommt zudem in der Gemengelage der beteiligten Behörden, Ministerien und Instituten zum Ausdruck.

Dass insbesondere die Lepra in den 1930er-Jahren als immaterieller Forschungsgegenstand, aber auch als plastisches Bild wieder zunehmend Präsenz in öffentlichen wie fachinternen Debatten erlangte, mag daran liegen, dass die Krankheit geradezu symbolhaft das Exotische verkörperte. In ähnlicher Weise wie etwa das Fleckfieber im Zuge des Erster Weltkriegs mit antisemitischen Stereotypen des „Ostjuden" verknüpft wurde (vgl. Süß 2003, S. 223–241), erschien die Lepra aufgrund ihrer Fremdartigkeit und Exotik als eine unberechenbare Gefahr für die „Volksgemeinschaft". Der Germanist und Historiker Sander L. Gilman (1994) hat in diesem Zusammenhang auf die bereits im 19. Jahrhundert verbreitete Rolle der Lepra innerhalb pseudowissenschaftlicher Rassentheorien hingewiesen. So wurde die Verbreitung der Lepra in tropischen Gebieten als eine Ursache für die Entstehung einer schwarzen Hautfarbe und die angeblich spezifische Physiognomik der dort lebenden Bevölkerung interpretiert (vgl. Gilman 1985, S. 101, 266).

10.9 Visualisierungen als Evidenzträger und Kommunikationsmittel

Als materielle Repräsentanten der Krankheit bzw. der Patienten kam Modellen, Moulagen und anderen Abbildungsformen eine wichtige Rolle bei der Vermittlung solcher Diskurse zu. Durch die Verbindung von spezifischen Krankheitssymptomen und beispielsweise dunkler Hautfarbe oder beigefügten Beschreibungen konnten in der räumlichen Inszenierung rassistische Zuschreibungen reproduziert werden. Gerade die Moulagen weisen zum Teil in ihrer Gestaltung deutliche Parallelen zu den weit verbreiteten „Menschen-Rassen-Büsten", die einerseits Eingang in wissenschaftliche Sammlungen fanden, aber auch auf Jahrmärkten zur Schau gestellt wurden (vgl. Rühlemann 2003, S. 35–53) (Abb. 10.6 und 10.7). Nicht zufällig gehörten beide Objektgattungen zum festen Repertoire von Panoptiken und reisenden Wachsfigurenkabinetten bis zur Mitte des 20. Jahrhunderts (s. auch ► Kap. 8). Sowohl die abschreckenden Krankheitsbilder als auch die Exotik des Andersartigen lenkten die Selbstwahrnehmung der Betrachtenden in Richtung einer auf diesem Wege erst konstruierten weißen und hygienisch einwandfreien Norm.

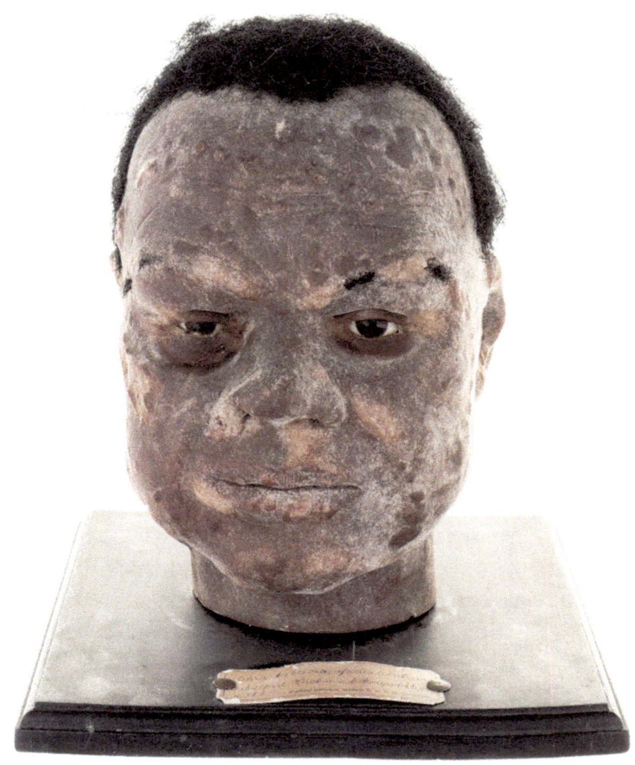

Abb. 10.6 Moulage „Lepra tuberosa facies leontina" aus der Sammlung des Deutschen Instituts für Ärztliche Mission (DIFÄM), heute im Bestand des Museums der Universität Tübingen (MUT), Inv.-Nr. MUT-Ms-73. (Foto: Valentin Marquardt Photography; mit freundlicher Genehmigung des MUT)

Abb. 10.7 „Rassenbüste" aus dem ehemaligen Panoptikum Paul Zeillers, Burg Grünwald bei München, um 1900. (Foto: Manfred Eberlein; mit freundlicher Genehmigung der Archäologischen Staatssammlung München)

Aber auch im wissenschaftlichen Kontext ist der Einfluss von Bildern und plastischen Modellen auf die Konstruktion und Reproduktion von Wissen nicht zu unterschätzen.[17] Insbesondere der Moulage verhalf die mit dem Herstellungsprozess verknüpfte spezifische Materialität zu Glaubwürdigkeit und Autorität.[18] Die mechanische Methode des Abdruckverfahrens ließ den Objekten trotz des unverkennbaren künstlerischen Arbeitsanteils den Anschein einer gewissen Unmittelbarkeit anhaften. Wenngleich der bemalte Wachskörper seinen artifiziellen Charakter nicht gänzlich verbergen konnte, verwies seine Orientierung am real existierenden Patienten auf die „Naturtreue" der Abbildung (vgl. Daston und Galison 2002, S. 29–99).

Bilder und Objekte können jedoch nicht für sich allein sprechen. Lukas Engelmann hat dies beispielhaft für Jean Cruveilhiers (1791–1874) bekannten pathologischen Atlas herausgearbeitet: Demnach „ist die Zeichnung hier ein analytisches Instrument, das angewiesen auf und eingebettet in den umgebenden Text erst funktioniert" (Engelmann 2012, S. 19). Gleichermaßen bedarf die Moulage einer entsprechenden Sammlungsumgebung, deren Ordnung und Beschriftung. In dieser Umgebung kommt der plastischen Reproduktion eine entscheidende Bedeutung für die Definition und Klassifikation von Krankheitsbildern zu, welche das ärztliche Handeln und die Deutung von Merkmalen am Patienten beeinflussen. Das Bild konstruiert in gewisser Hinsicht erst das Krankheitsbild als ein solches und kommuniziert dieses.[19]

Das Beispiel der Heidelberger Lepramoulagen verdeutlicht die zeitliche Spanne solcher Funktionsmechanismen und deren räumliche Wirkung: Das an die klinische Forschung der Pariser Institution gebundene medizinische Wissen materialisierte sich bereits seit der Jahrhundertwende in der dortigen Sammlung. In Form der später angefertigten Kopien trugen die Objekte dieses Wissen jedoch über Zeit- und Ländergrenzen hinweg. Bis heute ermöglichen die erhalten gebliebenen Moulagen einen faszinierenden Blick auf die Ergebnisse dieser Konstellation, wenngleich die zwischenzeitliche Überarbeitung wichtige Spuren verwischt hat.

10.10 Archivalische Quellen

- StAHH = Staatsarchiv Hamburg:
  - StAHH 352-3, III L 1 Bd. 3, 09.02.1909, Medizinalamt an Medizinalkollegiums.
  - StAHH, 352-3, III L 1, Bd. 3–4, Statistiken des Medizinalamtes bzw. ab 1939 des Reichsstatthalters.
  - StAHH, 361-5 II, Gb25, 23.04.1939, Mulzer an Medizinische Fakultät.
  - StAHH, 352-3, III L 1 Bd. 4, 04.08.1938, Mulzer an Kanzlei des Führers.
  - StAHH, 361-5 II, Gb25, 17.08.1939, Mulzer an Hochschulbehörde.
  - StAHH, 361-5 II, Gb25, 11.01.1940, Abschrift Besprechung Ofterdinger.
  - StAHH, 352-3, III L 1 Bd. 4, 09.02.1937, Auswärtiges Amt an Reichsministerium des Innern (RMI).

17 Dem didaktischen Arrangement von Sammlungsobjekten schreibt Carin Berkowitz eine Schlüsselrolle für die Generierung und Verbreitung anatomisch-medizinischen Wissens im 18. und 19. Jahrhundert zu. Vgl. Berkowitz 2013, S. 360, 386–387.

18 Auf die Validierungs- und Beweisfunktion wissenschaftlicher Bilder und deren „kulturelle Evidenz" hat unter anderem Regula Burri hingewiesen. Vgl. Burri 2001, S. 277–304.

19 Aufschlussreich sind in diesem Zusammenhang die Ausführungen Barbara Wittmanns zur Funktion der zoologischen Spezieszeichnung. Vgl. Wittmann 2008.

  - StAHH, 352-3, III L 1 Bd. 4, 27.01.1937, Generalkonsulat an Auswärtiges Amt.
  - StAHH, 352-3, III L 1 Bd. 3, 05.10.1909, Nocht an Schröder.
  - StAHH, 361-5 II, Gb25, 19.04.1940, Mulzer an Hochschulbehörde.
  - StAHH, 361-5 II Gb25, 28.08.1940, Ofterdinger an Hochschulwesen.
  - StAHH, 371-8 II, SXIX, B 1 1 230, 29.04.1935, Kolonial-Ausstellungen.
  - StAHH, 111-1, 5259 Hygiene-Ausstellung Dresden, Teil 3, 13.10.1911, Fülleborn an Medizinalrat, 13.10.1911.
- GStAPK = Geheimes Staatsarchiv Preußischer Kulturbesitz:
  - GStAPK, I. HA Rep. 76 Kultusministerium, VIII B, Nr. 3882, 21.11.1902, Lassar an Kultusministerium.
  - GStAPK, I. HA Rep. 76 Kultusministerium, VIII B, Nr. 3878, 14.04.1904, Lassar an Kultusministerium.
  - GStAPK, I. HA, Rep 76 Kultusministerium, Va Sekt. 2, Tit. X, Nr. 41 Bd. 1, 15.03.1900, Lesser an Kultusministerium.
  - GStAPK, Va Nr. 10114, 15.04.1929, Riecke an Universitätskurator.
- ÖStA = Österreichisches Staatsarchiv:
  - ÖStA, AVA Unterricht UM, 883 Universität Wien, Sign. 4G, Fasz. 846, 22.04.1909, Kultusministerium an Statthalterei.

Literatur

Asschenfeldt V, Zare A (2015) Die Sammlung als Modell: dermatologische Wachsmoulagen als Bestandteile medizinischer Forschungs- und Lehrinfrastrukturen. Hamburger J Kulturanthropologie 2:103–115

Barlag G (1992) Die Moulagensammlung der Universitäts-Hautklinik Freiburg im Breisgau. Katalog und Beiträge zu ihrer Geschichte. Team-Kommunikation, Frankfurt am Main

Bauer AW (2006) Innere Medizin, Neurologie und Dermatologie. In: Eckart W, Sellin V, Wolgast E (Hrsg) Die Universität Heidelberg im Nationalsozialismus. Springer, Heidelberg, S 719–810

Bechler RG (2009) Leprabekämpfung und Zwangsisolierung im ausgehenden 19. und frühen 20. Jahrhundert: wissenschaftliche Diskussion und institutionelle Praxis. Dissertation, Würzburg

Berkowitz C (2013) Systems of display: the making of anatomical knowledge in Enlightenment Britain. BJHS 46:359–387

von Brunn R (1936) Die Lehrmittelsammlung des Tübinger Tropen-Instituts. Bölzle, Tübingen

Burri R (2001) Doing Images. Zur soziotechnischen Fabrikation visueller Erkenntnis in der Medizin. In: Heintz B, Huber J (Hrsg) Mit dem Auge denken. Strategien der Sichtbarmachung in wissenschaftlichen und virtuellen Welten. Ed. Voldemeer, Zürich, S 277–304

Daston L, Galison P (2002) Das Bild der Objektivität. In: Geimer P (Hrsg) Ordnungen der Sichtbarkeit. Fotografie in Wissenschaft, Kunst und Technologie. Suhrkamp, Frankfurt am Main, S 29–99

Emmerling J (2013) Die Geschichte der Moulagensammlung der Hautklinik Erlangen. Dissertation, Erlangen

Engelmann L (2012) Eine analytische Bildpraxis. Die pathologisch-anatomischen Zeichnungen Jean Cruveilhiers in ihrem Verhältnis zu klinischen Beobachtungen. Ber Wiss 35:7–24

Eßler H (2014) Urte Müller: Die Biografie einer Moulage. In: Ludwig D, Weber C, Zauzig O (Hrsg) Das materielle Modell. Objektgeschichten aus der wissenschaftlichen Praxis. Fink, Paderborn, S 53–62

Eßler H (2016) „Die Ärmsten der Armen…" – Aspekte einer Sozialgeschichte der Lepra im 20. Jahrhundert. Die Klapper. Mitteilungen der Gesellschaft für Leprakunde 24:2–6

Eßler H (2017) Biographie-Objekte – Objekt-Biographien: Moulagen als Sachzeugen und materielle Kultur der Dermatologie. In: Seidl E, Steinheimer F, Weber C (Hrsg) Materielle Kultur in universitären und außeruniversitären Sammlungen. Gesellschaft für Universitätssammlungen e. V., Berlin, S 92–101

Euler (2000) Die Moulagensammlung der dermatologischen Universitätsklinik Kiel. Dissertation, Kiel

Gesundheitsbehörde Hamburg (1928) Hygiene und soziale Hygiene in Hamburg: zur neunzigsten Versammlung der Deutschen Naturforscher und Ärzte in Hamburg im Jahre 1928. Hartung, Hamburg, S 217

Gilman SL (1985) Difference and pathology: stereotypes of sexuality, race, and madness. Cornell Univ Press, Ithaca

Jordan P, Mulzer P (1941) Die Lepra als vordringliche Aufgabe der kolonialen Gesundheitsführung in Afrika: koloniale Gesundheitsführung in Afrika. Verhandlungen der XI. Tagung der Deutschen Tropenmedizinischen Gesellschaft vom 3.–5. Oktober 1940 in Hamburg. Barth, Leipzig, S 269–271

Kapp T (2011) Die Entwicklung der Universitäts-Hautklinik Greifswald in der Zeit des Nationalsozialismus unter besonderer Berücksichtigung von Patientenakten mit den Diagnosen Syphilis und Gonorrhoe. Dissertation, Greifswald

Klingmüller V (1930) Die Lepra. Handbuch der Haut- und Geschlechtskrankheiten, Bd 2. Springer, Berlin/Heidelberg

Lassar O (1896) Ueber die Lepra. Dermatol Zeitschr 3:44–52

Merk L (1909) Die Hauterscheinungen der Pellagra. Wagner, Innsbruck

Mühlenberend S (2010) Dresdner Moulagen. Eine Stilgeschichte. In: Lang J (Hrsg) Körper in Wachs: Moulagen in Forschung und Restaurierung. Sandstein, Dresden, S 27–39

Mühlens P (1941) Festsitzung zur Feier des 40jährigen Bestehens des Tropeninstituts. In: Koloniale Gesundheitsführung in Afrika. Verhandlungen der XI. Tagung der Deutschen Tropenmedizinischen Gesellschaft vom 3.–5. Oktober 1940 in Hamburg. Barth, Leipzig, S 6–11

Nocht B (1941) Festsitzung zur Feier des 40-jährigen Bestehens des Tropeninstituts: koloniale Gesundheitsführung in Afrika. Verhandlungen der XI. Tagung der Deutschen Tropenmedizinischen Gesellschaft vom 3.–5. Oktober 1940 in Hamburg. Barth, Leipzig, S 1–6

Nocht B (1928) Das Institut für Schiffs- und Tropenkrankheiten. In: Gesundheitsbehörde Hamburg (Hrsg) Hygiene und soziale Hygiene in Hamburg: zur neunzigsten Versammlung der Deutschen Naturforscher und Ärzte in Hamburg im Jahre 1928. Hartung, Hamburg, S 2

Photinos G (1907) Die Herstellung und Bedeutung von Moulagen (farbige Wachsabdrücke). Dermatol Zeitschr 14:131–157

Reichsjustizministerium (1900) Deutsches Reichsgesetzblatt 24. Reichsdruck, Berlin

Rühlemann M (2003) Das Münchner Internationale Handels-Panoptikum. Ein Massenmedium der Exotik. In: Dreesbach A, Zedelmaier H (Hrsg) „Gleich hinterm Hofbräuhaus waschechte Amazonen". Exotik in München um 1900. Dölling und Galitz, München/Hamburg, S 35–53

Scheube HB (1910) Die Krankheiten der warmen Länder: ein Handbuch für Ärzte, 4. Aufl. Fischer, Jena

Schnalke T (2010) Spuren im Gesicht. Eine Augenmoulage aus Berlin. In: Kunst B, Schnalke T, Bogusch G (Hrsg) Der zweite Blick. Besondere Objekte aus den historischen Sammlungen der Charité. De Gruyter, Berlin, S 19–40

Schneider K (1943) Die Geschichte der Lepra im Kreise Memel und das Lepraheim in Memel. Veröffentlichungen aus dem Gebiete des Volksgesundheitsdienstes 56:1–42

Scholz A (2008) Oscar Lassar. In: Plewig G, Löser C (Hrsg) Pantheon der Dermatologie. Springer, Heidelberg, S 605–608

Simkin M (2016) Medien und Moulagen. Zur Funktion der Lehrmittel am DIFÄM. In: Bierende E, Moos P, Seidl E (Hrsg) Krankheit als Kunst(form). Moulagen der Medizin. Museum der Universität Tübingen, MUT, Tübingen, S 223–230

Sticherling M, Euler U (1999) Das „Sterben" der Moulagen – Wachsabbildungen in der Dermatologie. Hautarzt 50:674–678

Stoiber E (2005) Chronik der Moulagensammlung und der angegliederten Epithesensammlung am Universitätsspital Zürich 1956 bis 2000. Erlebnisbericht von Elsbeth Stoiber mit 79 farbigen und 18 schwarzweissen Abbildungen. Eigenverlag, Langnau

Süß W (2003) Der „Volkskörper" im Krieg. Gesundheitspolitik, Gesundheitsverhältnisse und Krankenmord im nationalsozialistischen Deutschland 1939–1945. Oldenbourg, München

Universitäts-Hautklinik Heidelberg (2008) 100 Jahre Hautklinik. Eigenverlag, Heidelberg

Weinert S (2017) Der Körper im Blick. Gesundheitsausstellungen vom späten Kaiserreich bis zum Nationalsozialismus. De Gruyter, Berlin

Wittmann B (2008) Das Porträt der Spezies. Zeichnen im Naturkundemuseum. In: Wittmann B, Hoffmann C (Hrsg) Daten sichern. Schreiben und zeichnen als Verfahren der Aufzeichnung. Diaphanes, Zürich/Berlin, S 47–72

Wulf S (1994) Das Hamburger Tropeninstitut 1919 bis 1945. Auswärtige Kulturpolitik und Kolonialrevisionismus nach Versailles. Reimer, Berlin/Hamburg

Zahn B (2017) Die Moulagensammlung der Klinik und Poliklinik für Dermatologie und Allergologie der Rheinischen Friedrich-Wilhelms-Universität Bonn. Dissertation, Bonn

Der Blick auf die Haut – Die Heidelberger Scharlachmoulage und die Fertigung des klinischen Wachsabdrucks

Navena Widulin

S. Doll, N. Widulin (Hrsg.), *Spiegel der Wirklichkeit*,
https://doi.org/10.1007/978-3-662-58693-8_11

11

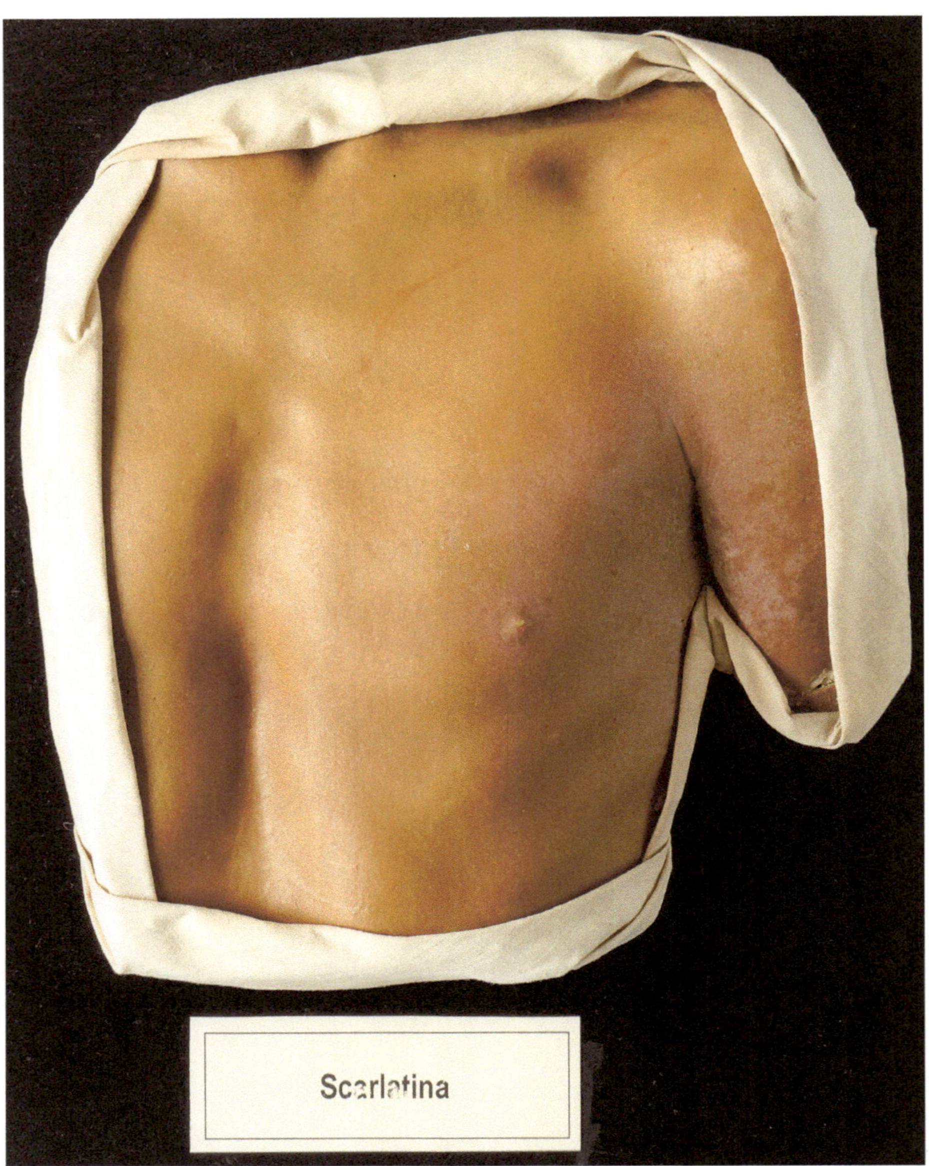

Abb. 11.1 Scarlatina. Vorläufer des Deutschen Hygiene-Museums Dresden, 1920er-Jahre, Kopie einer Moulage, die 1911 von Fritz Kolbow gefertigt wurde. Modellmaße: 21,5 cm × 23,5 cm × 8 cm, Wachs, farbig gefasst, Textil. Sockelmaße: 33,5 cm × 39,5 cm × 1 cm Holz, schwarz lackiert (neu angefertigt 2015). Signatur MW 44, Standort: Institut für Anatomie und Zellbiologie. (Foto: Philip Benjamin; mit freundlicher Genehmigung des Universitätsklinikums Heidelberg, Institut für Anatomie und Zellbiologie)

» **Für Elfriede Walther (1919–2018), die Grande Dame der Moulagenkunst, meine Lehrmeisterin und langjährige Freundin.**

Bei der Heidelberger Moulage mit der Inventarnummer MW 44[1] handelt es sich um die wächserne Darstellung einer linken Brustregion (▫ Abb. 11.1). Sie ist aufgrund der Größe sehr wahrscheinlich an einem Kind abgeformt worden. Die sich unter der Haut abzeichnenden oberen Rippenpaare, das Brustbein und das linke Schlüsselbein, die linke Brustwarze und ein Teil des linken Oberarms sind deutlich erkennbar und ermöglichen dem Betrachter eine sofortige Orientierung bezüglich der dargestellten Körperregion. Der durch Lichteinfall und der damit einhergehenden Oxidation (Dietemann et al. 2010, S. 73) gelblich-braun verfärbte Wachskörper ist umlaufend mit einem durch die Zeit nachgedunkelten und in leichte Falten geschlagenen Leinentuch bedeckt und misst 21,5 cm × 23,5 cm × 8 cm. Am unteren Ende des Oberarms ist das Wachs auf einer Länge von etwa 3 cm gebrochen, die Einzelteile werden jedoch durch das Textil noch gehalten. Feinste weiße, kristalline Auflagerungen auf der Wachsoberfläche finden sich insbesondere in der Tiefe des der Brust anliegenden Armes. Dabei handelt es sich um nicht zum Krankheitsbild gehörende Ausblühungen, welche aufgrund klimatischer Schwankungen und eine dadurch hervorgerufene chemische Reaktion innerhalb der verwendeten Wachsbestandteile entstehen und sich auf der Oberfläche ablagern (Lang et al. 2010). Analysen vergleichbarer Schadensbilder auf anderen historischen Moulagen ergaben, dass es sich dabei um niedermolekulare Fettsäuren handelt, die aufgrund einer natürlichen Alterung des verwendeten Materials, insbesondere jedoch hervorgerufen durch eine hohe Luftfeuchtigkeit (Hydrolyse), entstehen und an der Oberfläche den feinkristallinen Belag bilden (Dietemann et al. 2010, S. 76).[2]

Normalerweise sind Moulagen auf einem – zumeist schwarzen – Trägerbrett fest fixiert. So wird vermutlich auch die Moulage MW 44 ursprünglich auf ein solches Brett aufgezogen gewesen sein. In der Auffindesituation fehlte es jedoch und daher wurde im Zuge der Inventarisierung ein neues Trägerbrett angefertigt. Der in Textil gefasste Wachskörper wurde vorerst noch nicht fest montiert, sondern zur Stabilisierung nur aufgelegt.[3] Das Objekt hat nun insgesamt die Maße 39,5 cm in der Länge, 33,5 cm in der Breite und 9 cm in der Höhe. Das mittig am unteren Rand des Brettes angebrachte Papieretikett wurde, in Anlehnung an vergleichbare historische Moulagenvorlagen, neu produziert und trägt die Diagnose „Scarlatina".

Bisher fehlten Hinweise auf das vorgestellte Krankheitsbild dieser Moulage. Im Bestand des Berliner Medizinhistorischen Museums der Charité befindet sich ein fast exaktes Duplikat der Moulage MW 44, allerdings ohne Stoffeinfassung und in der – für die Lehrmittelproduktion des Deutschen Hygiene-Museums Dresden (DHMD) typischen – Ausführung auf weißem Grundbrett mit Glassturz (▫ Abb. 11.2). Diese Wachsarbeit ist

1 „MW" steht in diesem Zusammenhang für „Modell [aus] Wachs". Es handelt sich nicht um eine historische Nummerierung sondern um die Inventarnummer, welche bei der Bestandserfassung im Jahr 2013 vergeben wurde.

2 Da der Eindruck entstehen könnte, dass diese Ausblühungen zum dargestellten Krankheitsbild gehören, empfiehlt es sich in diesen Fällen die Ablagerungen zeitnah mit einem Pinsel vorsichtig abzutragen. Es ist jedoch davon auszugehen, dass sich dieses Phänomen nach längerer Zeit der Lagerung wiedereinstellen wird.

3 Die fachgerechte und feste Montage des Wachskörpers auf dem Brett wird erst durch eine Restauratorin oder einen Restaurator vorgenommen, wenn eine Präsentation in einer Ausstellung o. ä. vorgesehen ist.

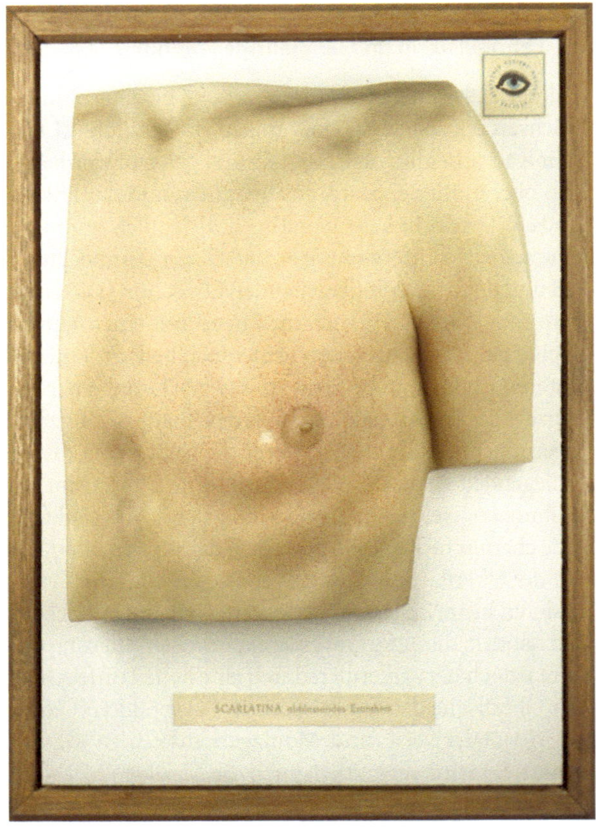

Abb. 11.2 Scarlatina, abblassendes Exanthem, Moulage (Kopie) aus der Lehrmittelproduktion des Deutschen Hygiene-Museums Dresden. Berliner Medizinhistorisches Museum der Charité, Inv.-Nr.: BMM 2011/M30, 1950- bis 1960er-Jahre. (Foto: Navena Widulin; mit freundlicher Genehmigung des Berliner Medizinhistorischen Museums der Charité)

mit der Diagnose „Scarlatina. Abblassendes Exanthem“ ausgewiesen. Es handelt sich um eine Moulage (Kopie) aus den Lehrmittelwerkstätten des DHMD. Die Datierung der Herstellung lässt sich auf den Zeitraum der 1950er- bis 1960er-Jahre eingrenzen. Weitere Recherchen im Depot des DHMD konnten ein Malmuster (Abb. 11.3), ein Gipspositiv, ein Gipsnegativ und ein Gipsnegativ mit einliegendem Wachsausguss zutage fördern.[4] Auf allen Objekten findet sich ein Verweis auf die alte Nummer 943 des sog. Kolbow-Kataloges[5] und das angegebene Krankheitsbild der „Scarlatina. Abblassendes Exanthem“.

---

4 Malmuster (Inv.-Nr.: DHMD 1995/897), Gipspositiv (Inv.-Nr.: DHMD 1997/47), Gipsnegativ (Inv.-Nr.: DHMD 1997/2350), Gipsnegativ mit einliegendem Wachsausguss (Inv.-Nr.: DHMD 1997/2351).

5 Vgl. Preisverzeichnis Pathoplastisches Institut GmbH, Dresden 1913; Diese allgemein kurz „Kolbow-Katalog“ genannte Schrift wurde dem Berliner Medizinhistorischen Museum der Charité von Frau Elfriede Walther (ehemalige Leiterin der Moulagenwerkstatt des DHMD) im Jahr 2018 überlassen. Es handelt sich um das originale Exemplar, mit dem Ella Lippmann (1892–1967), erst Schülerin von Fritz Kolbow und später Leiterin der Moulagenwerkstatt des DHMD und Lehrmeisterin von Elfriede Walther, geb. Hecker, gearbeitet hat. Im Katalog finden sich zahlreiche handschriftliche Ergänzungen oder Markierungen. Für die Recherchen zu diesem Beitrag wurde ausschließlich dieser Katalog herangezogen.

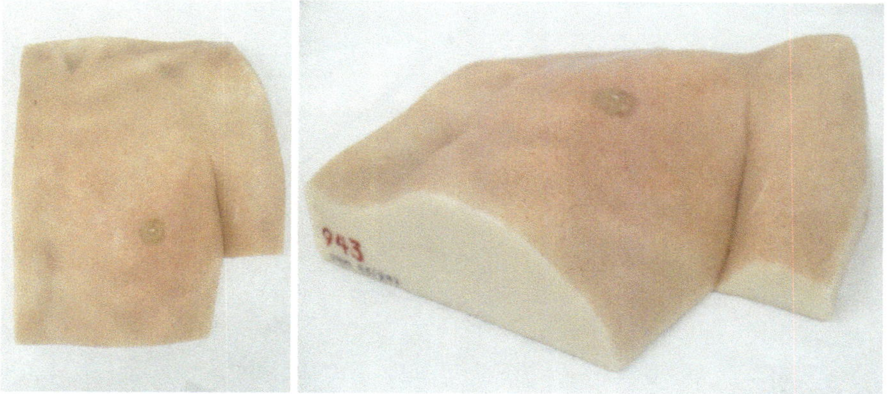

Abb. 11.3 Scarlatina an der Brust, abblassendes Exanthem, Moulage/Malmuster. Deutsches Hygiene-Museum Dresden, Inv.-Nr.: DHMD 1995/897, 1945–1960 (Originalabformung 1900–1912). (Fotos: Navena Widulin; mit freundlicher Genehmigung des DHMD)

Diese auch als Scharlach bekannte Erkrankung ist eine typische Infektionskrankheit im Kindesalter, welche durch Streptokokken ausgelöst wird. Charakteristisch sind neben einer geröteten und geschwollenen sog. Himbeer- oder Erdbeerzunge der fleckige, zum Teil erhabene und rote Hautausschlag (Exanthem), welcher sich über den gesamten Körper oder nur partiell ausbreitet. Dieses Exanthem ist in einem bereits abklingenden Stadium auf der Moulage dargestellt und nur noch als eine leichte Rötung, besonders im Bereich der Brust und dem Übergang zum Oberarm, erkennbar.

Im Kolbow-Katalog konnten insgesamt acht verschieden gearbeitete Moulagen mit dem Krankheitsbild Scharlach bestellt werden.[6] Die Moulage mit der Nummer 943 wurde hier gleich zwei Mal, einmal unter den Säuglings- und Kinderkrankheiten und einmal unter den Haut- und Geschlechtskrankheiten, klassifiziert. Die Beschreibung „Scarlatina an der Brust, abblassendes Exanthem" stimmt jedoch in beiden Listen überein (Abb. 11.4). Im Preisverzeichnis von 1913 wird diese Moulage für eine Summe in Höhe von 35 Mark angeboten. In einem Verkaufskatalog des DHMD aus dem Jahr 1954, also 42 Jahre später, ist die Moulage 943 immer noch unter derselben Diagnose unter der Gruppierung „Spezielle Dermatologie/Akute Erytheme" verfügbar und kostet zu diesem Zeitpunkt in der höherwertigen Ausführung C[7] 53,55 Mark, was einer Einordnung in die Preisgruppe 3 entspricht. Es existierten 8 Preisgruppen, gestaffelt zwischen 36,60 Mark und 90,80 Mark, abhängig vom Arbeitsaufwand und der Menge des Materials, welche zur Fertigung einer Verkaufsmoulage (Kopie) notwendig waren. Auch in später herausgegeben Katalogen des DHMD (der Jahre 1963 und 1966) findet sich diese Moulage noch immer im Verkaufsprogramm. Scharlach war augenscheinlich ein immer wieder zum Verkauf angefordertes Krankheitsbild; die vor-

6 Vgl. Pathoplastisches Institut 1913: Nummern in orig. Reihenfolge: 734, 921a, 1159, 921, 533, 782, 906, 943 (Darstellung unterschiedlicher Formen der Scarlatina an verschiedenen Körperstellen).

7 Preisblatt zum Verzeichnis Moulagen, Verkaufskatalog Moulagen, Deutsches Hygiene-Museum, Dresden, 1954, o. S., „Ausführung C = auf Platte, mit abnehmbarem Glasstulp".

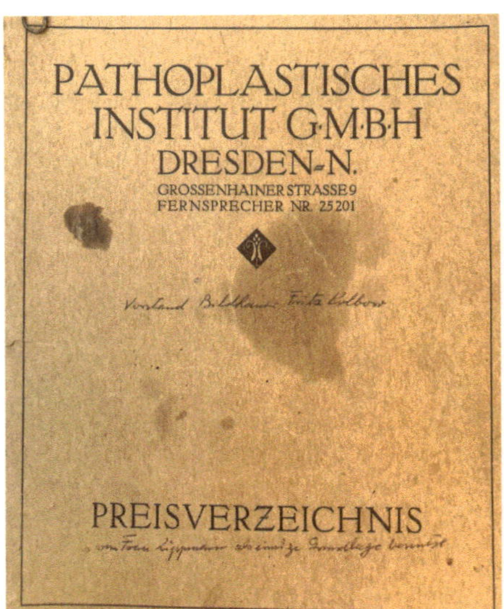

PATHOPLASTISCHES
INSTITUT G.M.B.H
DRESDEN-N.
GROSSENHAINER STRASSE 9
FERNSPRECHER NR. 25201

PREISVERZEICHNIS

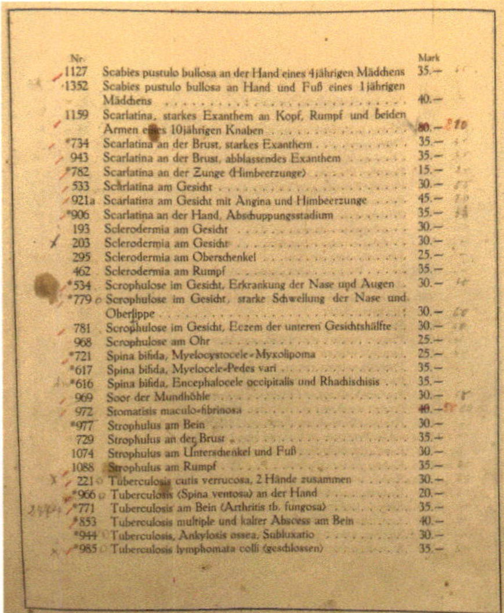

Nr.		Mark
1127	Scabies pustulo bullosa an der Hand eines 4jährigen Mädchens	35.–
1352	Scabies pustulo bullosa an Hand und Fuß eines 1jährigen Mädchens	40.–
1159	Scarlatina, starkes Exanthem an Kopf, Rumpf und beiden Armen eines 10jährigen Knaben	80.–
*734	Scarlatina an der Brust, starkes Exanthem	35.–
943	Scarlatina an der Brust, abblassendes Exanthem	35.–
*782	Scarlatina an der Zunge (Himbeerzunge)	15.–
533	Scarlatina am Gesicht	30.–
921a	Scarlatina am Gesicht mit Angina und Himbeerzunge	45.–
*906	Scarlatina an der Hand, Abschuppungsstadium	35.–
193	Sclerodermia am Gesicht	30.–
203	Sclerodermia am Gesicht	30.–
295	Sclerodermia am Oberschenkel	25.–
462	Sclerodermia am Rumpf	35.–
*534	Scrophulose im Gesicht, Erkrankung der Nase und Augen	30.–
*779	Scrophulose im Gesicht, starke Schwellung der Nase und Oberlippe	30.–
781	Scrophulose im Gesicht, Eczem der unteren Gesichtshälfte	30.–
968	Scrophulose am Ohr	25.–
*721	Spina bifida, Myelocystocele-Myxolipoma	25.–
*617	Spina bifida, Myelocele-Pedes vari	35.–
*616	Spina bifida, Encephalocele occipitalis und Rhachischisis	35.–
969	Soor der Mundhöhle	30.–
972	Stomatisis maculo-fibrinosa	40.–
*977	Strophulus am Bein	30.–
729	Strophulus an der Brust	35.–
1074	Strophulus am Unterschenkel und Fuß	30.–
1088	Strophulus am Rumpf	35.–
221	Tuberculosis cutis verrucosa, 2 Hände zusammen	30.–
*966	Tuberculosis (Spina ventosa) an der Hand	20.–
*771	Tuberculosis am Bein (Arthritis tb. fungosa)	35.–
*853	Tuberculosis multiple und kalter Abscess am Bein	40.–
*944	Tuberculosis, Ankylosis ossea, Subluxatio	30.–
*985	Tuberculosis lymphomata colli (geschlossen)	35.–

Abb. 11.4 „Kolbow-Katalog" – Pathoplastisches Institut GmbH, Dresden, 1913: Deckblatt, Seite mit dem Eintrag zu Moulage 943. Der Katalog diente Ella Lippmann und Elfriede Walther als Grundlage ihrer Arbeit in der Moulagenwerkstatt am Deutschen Hygiene-Museum Dresden. (Digitalisat: Navena Widulin; mit freundlicher Genehmigung des Berliner Medizinhistorischen Museums der Charité)

liegende Moulage ein geeignetes Lehr- und Demonstrationsobjekt speziell in der Ausbildung von medizinischem Fachpersonal wie Kinderkrankenschwestern, Hebammen oder Ärzten.

Es kann also festgehalten werden, dass die ursprüngliche und erste Abformung des an Scharlach erkrankten jungen Patienten mit Sicherheit vor 1913, vermutlich aber durch Fritz Kolbow (1873–1946) selbst im Jahr 1911 vorgenommen wurde.[8] Auf Grundlage seiner originalen Moulage, also der zuerst erstellten Form (Urform), konnten nun für den Verkauf Kopien erstellt werden.[9] Dass es sich bei der Heidelberger Moulage um eine Kopie handelt, erschließt sich aus den fehlenden typischen Merkmalen einer Originalmoulage. Feingezeichnete Hautstrukturen, wie etwa Poren oder Hautlinien und -falten oder die Übertragung feinster Körperbehaarung bei dem Prozess der Abformung, fehlen hier gänzlich. Wann diese Kopie genau hergestellt wurde, kann nur geschätzt werden. Die Beschaffenheit des Wachskörpers und die textile Einfassung, herangezogen wurden dazu im Vergleich ähnlich gearbeitete und näher bestimmbare Moulagen, sprechen am ehesten für eine Datierung um die 1920er-Jahre.

8 Vgl. Nachlass von Elfriede Walther. Handschriftliche Auflistung der „Alten Kartei, wahrscheinlich von 1921". Dort ist das Herstellungsjahr der originalen Moulage Nummer 943 mit 1911 angegeben.

9 Vgl. Nachlass von Elfriede Walther. Handschriftlich verfasste 10-Jahres-Verkaufs-Statistik des DHMD für die Jahre 1966–1975. Innerhalb dieser Zeit wurde die Moulage 943 lediglich vier Mal angefertigt und verkauft. Summiert man alle 8 Moulagen mit dem Krankheitsbild Scharlach, so kommt man auf insgesamt 44 verkaufte Moulagen.

11.1 Die Heidelberger Moulagensammlung

Im Zuge der Recherchen zu diesem Beitrag wurden neben der eben beschriebenen 21 weitere Moulagen[10] (ausgenommen denen von Littre; ▶ Kap. 9 und 10) einer genaueren Untersuchung unterzogen. Ein Vergleich mit den Beständen des Berliner Medizinhistorischen Museums der Charité und des Deutschen Hygiene-Museums Dresden zeigt, dass die untersuchten, heute an unterschiedlichen Orten befindlichen Moulagen in gleicher oder sehr ähnlicher Weise gefertigt sind.[11] Als wichtigste Informationsquelle u. a. für die zeitliche Einordnung einzelner Objekte erwies sich hierbei der Kolbow-Katalog. Er wurde als Preisverzeichnis des Pathoplastischen Instituts in Dresden herausgegeben, welches in Vorbereitung auf die 1911 in Dresden stattfindende erste Internationale Hygiene-Ausstellung gegründet worden war. Die Ausrichtung des Instituts lag von Beginn an auf der seriellen Reproduktion und dem Verkauf von medizinischen Moulagen. Fritz Kolbow, Gründungsmitglied und Vorstand des Pathoplastischen Instituts, schreibt in dem Vorwort des Katalogs: „Die Originalpräparate wurden […] nach der Natur angefertigt“, und seine Moulagen seien ein „wertvolles instruktives Lehrmittel für den klinischen Unterricht“. Kolbow führt eingangs etliche Auszüge aus Referenzschreiben verschiedener Kliniken und medizinischer Institute aus den Jahren 1901 bis 1911 an. Hier äußern sich u. a. die Professoren Richard Greeff (1862–1936), Direktor der Augenklinik der Berliner Charité, Eduard Jacobi (1862–1915), Direktor der Universitätsklinik für Hautkrankheiten in Freiburg, und Rudolf Virchow (1821–1902), Direktor des auf dem Gelände der Charité errichteten Pathologischen Instituts der Friedrich-Wilhelms-Universität zu Berlin, sehr wohlwollend über Kolbows kunstvoll gefertigte und naturgetreue Wachsarbeiten (vgl. Atteste und Auszeichnungen: Pathoplastisches Institut 1913). Die Abformungen von erkrankten Patienten durch Kolbow in verschiedenen Kliniken wie Leipzig, Dresden und Berlin lieferten die Basis für die Reproduktion und den Verkauf der Kopien seiner originalen Moulagen (Walther et al. 1993).[12] In seinem Katalog sind insgesamt etwa 1100 Moulagen und mehrere Wachsmodelle verzeichnet,

10 Die heutige Moulagensammlung im Heidelberger Institut für Anatomie umfasst insgesamt 39 Moulagen, zumeist mit Darstellungen von Infektionskrankheiten und verschiedenen Haut- und Geschlechtskrankheiten, ihren Verlaufsformen sowie einigen besonders eindrucksvollen Hautveränderungen durch Lepra. Aufgrund der Signaturen und Firmenetiketten auf den Moulagen-Tragebrettern können 17 von ihnen eindeutig dem französischen Mouleur Stéphan Littre (1893–1969) und fünf Moulagen dem Bildhauer und Mouleur Fritz Kolbow oder seinem Atelier für medizinische Moulagen zugeschrieben werden. 14 Moulagen tragen das Etikett der Lehrmittelwerkstätten des Deutschen Hygiene-Museums Dresden. Eine Moulage ist von E. Bösgen-Ziegfeld (Lebensdaten unbekannt) signiert, welche im Krankenhaus Friedrichstadt in Dresden tätig war und deren Arbeiten offensichtlich auch in die Heidelberger Sammlung gelangten. Bei zwei Moulagen fehlen konkrete Hinweise auf den Hersteller. Es kann aufgrund der Konfektionierung und der Beschaffenheit des Wachskörpers vermutet werden, dass diese ebenfalls aus der Hand von Kolbow bzw. seinem Pathoplastischen Institut stammen.

11 Besuch des Moulagendepots im DHMD am 22. Mai 2018, Dank an Frau Julia Radke.

12 Elfriede Walther wies mehrfach nachdrücklich auf die Wichtigkeit der Erkennbarkeit und Zuordnung einer Originalmoulage im Gegensatz zu den für den Verkauf erstellten Moulagenkopien hin. Nach einer Abformung stellt nur der erste Ausguss aus einer Negativform und dessen Kolorierung das Original dar. Jeder weitere darauf basierende Ausguss ist eine Kopie, einhergehend mit Verlust von Details, wie etwa feinen Hautlinien, Poren etc.

die höchste Katalognummer einer Moulage ist mit 2070 (Typhus der Zunge) angegeben. Farbige Abbildungen ausgewählter Moulagen konnten ebenfalls bestellt werden.[13] Weiterhin findet sich neben speziellen Angaben und einigen wenigen Abbildungen zu einzelnen Moulagen auch ein Hinweis auf den Standort eines größeren Kontingents an Originalmoulagen. „Die Originale der Nummer 1–450 befinden sich in der Sammlung der Universitätsklinik für Haut- und Geschlechtskrankheiten, Berlin, Direktor Geh. Medizinalrat Prof. Dr. Lesser" (vgl. Pathoplastisches Institut 1913). Kolbow hatte also nachweislich die Negativgipsformen früherer Abformungen aus seiner Berliner Zeit für die Lehrmittelproduktion des Pathoplastischen Instituts herangezogen, um von ihnen Kopien für den Verkauf zu erstellen. Weiterhin vermerkt er: „Mit Erscheinen dieser Liste verlieren die früheren ihre Gültigkeit." (vgl. Pathoplastisches Institut 1913). Daraus kann geschlossen werden, dass neben dem 1913 herausgegebenen Katalog noch weitere Kataloge existierten. Vermutlich gab es sogar mehrere Vorgänger, welche bis heute leider nicht alle überliefert sind (Walther-Hecker 2010).[14]

Der Katalog aus dem Jahr 1913 enthält Lieferbedingungen, Preise sowie Angaben zur Verpackung, dem Versand und Zahlungsmodalitäten. Thematisch aufgegliedert in acht Listen, wie etwa Gewerbe- oder Haut- und Geschlechtskrankheiten, lassen sich in ihm 13 der insgesamt 22 für die Recherche herangezogenen Heidelberger Moulagen wiederfinden. Über die alten Katalognummern oder Diagnosen, die teilweise noch handschriftlich auf den Trägerbrettern der Moulagen erkennbar sind, ist ein Abgleich im Katalog hinsichtlich Diagnosen, Klassifizierung der Krankheit und Einordnung in eine Preisgruppe möglich. Eine der Heidelberger Moulagen (MW 28) lässt sich überdies als Vorlage einer Abbildung im Atlas der äußeren Augenkrankheiten von Greeff (Greeff 1909), im Atlas der Hautkrankheiten von Jacobi (Jacobi 1913) sowie in Karl Zielers (1874–1945) Lehrbuch und Atlas für Haut- und Geschlechtskrankheiten (Zieler 1942) nachweisen. Das entsprechende Krankheitsbild Molluscum contagiosum (Dellwarze) ist dort jeweils ausführlich beschrieben und abgebildet (◘ Abb. 11.5).[15]

Die Nachfrage nach Moulagen als Lehr- und Studienobjekte war zu Beginn des 20. Jahrhunderts besonders groß. Es waren nicht unbedingt nur die selten auftretenden, sondern insbesondere auch die häufigen und typischen Krankheitsbilder wie beispielweise die Kinderkrankheiten Röteln, Diphtherie oder auch Scharlach, die gern als wächserne Lehrmittel angekauft wurden und sich deshalb auch heute noch in vielen Sammlungen erhalten haben.[16] Da die Farbfotografie zu Beginn des 20. Jahrhunderts

---

13 „Von den im Text mit * bezeichneten Moulagen sind farbige Abbildungen vorhanden, die auf Wunsch zur Ansicht übersandt werden." Während die Moulagen zwischen 10 Mark und 150 Mark (im Mittel zw. 20–50 Mark) kosteten, schlug eine farbige Abbildung nur mit 3–6 Mark zu Buche. Vgl. Steller 2014.

14 Das Deutsche Hygiene-Museum Dresden verfügt über einen „Kolbow-Katalog" aus dem Jahr 1912: Pathoplastisches Institut Dresden-N.: Preisverzeichnis für Moulagen (Inventarnummer DHMD 2003/189).

15 Die Moulage wurde in der Lesserschen Klinik in der Berliner Charité durch Fritz Kolbow gefertigt.

16 So schreibt Jacobi im Vorwort seines Atlas der Hautkrankheiten: „Was die Auswahl der Bilder betrifft, so möchte ich hervorheben, dass ich weniger auf die in den meisten Sammlungen vorherrschenden absonderlichen und ‚interessanten' Fälle als auf typische Krankheitsbilder Gewicht gelegt habe; denn dieser Atlas soll dem praktischen Arzt ein Nachschlagebuch sein und dem Studierenden das Studium der Dermatologie erleichtern."

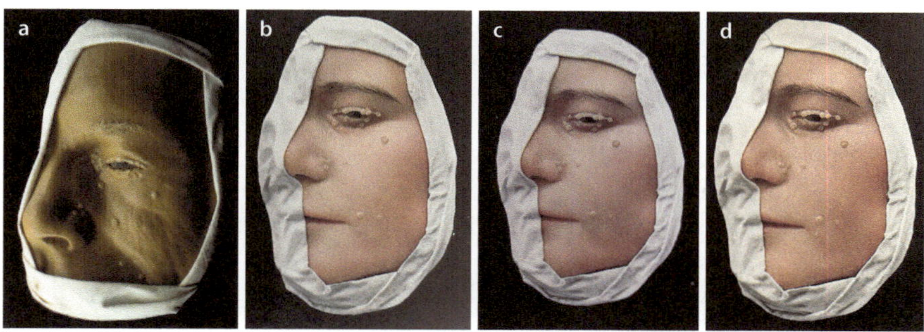

Abb. 11.5 **a** Molluscum contagiosum, Inv.-Nr. MW 28, Standort: Institut für Anatomie und Zellbiologie. (Foto: Sara Doll; mit freundlicher Genehmigung des Universitätsklinikum Heidelberg, Institut für Anatomie und Zellbiologie). **b** Fig. 14 im Bildatlas von Greeff, 1909. **c** Fig. 159 im Bildatlas von Jacobi, 1913. **d** Taf. 46b im Lehrbuch und Atlas von Zieler, 1942. (Digitalisate **b–d**: Navena Widulin)

noch in den Kinderschuhen steckte, wurden Abbildungen von Moulagen in großen Bildatlanten verwendet und mit einem aufwendigen Verfahren (Citochromie) farbig abgedruckt. Diese klinischen Bildatlanten führten dem Studierenden oder dem praktisch arbeitenden Mediziner verschiedene Krankheitsbilder höchst realistisch vor Augen. In den Veröffentlichungen von Greeff und Jacobi sind neben Fritz Kolbow unter anderem auch Alfons Kröner (gest. 1937) oder Heinrich Kasten (1842–1921) als in Deutschland arbeitende Mouleure mit ihren Arbeiten nachweisbar, die auf eindrucksvolle Weise verschiedenste Krankheiten illustrierten. Sie gehören zu dem kleinen Kreis deutscher und auch international tätiger medizinischer Mouleure, welche um 1900 begannen, das Material Wachs in hyperrealistische klinische Wachsbilder zu bannen (Schnalke 2000, S. 219). In den von ihnen bestückten, aufwendig gestalteten Lehr- und Nachschlagewerken (Jacobi 1913), welche in aller Regel in mehreren Auflagen erschienen, zeigt sich der hohe wissenschaftliche und künstlerische Wert der medizinischen Moulage sowie zugleich die damals bestehende enge Verflechtung von Kliniken und Sammlungen. Daraus begründete sich letztlich das Ansehen der Moulagenkunst auch auf internationaler Ebene.

11.2 Der Wachsbildner Fritz Kolbow

Fritz Kolbow wurde am 9. Juni 1873 in Berlin geboren. Details zu seinem familiären Umfeld, seiner Kindheit und seiner Ausbildung sind bisher nicht überliefert. Ab 1897 ist er in den Adressbüchern von Berlin erstmals als „Bildhauer" aufgeführt. Unklar ist noch, wie Kolbow zu seinen wachsbildnerischen Fähigkeiten kam. Um 1890 lernte er vermutlich den Bildhauer und Wachsbildner Heinrich Kasten kennen, welcher an der privaten Hautklinik von Oskar von Lassar (1849–1907) in Berlin beschäftigt war und Ärzte in der Herstellung von Moulagen unterrichtete.[17] Eine Ausbildung im herkömm-

17 Schnalke merkt an, dass Kolbows Moulagen sich in Präsentation und Technik deutlich von denen Kastens unterscheiden. Demnach ist Kasten vermutlich nicht sein „Lehrmeister" gewesen. Kolbow könnte im Berliner Panoptikum der Gebrüder Castan oder bei Reisen innerhalb Europas Anregungen gefunden habe. Vgl. Schnalke 2010, S. 25; persönliche Mitteilung H. Eßler 2018.

lichen Sinne war dies jedoch nicht. Damals und auch in späteren Zeiten wurde die Technik und die Rezeptur der Wachsmischung immer nur vereinzelt an ausgewählte Schülerinnen oder Schüler von einem Lehrmeister weitergegeben. Bis auf wenige Ausnahmen, wie etwa Kasten in Berlin, der Kurse in der Moulagenherstellung für Ärzte gab, oder Alfons Kröner in Breslau, der sein Wachsrezept im Jahr 1902 patentieren ließ und damit öffentlich machte. Seit 1896 fertigte Kolbow für die Chirurgische Klinik Ernst von Bergmanns (1836–1907), das Pathologische Institut Rudolf Virchows und die Charité-Augenklinik Richard Greeffs Moulagen an. Auch Edmund Lesser (1852–1918), ab 1896 Direktor der Hautklinik der Charité, beauftragte Kolbow mit der Anfertigung von dermatologischen und venerologischen Moulagen für seine Sammlung. Der Dresdner Johannes Werther (1865–1936), ein Schüler Lessers in Berlin, baute mit den medizinischen Wachsarbeiten Kolbows ab 1903 bis mindestens 1913 eine Moulagensammlung in der Hautklinik des Krankenhauses Dresden-Friedrichstadt auf (Schnalke 1986). Der ebenfalls in Dresden tätige Dermatologe Eugen Galewsky (1864–1935) erweiterte seine private Lehrsammlung mit Kolbows Moulagen. Galewsky, Werther und Albert Neisser (1865–1916), Direktor der Breslauer Universitätshautklinik, gründeten im Jahr 1902 die „Deutsche Gesellschaft zur Bekämpfung von Geschlechtskrankheiten (DGBG)". Durch die Aufklärungskampagnen von Odol-Fabrikant August Lingner (1861–1916), dessen oberstes Anliegen die gesundheitliche Volksbelehrung und damit die Entwicklung des Bewusstseins für eine gesündere Lebensführung war, wurden zusammen mit dem gleichgesinnten Berater Galewsky, der in dieser Konstellation den wissenschaftlichen Part übernahm, die „Volkskrankheiten und ihre Bekämpfung" im Rahmen der Ausstellung „Die deutschen Städte" 1903 in Dresden zum Thema gemacht (Schnalke 1986, S. 90). Hier wurden erstmals eindrucksvolle Moulagen, auch die von Kolbow, öffentlich gezeigt. Sie illustrierten als zum Teil erschreckend anschauliche Lehr- und Anschauungsmittel eine Vielzahl von Haut- und insbesondere Geschlechtskrankheiten.

Vermutlich ab dem Jahr 1903 wirkte Kolbow dann auch in Dresden. Am 2. April 1907 heiratete er dort seine Frau Katharina Johanna Stöhr, seine Tochter Ingeborg kam 1912 zu Welt.

Neben den Moulagen, die er anfangs für Dresden-Friedrichstadt produzierte, fertigte er weitere Objekte an, welche unter anderem 1904 auf der Weltausstellung in St. Louis (USA) gezeigt wurden. Für seine dort gezeigten Wachsmoulagen bekam er die höchste Auszeichnung für medizinische Wachsmodelle und medizinische Lehrmittel. 1906 erhielt er auf der Ausstellung für Säuglingspflege in Berlin die goldene Medaille für seine Arbeiten (vgl. Atteste und Auszeichnungen: Pathoplastisches Institut 1913). In Vorbereitung auf die erste Internationale Hygiene-Ausstellung, die 1911 in Dresden stattfinden sollte, gründete der Fabrikant Lingner im Jahr 1907 das Pathoplastische Institut auf dem Gelände der Lingner-Werke AG (Mühlenberend 2010, S. 30). Gründungsmitglied und Vorstand war Fritz Kolbow, der nun für die Lehrmittelproduktion verantwortlich war. Um Kolbow die unproblematische Lieferung von Moulagen ins Ausland zu gewährleisten, erfolgte die Trennung von Museumswerkstatt und einer Produktionswerkstatt für den Verkauf. Dafür wurde das Pathoplastische Institut im Jahr 1913 privatisiert und zu einer GmbH umgewandelt (Schnalke 1986, S. 94; Seiring 1919). Die Lingner-Stiftung überführte im Jahr 1917 die „Natura docet GmbH", die vorrangig Spalteholzpräparate herstellte, in die Räumlichkeiten des National-Hygiene-Museums in der Großenhainer

Straße 9 in Dresden (Steller 2014, S. 169). Diese beiden Gesellschaften bildeten im Kern die Lehrmittelwerkstätten des Museums, denen Kolbow vorstand.[18]

Nach dem Ende des Ersten Weltkrieges übergab Kolbow die Leitung der Moulagenwerkstatt an seine Schülerin Ella Lippmann (1892–1967) und ging zurück nach Berlin.[19] Ab dem Jahr 1925 verzeichnet das Berliner Adressbuch unter Fritz Kolbow seine „Lehrmittelanstalt“ (Atelier für medizinische Lehrmittel) in Oberschöneweide, mit der er 1937 in seinen letzten Wohnort Schöneiche bei Berlin umzog. Diese Einrichtung bestand bis in das Jahr 1941 (Euler 2000). Mit seinen privat geführten Werkstätten in Berlin erreichte er nie mehr die frühere Produktivität, Bekanntheit und Bedeutung. Er starb am 9. Juli 1946 in seinem Haus in Schöneiche an den Folgen eines Schlaganfalls.

11.3 Die Herstellung einer Moulage vor 100 Jahren und heute

Stellvertretend für ein typisches und somit häufig auftretendes Krankheitsbild steht ein in Wachs gearbeitetes Krankheitsportrait, „die Moulage ist in aller Regel Unikat und Modell zugleich“ (Schnalke und Widulin 2014). Diese steht immer in Verbindung mit einem höchst individuellen Schicksal nur eines einzigen Erkrankten, welchem durch eine sensible Arbeitsweise begegnet werden muss. In Anlehnung an die Körperregion der Moulage MW 44 werden nun im Folgenden die einzelnen Schritte, die damals wie heute zur Herstellung einer Moulage notwendig sind, ausführlich beschrieben. Der Fokus soll auf der Anpassung der Fertigung an heutige Notwendigkeiten und technische Möglichkeiten liegen. Neu verfügbare Materialien, Instrumente, Gerätschaften oder auch Umstände, die eine Abwandlung der historischen Technik erfordern, werden erläutert. Die „klassische“ Technik (Walther 1993) ist hinlänglich bekannt und soll deshalb nur zusammenfassend beschrieben werden.

Vor 100 Jahren stand am Anfang des Entstehungsprozesses einer Moulage immer eine erkrankte Person.[20] Von ärztlicher Seite wurde das abzubildende Krankheitsbild ausgewählt, vom Mouleur abgeformt, in Wachs gegossen und mit Farben naturgetreu bemalt. Dabei arbeitete eine Mouleurin oder ein Moleur eng mit der klinischen Ärzteschaft zusammen. Die wichtigen Aspekte des Krankheitsbildes wurden besprochen und der Ausschnitt der abzuformenden Körperregion festgelegt. Ob und wie der Patient in diesen Prozess eingebunden wurde, ist leider nicht überliefert. Die Abformung fand durch den Wachsbildner zumeist im Krankenzimmer oder einer eigens dafür ausgestatteten Werkstatt statt. Die Gussform wurde mit Gips in einem Abdruckverfahren direkt am Patienten hergestellt. Dabei wartete man, bis der auf die Haut aufgetragene Gips ausgehärtet war, um ihn dann vorsichtig zu entfernen. Anschließend wurde die Wachsmasse geschmolzen und in die erstarrte Form gegossen. Die so entstandene Rohmoulage wurde, falls nötig, retuschiert und im Anschluss mit Ölfarben – direkt unter Sicht auf den Patienten – bemalt. Auch künstliche Augen, Haare oder Zähne wurden in diesem Zusammenhang eingesetzt,

18 Im Dezember 1916 wurde Kolbow zum Stellvertreter des Geschäftsführers der Natur docet GmbH, dem Verwaltungsdirektor des NHM, Georg Seiring (1883–1972), gewählt. Vgl. Steller 2014, S. 165.

19 Zwischen 1912 und 1921 lässt er sich in den Adressbüchern Dresdens nachweisen. Von 1922–1937 ist Fritz Kolbow wieder in den Adressbüchern Berlins aufgeführt.

20 In Berlin werden heute neben Abformungen an Patienten, auch Abformungen an Verstorbenen (Rechtsmedizin) oder Organen (Pathologie) vorgenommen.

Hauteffloreszenzen wie Blasen, Pusteln, Krusten o. ä. nachgebildet und aufgebracht. Der gesamte Prozess musste so schnell wie möglich von statten gehen, denn der Befund und somit die äußeren Zeichen der Erkrankung konnten sich etwa durch Abheilung oder Verschlechterung jederzeit verändern. Der behandelnde Arzt begutachtete diese entscheidende Tätigkeit abschließend und stellte die wirklichkeitsgetreue Wiedergabe des Krankheitsbildes somit sicher. Zuletzt erhielt der Wachskörper ein Trägerbrett, eine textile Einfassung, ein Etikett mit der Diagnose und in aller Regel eine Signatur.

Bei der aktuellen Moulage handelt es sich zum Zeitpunkt der Abformung um eine 53-jährige Patientin, welche sich seit mehr als 4 Jahren in Behandlung wegen eines wiederkehrenden bösartigen Tumors in der rechten Brust mit erfolgter Amputation befindet. Die Patientin fühlte sich in der Vergangenheit zunehmend gestört durch das Ungleichgewicht zwischen der gesunden und der amputierten Brust. Deshalb wurde eine Operation mit Reduktion, Straffung und anschließendem Aufbau der linken Brust durchgeführt. 31 Tage nach dem chirurgischen Eingriff fand die Abformung an der Patientin in der Werkstatt des Museums[21] statt. Die Operationsverhältnisse stellten sich zu diesem Zeitpunkt bereits reizlos und abgeschwollen dar. Als Erstes erfolgte ein Aufklärungsgespräch, in dem die einzelnen Schritte zur technischen Umsetzung der Abformung und den weiteren Arbeiten an der Moulage ausführlich besprochen wurden. Die Patientin willigte zudem ein, dass die entstehende Moulage anonymisiert, jedoch in Verbindung mit ihrer Krankheitsgeschichte und den dabei angefertigten Fotografien, für die universitäre Lehre, die öffentliche Präsentation in einer Ausstellung und für diese Publikation verwendet werden kann. Das betreffende Hautareal wurde bei Tageslicht von allen Seiten fotografiert und um Nahaufnahmen, zum Teil mit beigelegtem Abbildungsmaßstab (◘ Abb. 11.6a), von kaum sichtbaren Narben, speziellen Pigmentierungen der Haut oder feinsten Gefäßzeichnungen ergänzt. Bei der klassischen Methode des Moulagierens wurde, wie oben beschrieben, der Befund im Nachgang unter Betrachtung des Patienten gemalt. Da nicht sicher davon ausgegangen werden konnte, dass die Patientin auch für die Kolorierung ausreichend Zeit aufbringen würde, sollten die angefertigten Fotos als Grundlage für eine reale Farbgebung des Wachskörpers dienen. Hier besteht wohl der größte Unterschied zur herkömmlichen Fertigungsweise einer Moulage. Die Kolorierung auf der Grundlage von Fotos hat sich auch in diesem Fall als notwendig erwiesen.

Die bei der Abformung zum Einsatz kommenden Utensilien (Feinwaage, Spatel, Schere, Plastikgefäße zum Anrühren des Silikons) wurden zu Beginn in der Nähe der Patientin aufgestellt. Dies hat den Vorteil, dass sie zu jedem Zeitpunkt verfolgen konnte, was geschieht, und die jeden Schritt begleitenden Erklärungen einfacher zu verstehen waren. In jeder Hinsicht ist es ratsam, trotz der Kürze der Zeit, ein offenes und vertrauensvolles Verhältnis zwischen den Beteiligten aufzubauen.

Der abzubildende Ausschnitt wurde im Dialog mit der Patientin festgelegt. Es ist darauf zu achten, nicht nur die Zeichen des eigentlichen Befundes, in diesem Fall der durchgeführten Operation, darzustellen, sondern auch die den Befund umgebenden unauffälligen Hautpartien. Das nun abzuformende Areal wurde großflächig, zum Schutz der darunterliegenden Kleidung, mit Plastikfolie und medizinischem Klebeband abgedeckt (◘ Abb. 11.6b). Die Patientin saß aufrecht und mit dem Rücken angelehnt,

21 Gemeint ist das Museumslabor des Berliner Medizinhistorischen Museums der Charité.

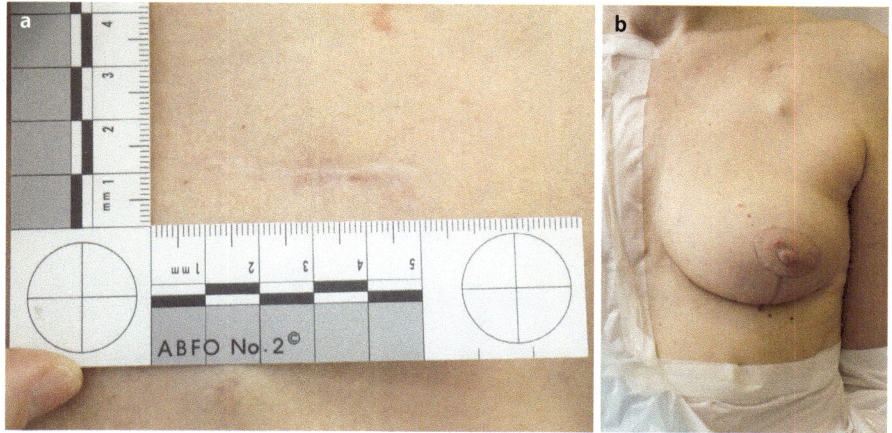

Abb. 11.6 **a** Anfertigung von Detailfotos mit Abbildungsmaßstab. **b** Auswahl und Abkleben des abzuformenden Körperareals. (Fotos: Navena Widulin)

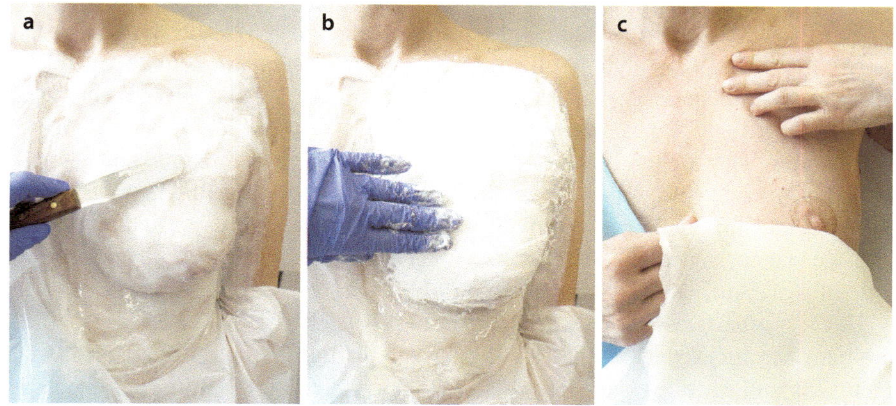

Abb. 11.7 **a** Auftragen von zwei Schichten Silikon auf die Haut. **b** Stabilisierung der Silikonform mit Gipsbinden. **c** Entfernung der ausgehärteten, dennoch flexiblen Silikonform von der Haut. (Fotos: Navena Widulin)

in einer für sie bequemen Position. Die Abformung erfolgte durch ein besonders feinzeichnendes Silikon, welches speziell für die Abformung der menschlichen Haut entwickelt wurde und ohne Trennmittel verarbeitet werden kann. Nachdem das Silikon zusammen mit dem Härter in dem erforderlichen Mischungsverhältnis abgewogen und vermengt wurde, konnte die erste Schicht gleichmäßig auf die Haut aufgetragen werden. Aufgrund der relativ großen Fläche kann man neben einem breiten Spatel auch die Hand (Handschuhe) zum zügigen Verteilen des Silikons nutzen. Wichtig ist sowohl die blasenfreie Benetzung aller Hautflächen, als auch das vollständige Trocknen des Kunststoffs vor dem nächsten Arbeitsschritt. Nach etwa 10 min kann in gleicher Weise eine zweite Schicht Silikon aufgetragen werden (Abb. 11.7a). Dabei ist abermals auf eine einheitliche Verteilung zu achten, um dünne Bereiche in der entstehenden Gussform zu vermeiden.

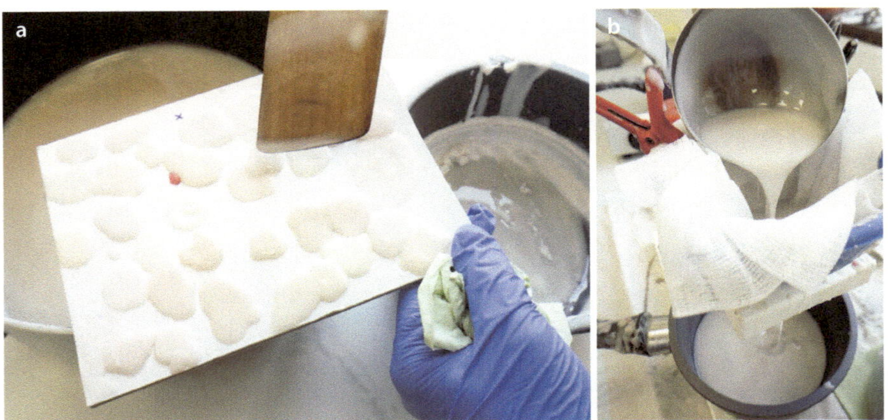

Abb. 11.8 **a** Einfärben der aufgeschmolzenen Wachsmischung im Grundton des abgeformten Hautareals. **b** Filtern der Wachsmischung. (Fotos: Navena Widulin)

Zuvor in passende Streifen geschnittene Gipsbinden werden in warmes Wasser getaucht und auf das gehärtete Silikon gleichmäßig aufgetragen (Abb. 11.7b). Die Gipskappe soll die in sich bewegliche Silikonform beim Ausgießen mit dem flüssigen Wachs stabilisieren und eine dauerhafte Lagerung der Form ermöglichen. Nach einer Wartezeit von etwa 10–15 min kann nun jeweils die Gips- und Silikonform vorsichtig entfernt werden. Das Silikon haftet zum Teil fest in den Hinterschneidungen oder tiefer liegenden Arealen (hier unter der Brust). Das Gefühl der sich dehnenden Haut wurde von der Patientin als unangenehm, aber nicht als schmerzhaft empfunden. Da sie in der Lage war, ihren rechten Arm frei zu bewegen, konnte sie selbstständig langsam und vorsichtig die Form von der Haut lösen (Abb. 11.7c).

Der Hauptbestandteil der Wachsmischung, gebleichtes weißes Bienenwachs, wird in einem beschichteten Gefäß auf einer Wärmeplatte schonend erhitzt und in flüssigem Zustand unter Beigabe der weiteren beiden Zutaten (Dammarharz, Calciumcarbonat) unter ständigem Rühren miteinander vermengt (Stoiber 2005, S. 73). Mit in Balsamterpentin gelösten Ölfarben wird im Anschluss die flüssige Wachsmischung im Grundton der darzustellenden Haut eingefärbt.[22] Dafür ist eine Überprüfung der Farbigkeit im ausgehärteten Zustand notwendig. Kleine Tropfen der noch flüssigen Masse werden dabei auf eine weiße Platte aufgebracht, bei Tageslicht betrachtet (Abb. 11.8a) und im Farbton angepasst. Vor dem Guss der Moulage muss die Wachsmischung durch feine Gaze gefiltert werden (Abb. 11.8b), um störende Rückstände des aufgeschmolzenen Dammars und grobe Farbpigmente zu entfernen.[23] Unterbliebe die Filtrierung, würden sich die Artefakte an der Oberfläche des Wachspositivs abzeichnen. Das flüssige Wachs wird nun in die Silikonform eingegossen und geschwenkt (Abb. 11.9a); das überlaufende Wachs wird in einem zweiten Gefäß auf-

22 Krapplack, Kobaltblau, Asphalt, Lasur-Gelb.

23 Dammar ist ein Baumharz, welches unter anderem in der Malerei – gelöst in Terpentin – auch als Zwischen- oder Schlussfirnis eingesetzt wird. Dementsprechend reichlich finden sich Rückstände von Baumrinde oder nichtgelösten Harzbestandteilen im flüssigen Zustand.

Abb. 11.9 **a** Ausgießen der Silikonform mit der flüssigen Wachsmischung. **b** Verfestigung der Ränder mit streichbarer Wachsmasse. (Fotos: Franziska Sebode)

gefangen. Dieser Vorgang wird so oft wiederholt, bis eine gleichmäßige Stärke von mindestens 0,5 cm erreicht ist. Mit einem Spatel werden besonders die Ränder des Wachskörpers oder emporstehende Stellen der Form mit der langsam aushärtenden, aber noch weichen Wachsmasse bestrichen und so gefestigt (Abb. 11.9b). Die entstandene, sich noch in der Form befindliche Rohmoulage wird nun in ein kaltes Wasserbad gelegt. Nach einigen Minuten kann die Gipskappe vorsichtig abgenommen und das flexible Silikon langsam vom Wachs abgezogen werden. Nach dem Trocknen wird die Silikonform wieder umgehend in die Gipskappe gelegt, um lagerungsbedingte Veränderungen der Form zu vermeiden. Mit der Retusche der Moulage kann unverzüglich begonnen werden. Dazu gehört die Begradigung der aufgeworfenen Gussränder genauso wie das Auffüllen kleiner Löcher, die durch den Einschluss von Luft im Wachs entstanden sind. Hierfür eignet sich am besten ein am Ende kleiner, biegsamer und erwärmter Metallspatel, mit dem kleine Wachspartikel eingeschmolzen und in die Fehlstellen eingefügt werden.

Die natürliche Farbgebung ist wohl der schwierigste und gleichzeitig entscheidende Teil bei der Herstellung einer Moulage. Sie verlangt ein gewisses Farbverständnis, gute Beobachtungsgabe und viel Übung. Die in Balsamterpentinöl gelösten lasierenden Ölfarben werden entsprechend gemischt und in dünnen Schichten mit leicht „stupfenden" Bewegungen mit dem Pinsel auf das Wachs aufgebracht (Widulin 2007). Zwischen dem Auftragen der einzelnen Farbschichten muss so lange gewartet werden, bis der zuletzt aufgetragene Farbüberzug getrocknet ist (Abb. 11.10). Dabei ist zu beachten, dass das Auftragen der Farben stets von hell nach dunkel und die Kolorierung immer bei Tages-

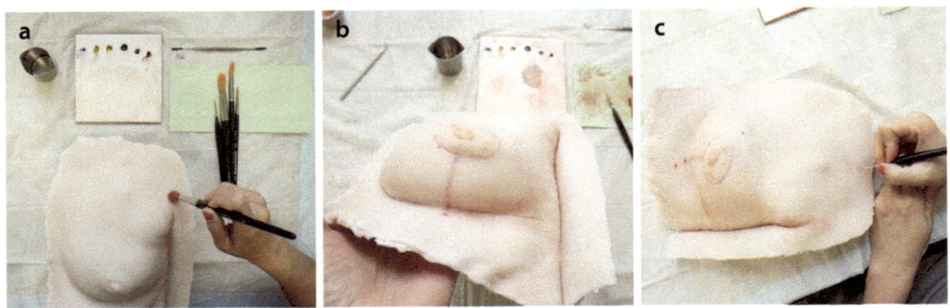

Abb. 11.10 Kolorierung des Wachskörpers. (Fotos: Navena Widulin)

licht stattfindet. Kunst- oder Mischlicht sowie direkte Sonneneinstrahlung können die Farbgebung verfälschen.

Im vorliegenden Fall erfolgte der erste Teil der Bemalung mit Ausarbeitung der verschiedenen Hautgrundtöne nach den angefertigten Fotos. Für eine zweite Sitzung zur abschließenden Darstellung der Details, wie kleinen Leberflecken, Narben etc. kam die Patientin erneut in die Werkstatt und saß für mehrere Stunden Modell. Nach Abschluss der Bemalung empfiehlt es sich, die Moulage einige Tage bis Wochen ruhen zu lassen. Sobald sich das Malmittel Terpentin verflüchtigt hat und die Farbschichten durchgetrocknet sind, kann mit der Montage des Wachskörpers auf einem Trägerbrett begonnen werden. Dafür wurde ein passendes Brett in historischer Anmutung (matt schwarz lackiertes Holzbrett mit spezieller Profilierung) hergestellt und auf der Rückseite die Diagnose mit weiteren Angaben zur Herstellung mit Bleistift vermerkt.[24] Die Moulage wird auf dem Brett so positioniert, wie sie für eine spätere Präsentation geeignet erscheint. Sie sollte ausreichend Platz nach allen Seiten haben, damit das Objekt nicht „eingezwängt“ erscheint. Die Auflageflächen des Wachses werden so markiert, dass in die Fläche unter den entstandenen Hohlräumen, nach Abnahme des Wachskörpers, einige Nägel ins Holz geschlagen werden können (Abb. 11.11a). Kleine Textilstücke (Verbandsmull o. ä.) werden in flüssigem Wachs getränkt und zügig zwischen Brett, Nägel und Unterseite der Moulage aufgelegt. Nach Erstarren des Wachses entsteht eine feste und dauerhafte Verbindung, welche nur noch schwer zu lösen ist. Diese Methode hat den Vorteil, dass der Hohlraum unterhalb der Moulage gleichzeitig ausgepolstert und die Wachsschale in sich stabilisiert wird. Die verbleibenden freien Stellen werden mit Watte fest ausgefüllt. Die äußeren Ränder des nunmehr fest montierten Wachskörpers werden in einem letzten Arbeitsschritt mit weißem Leinenstoff abgedeckt, der dafür mit Nadeln im Wachskörper und sog. Reißzwecken im Holz befestigt wird (Abb. 11.11b). Diese Stoffeinfassung hat zweierlei Funktionen: Zum einen verdeckt das Textil die ungeraden Gusskanten und die darunterliegende Montage oder Klebung sowie etwaige eingebrachte Füll- und Polsterstoffe, welche den

11

24 Wie sich gerade in der Provenienzforschung medizinhistorisch interessanter Objekte immer wieder zeigt, gehen äußerlich aufgebrachte Etiketten, z. B. Papieretiketten mit Klebung auf Wasserbasis, mit den Jahren verloren und können dadurch im schlimmsten Fall den totalen Verlust aller Informationen bedeuten. Kurzlebige Varianten wie etwa Etiketten auf tintenstrahlbedrucktem Papier stellen auch keine Alternative dar.

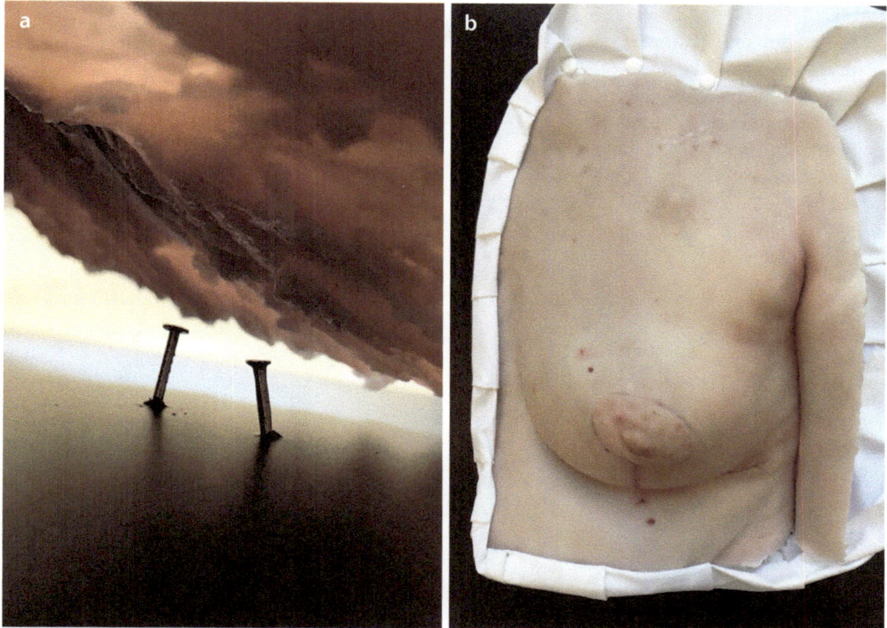

Abb. 11.11 a Montage der Moulage auf dem Trägerbrett. b Einfassung des Wachskörpers mit weißem Leinentuch. (Fotos: Navena Widulin)

Blick des Betrachters in jedem Fall stören oder zumindest ablenken würden. Zum anderen kann durch die Wahl des Ausschnitts und durch die Art, die Beschaffenheit und das Drapieren des Stoffes (Anzahl, Größe und Form der gestalteten Falten) das Krankheitsbild fokussiert werden. Hier und nur hier hat der Herstellende einen winzigen gestalterischen Freiraum. Die naturgetreue Ausarbeitung einer medizinischen Moulage mit all ihren Facetten in Form- und Farbgebung lässt keinerlei künstlerischen Einfluss in der Ausführung zu. Im Gegenteil. Jedwede eigenmächtige Veränderung steht in absolutem Gegensatz zum Leitbild einer originalen Moulage: die naturgetreue Spiegelung eines höchst individuellen, realen Krankheitsbildes, gearbeitet in Wachs (Abb. 11.12).

Interessant war rückblickend die durchweg positive und aufgeschlossene Einstellung der Patientin zu den einzelnen beschriebenen Arbeitsschritten der Moulagenherstellung. Nach den physischen und auch psychischen Belastungen, die eine Krebserkrankung mit sich bringt, ist das nicht selbstverständlich. Sicher konnten die Gespräche und eine entspannte Atmosphäre dabei helfen, Fragen zu beantworten und Ängste zu nehmen. Die Patientin nahm keinen ausschließlich passiven Part ein, sondern brachte sich mit eigenen Gedanken und Anregungen in den Entstehungsprozess der Moulage mit ein. Die Zuwendung durch die Mouleurin, in Form von Gesprächen und der Zeit, die sie sich für die Ausführung der Abformung und Koloration nimmt, kann für den Patienten auch therapeutischen Wert haben. „Schließlich entsteht ja ein Bild seiner selbst, ein besonderes noch dazu: ein dreidimensionales Krankenportrait seines Körpers, über das er eine sehr persönliche Haltung zum Ausdruck bringen kann […].“ (Schnalke und Widulin 2014).

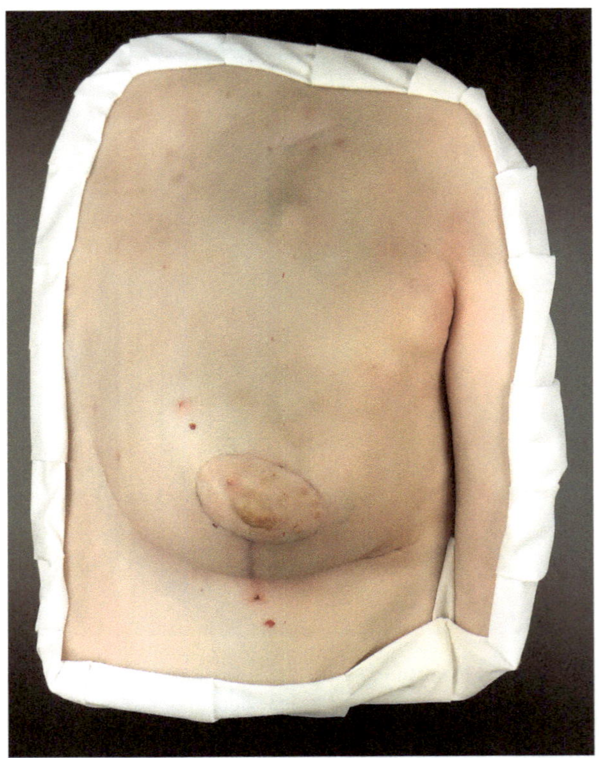

Abb. 11.12 Fertige Moulage. Reduktion und Straffung der gesunden linken Brust bei Mastektomie rechts wegen Mamma-Karzinom bei einer 53jährigen Patientin (Zustand 4 Wochen postoperativ). (Foto: Navena Widulin)

Literatur

Dietemann P, Baumer U, Herm C (2010) Wachs und Wachsmoulagen. Materialien, Eigenschaften, Alterung. In: Lang J, Mühlenberend S, Roeßiger S (Hrsg) Körper in Wachs. Moulagen in Forschung und Restaurierung, Sammlungsschwerpunkte, Bd 3. Sandstein, Dresden, S 61–81

Euler U (2000) Die Moulagensammlung der dermatologischen Universitätsklinik. Med. Dissertation, Universität Kiel

Greeff R (1909) Atlas der äußeren Augenkrankheiten für Ärzte und Studierende. Urban & Schwarzenberg, Berlin/Wien

Jacobi E (1913) Atlas der Hautkrankheiten mit Einschluss der wichtigsten venerischen Krankheiten für praktische Aerzte und Studierende. Urban & Schwarzenberg, Berlin/Wien

Lang J, Mühlenberend S, Roeßiger S (Hrsg) (2010) Katalog. In: Körper in Wachs. Moulagen in Forschung und Restaurierung, Sammlungsschwerpunkte, Bd 3. Sandstein Verlag, Dresden, S 104

Mühlenberend S (2010) Dresdner Moulagen. Eine Stilgeschichte. In: Lang J, Mühlenberend S, Roeßiger S (Hrsg) Körper in Wachs. Moulagen in Forschung und Restaurierung, Sammlungsschwerpunkte, Bd 3. Sandstein, Dresden, S 27–39

Pathoplastisches Institut GmbH (1913) Preisverzeichnis. Dresden

Schnalke T (1986) Moulagen in der Dermatologie – Geschichte und Technik. Med. Dissertation, Universität Marburg, S 88–95

Schnalke T (2000) Der Mensch in Wachs. Anatomische Modelle und klinische Moulagen. In: Theater der Natur und Kunst/Theatrum naturae et artis. Hentschel, Berlin, S 219

Schnalke T (2010) Spuren im Gesicht. Eine Augenmoulage aus Berlin. In: Kunst B, Schnalke T, Bogusch G (Hrsg) Der zweite Blick. Besondere Objekte aus den historischen Sammlungen der Charité. De Gryuter, Berlin, S 19–40

Schnalke T, Widulin N (2014) Zwischen Modell und Portrait. Zum Status der Moulage. In: Ludwig D, Weber C, Zauzig O (Hrsg) Das materielle Modell. Objektgeschichten aus der wissenschaftlichen Praxis. Wilhelm Fink, Paderborn S 261–264

Seiring G (1919) Verwaltungs- und Finanzbericht. In: Das National-Hygiene-Museum in Dresden in den Jahren 1912–1918. Dresden, S 19–28

Steller T (2014) Volksbildungsinstitut und Museumskonzern. Das Deutsche Hygiene-Museum 1912–1930. Phil. Dissertation, Universität Bielefeld, S 163–171

Stoiber E (2005) Chronik der Moulagensammlung und der angegliederten Epithesensammlung am Universitätsspital Zürich 1956 bis 2000. Erlebnisbericht von Elsbeth Stoiber mit 79 farbigen und 18 schwarzweissen Abbildungen. Eigenverlag, Langnau

Walther E (1993) Die Herstellung einer Originalmoulage – heute ein medizinhistorisches Objekt. Der Präparator 39:121–125

Walther E, Hahn S, Scholz A (1993) Moulagen – Krankheitsbilder in Wachs. Deutsches Hygiene-Museum Dresden, Dresden, S 19

Walther-Hecker E (2010) Moulagen und Wachsmodelle 1945 bis 1980 in Dresden. In: Lang J, Mühlenberend S, Roeßiger S (Hrsg) Körper in Wachs. Moulagen in Forschung und Restaurierung, Sammlungsschwerpunkte, Bd 3. Sandstein, Dresden, S 148–169

Widulin N (2007) Faszination Wachs. Medizinische Moulagen – gestern und heute. Der Präparator 53:44–55

Zieler K (1942) Lehrbuch und Atlas der Haut- und Geschlechtskrankheiten. Urban & Schwarzenberg, Berlin/Wien

Serviceteil

S. Doll, N. Widulin (Hrsg.), *Spiegel der Wirklichkeit*,
https://doi.org/10.1007/978-3-662-58693-8

Stichwortverzeichnis

A

B

C

D

E

F

G

N

O

P

Q

R

S

T

W

Z